纳米构件操作的机理、方法及跟踪定位

李东洁　杨　柳　著

科学出版社
北　京

内 容 简 介

本书主要介绍了纳米构件操作的机理、方法及跟踪定位的理论知识，以及基于压电陶瓷纳米定位平台和SEM实验平台的实践分析。主要内容包括：第1章，纳米操作及其跟踪定位；第2章，纳米构件操作的机理、建模及分子动力学仿真；第3章，具有视觉和力觉临场感的纳米构件操作；第4章，压电陶瓷驱动器的纳米定位与跟踪控制；第5章，基于单视角SEM图像的目标识别与定位；第6章，基于SEM的实验平台搭建及实验；第7章，智能控制算法在纳米构件操作中的应用。

本书具有很强的针对性和实用性，内容充实、深入浅出，可作为纳米构件、纳米驱动器控制及智能控制技术等领域的科研人员、工程技术人员以及高校师生的参考资料。

图书在版编目（CIP）数据

纳米构件操作的机理、方法及跟踪定位／李东洁，杨柳著．—北京：科学出版社，2018.9

ISBN 978-7-03-056176-3

Ⅰ．①纳… Ⅱ．①李…②杨… Ⅲ．①纳米材料-机械元件-研究 Ⅳ．①TH136

中国版本图书馆CIP数据核字（2017）第320456号

责任编辑：裴 育 纪四稳／责任校对：张小霞
责任印制：张 伟／封面设计：蓝 正

科学出版社 出版
北京东黄城根北街16号
邮政编码：100717
http://www.sciencep.com

北京中石油彩色印刷有限责任公司 印刷
科学出版社发行 各地新华书店经销

*

2018年9月第 一 版 开本：720×1000 B5
2018年9月第一次印刷 印张：15
字数：302 000

定价：90.00元

（如有印装质量问题，我社负责调换）

前 言

近年来，纳米科学和技术获得了广泛的关注并得到了迅速的发展。各种纳米材料、纳米器件不断被研制并投入使用，纳米测量、纳米级超精密加工、纳米电子学都有了新的发展。作为纳米科技领域的关键技术之一，纳米操作技术是人类对微观世界探索、认识、改造和利用的基本手段，是用于研究纳米材料、结构和装置性质特征的基本技术，也是纳米构筑单元准备、纳米设备装配的必备技术。而纳米操作则需要通过纳米操作系统来实现。本书内容涵盖纳米构件操作的机理和方法、纳米驱动器的定位与跟踪控制方法、纳米构件操作的定位与跟踪、智能控制算法在纳米构件操作中的应用。

作为一本全面讲解纳米构件操作等相关知识的书籍，本书具有以下特点。

1) 技术全面，内容充实

本书全面涵盖了纳米构件操作的机理分析、建模、分子动力学仿真，具有视觉和力觉临场感的纳米构件操作，压电陶瓷驱动器的纳米定位与跟踪控制，以及基于 SEM 图像的纳米构件操作定位与跟踪，同时还介绍了单自由度的压电陶瓷纳米定位平台以及基于 SEM 的实验平台搭建。

2) 循序渐进，深入浅出

为方便读者学习，本书从纳米操作的定义、特点及方法讲起，逐步引入纳米构件操作的机理分析和压电陶瓷驱动器的定位与跟踪方法，进一步过渡到基于 SEM 图像的纳米构件操作定位与跟踪。读者可以根据自己的知识基础选择阅读本书时的切入点，对有关内容进行选读。

3) 图文并茂，讲解详尽

为了讲解清晰，本书在每一章中都穿插了各种物理原理图、结构框图、流程图、控制框图以及实验平台图等。对于书中最核心的数学表达公式和控制算法都给出了详尽的推导过程及讲解，并给出了相应的 MATLAB 仿真实验框图，以帮助读者加深理解。

4) 结合应用，注重实践

本书讲解了基于 SEM 的实验平台搭建，给出了相应的实验结果，并对得到的结果进行了分析。

以上内容均可以作为纳米构件操作定位与跟踪的实践经验，帮助读者对纳米构件进行正确的操作与分析。

全书共 7 章，其中李东洁撰写了 1.7 节和第 2、3、5～7 章，杨柳撰写了 1.1～1.6 节和第 4 章。两位作者共同完成了各章节的审阅、修改和最终审校。

本书的部分内容源自国家自然科学基金项目(51105117)和黑龙江省自然科学基金项目(QC2014C054)的研究成果，特别感谢国家自然科学基金委员会和黑龙江省科学技术厅的资助与支持。同时，本书吸收了很多优秀教材与著作的思想、经验和优点，并引用了一些文献，谨向各位文献作者表示诚挚的谢意。在资料收集和图文修订的过程中得到了哈尔滨工业大学博士研究生邹宇、肖万哲，哈尔滨理工大学硕士研究生王金玉、宋鉴、张丽、张越、王倩倩、刘聪、翟常贺、徐立航、陈浩、李东阁、李若昊等的协助，相关单位的同仁也对本书提出了许多宝贵意见，在此一并表示感谢。

作　者

2017 年 7 月

目　　录

第 1 章　纳米操作及其跟踪定位

1.1　纳米操作的定义及特点

1.1.1　纳米操作的定义

近年来，纳米科学和技术获得了广泛的关注并得到了迅速的发展。各种纳米材料、纳米器件不断被研制并投入使用，纳米测量、纳米级超精密加工、纳米电子学都有了新的发展，而作为一项崭新的技术，与纳机电系统(NEMS)相关的研究工作也在很多实验室展开并获得了不小的进展[1]。

作为纳米科技领域关键技术之一的纳米操作技术是人类对微观世界探索、认识、改造和利用的基本手段之一[2]，是用于研究纳米材料、结构和装置性质特征的基本技术，也是纳米构筑单元准备、纳米设备装配的必备技术。纳米操作是指对原子、分子及纳米尺度的器件进行定位、推、拉、拾取、释放、装配等的各种操作[1, 2]。

纳米操作需要通过纳米操作系统来实现。纳米操作系统是指适用于对纳米尺度(通常是指 1～100nm)对象进行操作、集微力检测控制和视觉于一体、具有沟通宏/微观领域能力的操作系统。一般纳米操作系统主要由纳米操作器及驱动器、纳米操作台、纳米力传感器、操作环境控制以及纳米尺度成像设备等部分组成，其基本结构如图 1.1 所示[3]。在宏观意义上，可以将纳米操作系统分为接触式纳米操作系统和非接触式纳米操作系统两类；按其操作环境又可分为真空纳米操作

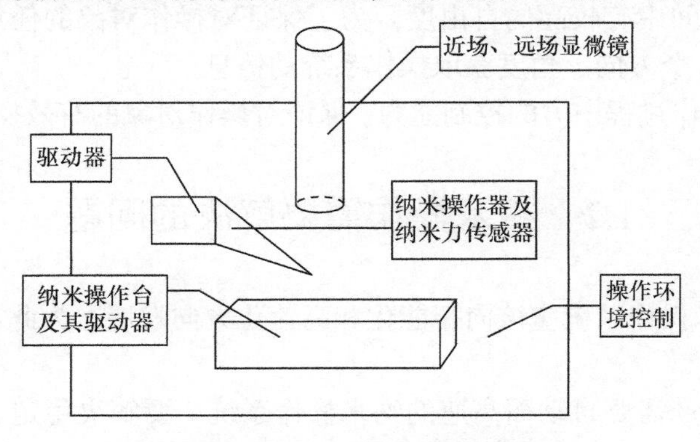

图 1.1　纳米操作系统的基本结构

系统、空气纳米操作系统、液体纳米操作系统三类。对操作环境的选择主要依据微纳构件的尺寸、形状和性能等条件。利用纳米操作系统，人们可以对纳米尺度的对象进行拉-压、拾取-移动-释放、定位/定向、装配、压印、弯曲、扭曲等操作[1, 2, 4]。

1.1.2 纳米操作的特点

纳米操作不同于宏观操作，它的操作对象是原子、分子及纳米尺度甚至亚纳米尺度的微器件。当物质在纳米尺度时，其材料特性有显著的变化，并具有一些新的特性：

(1) 小尺寸效应。当微尺寸与光波波长、传导电子的德布罗意波长及超导态的相干长度、透射深度等物理特征尺寸相当或更小时，它的周期性边界被破坏，从而使其声、光、电磁、热力学等性能改变而出现新的特性的现象，称为小尺寸效应。

(2) 表面效应。单位质量粒子表面积的增大，表面原子数目的骤增，使原子配位数严重不足；高表面积带来的高表面能，使粒子表面原子极其活跃，很容易与周围的气体反应，也容易吸附气体，这一现象称为离子的表面效应。

(3) 量子尺寸效应。微粒尺寸达到与光波波长或其他相干波长等物理特征尺寸相当或更小时，金属费米能级附近的电子能级由准连续变为离散并使能隙变宽的现象，称为量子尺寸效应[5]。

操作对象的特殊性决定了纳米操作系统需具有与宏观操作很多不同的特点[2, 4, 6]：

(1) 具有高分辨率的观察能力。保证操作过程中对操作对象的位姿的准确获取和可靠操作。

(2) 具有沟通宏/微观尺度世界的能力。当系统本身是宏观尺度，而操作对象为微观尺度时，要具有良好的沟通转换能力。

(3) 操作空间中有较高的自由度。为了保证对操作对象的任意操作和高精度操作，需要从各个方向、角度获取操作系统的信息。

(4) 纳米操作过程中力的控制能力。保证对操作对象的有效操作和无损操作。

1.2 纳米操作需要解决的问题

未来的纳米操作系统应该向智能化和高速化方向发展，为此需要解决下列问题[1, 4, 6]：

(1) 批量生产需要自动而高速的纳米操作系统。要解决稳定、高速控制中的开环非线性、不确定性和干扰性等问题。

(2) 纳观力学建模是可靠操作必需的。然而，人们对纳米尺度的物理、化学等现象还未能完全理解，所以要对微观受力进行持续不断的探索，开发具有恰当物理和化学模型的微纳操作技术，寻求可靠的纳米力建模。

(3) 三维装配仍是纳米操作系统面对的重要问题。人们需要开发智能纳米夹持器，寻求可靠的纳米力建模。

(4) 对于灵活多变的操作任务，需要设计各种各样更加微型化、集成化的传感和驱动器件。

(5) 能够兼顾效率、灵活性、准确性和成功率等综合性能的有效操作方法有待研发。

1.3　纳米操作的种类及方法

1.3.1　纳米操作的种类

近年来，随着纳米科学与技术的快速发展，应用于不同研究目的的纳米操作系统被研发出来并投入使用。放大纳米物质并将清晰的纳米世界呈现在人们眼前，是纳米操作技术发展中不可或缺的基础环节。为此，通常根据纳米操作中使用的显微技术的不同对纳米操作进行分类。典型的纳米操作系统主要有基于扫描探针显微镜(SPM，主要包括扫描隧道显微镜(STM)和原子力显微镜(AFM))的纳米操作系统、基于电子显微镜(EM，主要包括扫描电子显微镜(SEM)和透射电子显微镜(TEM))的纳米操作系统、光镊纳米操作系统以及混合式纳米操作系统[1]。

1. 基于 SPM 的纳米操作系统

SPM 是在 STM 发明取得巨大成就的基础上发展起来的一个大家族，包括 AFM、STM、静电力显微镜(EFM)、摩擦力显微镜(FFM)等。其原理都是通过检测微小探针与样品表面的各种相互作用，在纳米尺度上研究各种物质表面结构和性质。这些类型的显微镜中用于纳米操作的主要是 STM 和 AFM。

以 STM 为核心的纳米操作系统主要用于原子和分子的操作。1990 年，Eigle 和 Schweizer 进行了首次纳米操作实践。他们运用 STM 在单晶镍表面定位单个氙原子，组成了“IBM”三个字母。目前用 STM 对原子、分子的操作主要包括三类：移动、拾取和释放。

AFM 集成像、力反馈和操作能力于一体。这种系统以 AFM 为主体，可以用于在平面上对纳米对象进行机械操作，如操纵纳米粒子、碳纳米管(carbon nanotube, CNT)进行纳米压印等，也可以用于对生物对象进行操作。由于 AFM 可在各种环境中成像，所以这种系统在纳米科技研究中具有广泛的应用。

最初的纳米操作过程都是基于静态图像离线设计的，每次操作都要经历扫描—设计—操作—扫描的循环，因此这种过程效率较低，并且操作过程中无实时的信息反馈。Holis 首次把磁悬浮手控制器和 STM 结合实现了遥纳米系统操作。Taylor Ⅱ对 STM 构建的虚拟现实界面包括立体头盔显示界面、力反馈遥操作手，极大地增强了 STM 的操作能力。

近年来的研究热点集中在把 AFM 和触觉设备与虚拟现实技术相结合，使纳米操作进一步机器人化。Sitti 把三维虚拟现实和一个自由度的触觉设备引入基于 AFM 的纳米操作系统中。李红斌等通过把分析悬臂-探针尖和环境的交互作用得到的垂直力和侧向力反馈给触觉设备，基于实时力和位置信息，实时更新视觉图像，从而极大地方便了系统的操作。美国北卡罗来纳大学研制的纳米操作系统把虚拟现实界面和 AFM 结合，对生物样本、碳纳米管等进行了操作实验。Hudson 设计了分布式协作纳米操作手系统，可以使纳米操作手的不同使用者远程协作。这些系统把机器人化思想融入 SPM 中，具有广阔的研究空间。

基于 SPM 的纳米操作系统构建相对容易，但单探针只能完成简单的二维操作，极大地限制了其柔性工作能力。另外，在操作过程中如何获取可靠的实时视觉信息仍需进一步研究。

2. 基于 EM 的纳米操作系统

EM 是根据电子光学原理，用电子束和电子透镜代替光束和光学透镜，使物质的细微结构在极高放大倍数下成像的仪器。EM 主要包括 SEM 和 TEM 两种。

日本名古屋大学研制的纳米操作系统在 SEM 中集成了四个操作单元，共 16 个自由度。末端执行器为三个 AFM 悬臂和一个基底或四个 AFM 悬臂。可以实现的功能包括纳米操作、纳米测量、纳米制作和纳米装配。

一些公司已研制出相关产品，如 Zyvex Technologies 公司研制的 S100 纳米操作系统，具有灵活、紧凑、模块化的特点。德国 Klocke Nanotechnik 公司基于纳米马达研制了并联式和串联式纳米操作手，其直线运动分辨率可达 2nm，运动行程达 70nm。德国 Kleindiek Nanotechnik 公司研制的适用于 SEM 的纳米操作手由两个旋转电机和一个径向电机组成，径向运动范围达 12mm，分辨率达 0.5nm。

基于 SEM 的纳米操作系统的特点是：在电镜真空室内集成纳米操作手，可以进行实时观察；多个纳米操作手可以协调工作，每个操作手具有多个自由度，可以进行复杂的三维操作；操作对象不受基底影响。由于具有实时观察功能，并且具有多个操作手，所以基于 SEM 的纳米操作系统是功能较为完善的系统，是一项很有发展前途的技术。

基于 TEM 的纳米操作系统以高分辨率的 TEM 作为观察工具，在其超高真空样品室内放置操作手。这类系统一般是针对特定的研究应用搭建的：Kuzumaki 用 TEM 中的双操作手对单壁碳纳米管进行操作。Wang 在 TEM 中对单壁碳纳米管的物理和机械性质进行了测量。Zettl 和 Cumings 在 TEM 中实现了多壁碳纳米管的低摩擦线性轴承。这类系统受限于其样品室的狭小空间，几乎不能放置大的操作手。

3. 光镊纳米操作系统

基本的光镊纳米装置包括三大部分：①光阱形成、显微观察及光学耦合的光路系统；②纳米精度操作系统；③纳米精度位移和微小力测量系统。Arai 等采用双光镊系统实现了 DNA 分子(2nm 直径)的扭转、打结，为细胞内蛋白纤维相互作用等分子力学的研究开辟了新的途径。

中国科学技术大学激光生物实验室首次用光镊排布微粒，形成稳定的空间结构，为生物器件组装提供了一种可行的途径。光镊是非接触式的纳米操作工具，能对样品施加皮牛量级的力，可广泛应用于生物纳米操作。基于光镊的纳米操作系统的主要特点是：能稳定捕陷的最小物体尺寸为 40～50nm；对捕陷进行精密、高速、*xyz* 向控制具有挑战性；装配对象需要通过化学和其他方法形成稳定的连接。

4. 混合式纳米操作系统

上述几种系统各有特点，如基于 AFM 和 STM 的纳米操作系统虽然容易构建，但缺少实时的观察手段；基于 TEM 的纳米操作系统成像分辨率高，但在真空室内不能放置体积较大的操作手。一些研究者充分利用各自系统的优缺点进行集成，进而构成混合式纳米操作系统。例如，Williams 把 AFM 和 SEM 组合在一起，利用 SEM 观察 AFM 针尖的运动和 AFM 针尖与样品的交互，控制 AFM 针尖拾取和操作样品上的对象。Nakajima 构建了基于 SEM 和 TEM 的混合式纳米操作系统，使得系统既具有足够高的分辨率，又能实现高效灵活的操作。Metin 提出联合 AFM 和光镊进行复杂的拾取与释放操作。

近年来，将虚拟现实(VR)技术引入纳米操作过程中也是纳米操作研究中的另一个方向，即具有虚拟现实体系的纳米操作系统。

由于纳米操作具有不可感知性，很多学者将虚拟现实技术引入纳米操作系统中，推进了操作系统反馈控制技术的发展。纳米操作虚拟现实体系的研究主要集中在日本、欧美等国家及地区，一方面通过计算机图形建模技术，融合视觉信息，实现三维可视化，另一方面研究纳米操作下的力学模型，实现力觉、触觉的感知和反馈。日本东京大学 Sitti 把三维虚拟现实和一个自由度的触觉设备引入基于

AFM 的纳米操作系统中,该系统借助反馈力觉信息和显微镜视觉信息成功地实现了对较大尺寸微粒的操作实验；东京工业大学提出一种遥操作的虚拟现实方法结合一种虚拟耦合阻抗的遥操作方法，实现了各种力(范德瓦耳斯力、表面张力和电磁力)的反馈,操作精度达到纳米级,并建立了触觉反馈装置的虚拟现实操纵界面,操作手可以根据末端的位置姿态进行调整[7]。

随着计算机图形技术的发展，我国在纳米操作的虚拟现实体系方面也开展了一些研究。哈尔滨工业大学的机器人技术与系统国家重点实验室对基于 SEM 的主从遥纳操作平台进行了研究，提出了一种基于虚拟现实技术的交互式纳米操作方法，建立了纳米操作下的虚拟力觉和视觉模型；中国科学院沈阳自动化研究所和北京航空航天大学机器人研究所在纳米操作的遥操作图形预测仿真方面也开展了研究。

1.3.2 纳米操作的方法

由于纳米操作具有有别于宏观操作的特殊性，很多研究者都在寻求准确、可靠的纳米操作方法。纳米操作按其物理原理可分为流体力式、声辐射式、光辐射式、介电力式以及机械力式五种主要方式[2]。

从表 1.1 中不同纳米操作方式的对比可知，介电力式和机械力式的纳米操作方式在纳米操作中的可操作性较强，目前研究的热点主要集中在具有灵活可控的操作工具的可靠机械力式纳米操作方面。

表 1.1 不同纳米操作方式的对比

分类	驱动方式	优点	缺点
流体力式	流体驱动	适合活性分子操作	操作精确性较差，控制精度不高
声辐射式	超声波频率控制	操作相对简单	操作精确性较低，操纵自由度较低
光辐射式	光学效应	操作精度较高	操作过程受样品特性影响，容易损伤样品
介电力式	介电泳	不易破坏样本	操作对象单一，控制精度要求较高
机械力式	机械驱动	灵敏度高、可控性强	操作系统较复杂

1.4 纳米驱动器的跟踪定位

本节以压电陶瓷纳米驱动器为例，介绍纳米驱动器的跟踪定位控制方法。压电陶瓷纳米驱动器跟踪定位控制过程中产生一系列有害的非线性特性(尤其是迟滞现象)，这些非线性特性直接导致定位误差及系统的不稳定性，所以对这些非线性进行补偿或者消除的控制方法得到了人们的关注。

1.4.1　开环控制方法

开环控制方法经常应用在因机械约束的限制而无法使用位置反馈控制的领域中，如 AFM。在这样的控制方法中，压电陶瓷的逆模型被串联在控制系统中使用。压电陶瓷驱动器(PEA)的逆模型根据参考信号位移量 y_d 产生一个输入电压 U_{pea}，这样可以根据输入电压 U_{pea} 得到一个相应的位置输出 y，以用来跟踪参考信号位移量 y_d。图 1.2 给出了一个典型的压电陶瓷驱动器开环控制方法。

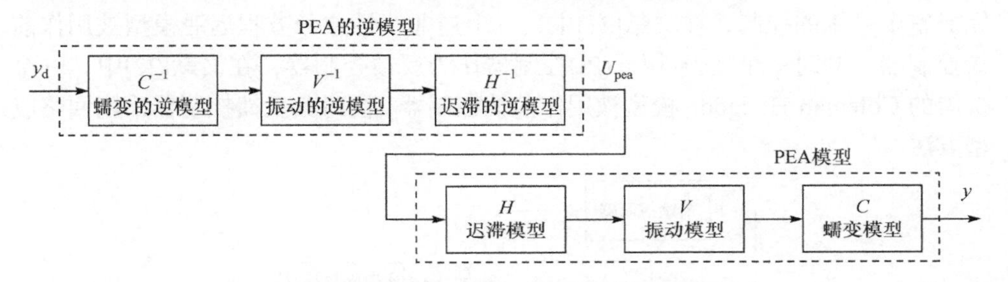

图 1.2　典型的压电陶瓷驱动器开环控制方法

1.4.2　反馈控制方法

压电陶瓷驱动器的反馈控制方法如图 1.3 所示，在未知控制中可以很大程度地抑制未知的干扰作用，如模型误差、外加负载和压电陶瓷驱动器动力学的改变。因此，反馈控制方法被广泛应用在压电陶瓷驱动器的控制中。

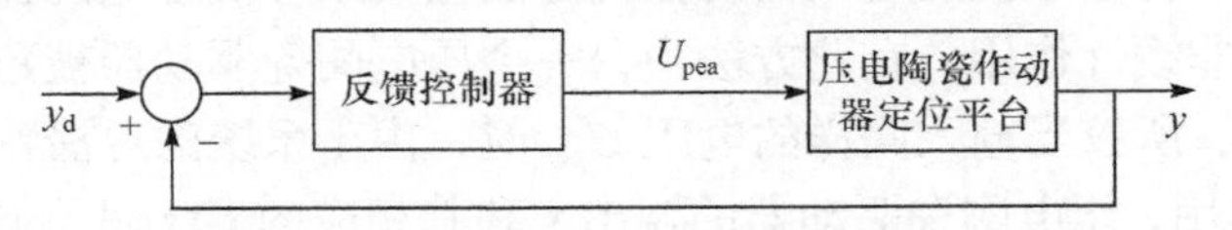

图 1.3　压电陶瓷驱动器的反馈控制方法

对于静态的或者低频的操作，经典的控制方法因其简单性及消除稳态误差的有效性而被广泛使用，如比例-积分-微分(PID)控制或多个积分器的使用跟踪目标位置[8-10]。各种各样的 PID 调节技术被使用在压电陶瓷驱动器的位置控制应用中，如试错法(Physik Instrumente 公司 2005 年使用)、灰色关联分析[11]、最优线性二次调节[12]、半自动调优技术以及自动调优技术[13]。但是，在宽频操作中，系统具有很大的不确定性因素，如模型误差、额外负载等。这时就需要先进的控制技术，因为 PID 控制在处理这些不确定因素时受到带宽的限制[14]。在这些先进的控制技术中，滑模变结构控制方法得到了越来越多的关注。这是由于滑模控制器可以彻底地消除系统不确定项或者控制对象输入通道中的不确定项，从而使控制器具有很强的鲁棒性[15, 16]。

1.4.3　反馈结合前馈控制方法

前馈控制有时被用来增加反馈控制器对非线性特性的补偿。一个典型的压电陶瓷驱动器的反馈增益前馈控制方法如图 1.4 所示。这种控制方法的好处就是可以减轻低增益裕度的问题，从而提高高频定位控制的精度[17-19]。最近有研究采用这种前馈控制方法，例如，在文献[20]中，一个基于 Preisach 迟滞逆模型的迟滞补偿器被用来作为前馈控制器来补偿迟滞作用，同时结合一个 PID 反馈控制器来完成整个系统的控制；在文献[21]中，一个逆非线性差分方程迟滞模型被用作前馈控制器，同时一个比例-积分(PI)控制器作为反馈控制器；在文献[22]中，一个扩展的 Coleman-Hodgdon 模型被用作前馈控制器，同时其反馈控制器采用回路成型方法。

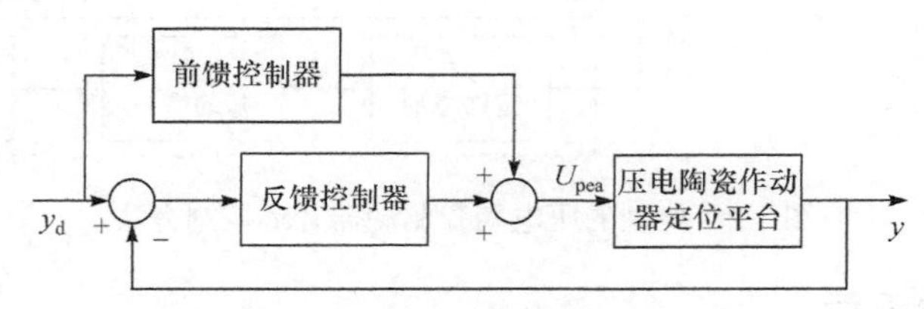

图 1.4　典型的压电陶瓷驱动器的反馈增益前馈控制方法

1.4.4　基于扰动观测器的控制方法

近年来，一种基于扰动观测器的控制方法被用来补偿压电陶瓷控制系统的迟滞现象和其他非线性作用。在此方法中，一个压电陶瓷驱动器被建模成一个线性动态系统 $G(s)$，所以当输入同样的电压 U_{pea} 时，由于系统的迟滞特性和其他非线性/不确定性作用，压电陶瓷驱动器的输出 y 和其相应的 $G(s)$是不同的。扰动观测器使用 U_{pea} 和 y 来估计额外的电压输入 u_d，从而使得如果 $U_{pea}+u_d$ 作用于 $G(s)$，则 $G(s)$的输出与 y 是一样的。其中 u_d 是 $G(s)$的一个扰动输入，用来代表迟滞特性和其他所有非线性/不确定性作用。所以，想要补偿压电陶瓷驱动器的迟滞特性以及其他非线性特性，需要在 U_{pea} 作用于压电陶瓷驱动器之前将 u_d 从 U_{pea} 中减去。基于扰动观测器的控制方法如图 1.5 所示，这种控制策略已经在阶跃控制[23]与高频率跟踪控制(200Hz 正弦信号)[24]中得到证实。

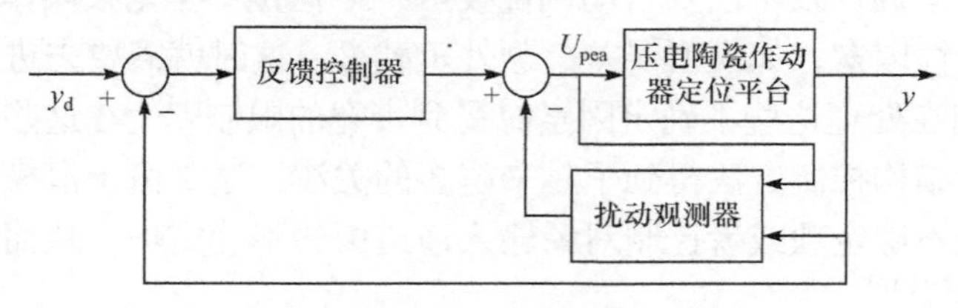

图 1.5　基于扰动观测器的控制方法

1.4.5　多自由度压电陶瓷纳米驱动器的跟踪定位系统控制

所有上面的讨论都只是针对单自由度压电陶瓷驱动器跟踪定位系统。但是，对于多自由度压电陶瓷驱动器跟踪定位系统仍然存在很多控制上的问题。多自由度压电陶瓷驱动器跟踪定位系统通常可以分为两类：串联机构和并联机构。在这些系统中，多自由度串联机构[22]和 *xyz* 形式的并联机构(沿着 *x* 轴、*y* 轴和 *z* 轴运动)可以当成一系列的单自由度机构来对待，而不用考虑每两个运动轴间的巨大耦合问题，如文献[22]和[25]～[27]中所介绍的，这样它们的控制问题就可以像对待单自由度系统那样得到解决。

1.5　纳米操作的跟踪定位

纳米操作过程中，由于被操作对象是原子级、分子级或者纳米级的微小器件，操作人员可能不清楚它们的精确位置，况且外界环境的变化使得它们的相对位置不固定，微观世界力的物理法则及力学特性与宏观世界也大相径庭，这就要求纳米操作系统有很强的自动识别、跟踪定位的能力。纳米操作跟踪定位是实现纳米操作的关键技术之一[28]。

1.5.1　基于微/纳米传感器的纳米操作跟踪定位

纳米操作系统中经常用传感器来检测操作对象的位置、姿态等各项参数，实现目标定位和跟踪。常用的传感器主要有视觉传感器和微力觉传感器。

显微视觉检测系统一般由一路或多路显微视觉单元组成，每路显微视觉单元通常包括显微镜头、电荷耦合器件(CCD)、光源系统和微动台。显微镜头和 CCD 是核心组成部件，直接决定系统的性能，通常根据检测目标的尺寸、精度和环境等因素来选定。

在微力测量及传感器研制方面，目前国际上研制了种类繁多的微力觉传感器，总结起来主要有 7 种类型，分别是应变计、压阻传感器、电容传感器、压电传感器、基于磁效应的传感器、基于光技术的传感器和基于视觉的传感器[29]。

1.5.2　基于图像处理的纳米操作定位

随着计算机科学技术的发展，基于图像处理的目标自动检测技术在工业上的应用越来越广泛。基于图像处理的目标自动检测技术也是纳米操作系统自定位的热点研究方向，其能够准确、高效地识别出目标的位置及姿态。

基于图像处理的纳米操作定位系统应用数字图像处理技术对纳米操作对象的

位姿图像进行处理、分析、计算，得到操作对象的坐标。通过视觉传感器获取周围景物的图像，利用景物中的一些自然或人造特征，通过图像处理方法得到周围环境模型来实现定位。

基于图像处理的纳米操作系统包括图像采集模块和图像处理模块。系统通过摄像机并配以适当的照明系统对纳米操作对象在线拍摄众多的图像，经过 USB 接口传入计算机；计算机对接收到的被测对象图像进行分析及图像二值化、轮廓检测处理，完成对各个操作对象的识别定位[30]。

基于图像处理的目标自动检测技术，与人眼的视觉特性相近，与其他传统缺陷检测算法相比，该方法的优点是获取信息量大、灵敏度高、成本低，有较低的漏判率和误判率，能满足生产线上实时检测的要求。缺点是对环境光线有一定要求、计算量较大。随着视频设备、计算机硬件设备性能的不断提升以及图像处理方法的不断改进，视觉定位的整体性能将会有很大提高。视觉定位是自主机器人定位技术的一个发展趋势[31]。

1.5.3　纳米操作的闭环控制

在工业领域中控制技术的作用是：不需要人的直接参与，而控制某些物理量按指定的规律变化。因此，在伺服定位系统中，伺服控制器的性能在很大程度上决定了定位系统的执行性能。

控制系统分为开环控制系统和闭环控制系统。开环控制系统是指被控对象的输出(被控制量)对控制器的输出没有影响，在这种控制系统中，不会将被控制量反馈回来以形成任何闭环回路。闭环控制系统的特点是系统被控对象的输出会反馈回来影响控制器的输出，形成一个或多个闭环。闭环控制系统分为正反馈和负反馈两种形式，若反馈信号与系统给定值信号相反，则称为负反馈，若极性相同，则称为正反馈，一般闭环控制系统均采用负反馈，又称负反馈控制系统。对于滚珠丝杠定位系统，由于接触摩擦的存在，要获得纳米级的定位精度，采用开环或半闭环控制是非常困难的，可以说，几乎所有的场合都采用带负反馈的闭环控制方法。纳米操作系统固有的迟滞、蠕变等非线性特性，影响了定位系统的精度，闭环控制能够提高纳米操作定位的精度[32]。

1.6　纳米操作的应用及发展历程

1.6.1　纳米操作的应用

纳米操作系统能够对纳米尺度的对象进行精确操纵、控制等操作，可以应用在许多不同的领域。

1) 生物/医学工程

对生物对象如 DNA、RNA、染色体以及其他生物材料进行局部和精确操作。通过纳米探针进行 DNA 自动测序将是一个历史性的突破，尽管目前这样的系统还没有实现。

2) 电子工程

基于高密度存储机理，硬盘存储是 AFM 探针的主要应用之一。通过加热 AFM 探针针尖或机械压印，信息可以写到聚合体表面。商品化过程中读写速度就成为这一应用的关键。因此，人们使用探针阵列来提高读写速度。

3) 微/纳米技术

通过组装纳米尺度的对象使人们能够得到由混合零件组成的复杂的机器。另外，通过对颗粒的局部精确定位，可以对纳米管、分子、单电子器件、量子光学器件等进行构造或分析。

4) 材料科学

为了构造新的材料和对纳米尺度材料性能的理解，人们有必要对纳米摩擦、纳米黏附、电子特性进行研究。另外，通过对聚合物体、生物样品等材料的压印，人们可以定量研究它们的纳米杨氏模量和硬度特性[33]。

1.6.2　纳米操作的发展历程

50 多年前，诺贝尔物理学奖得主、量子物理学家费曼所做的题为《底部还有很大空间》的演讲，被公认为是纳米技术思想的来源。而早在 1959 年，他就设想在原子、分子尺度上加工材料、制备装置。他在演讲中对纳米技术的思想做出了概括：纳米科技的基本思想是在分子水平上，通过操纵原子来控制物质的结构。这也就是今天所说的纳米操作思想的源头。

1990 年，美国加利福尼亚州 IBM 研究室的 Eigler 等利用 STM 在 4K 和超真空环境中，在 Ni 的表面将 35 个 Xe 原子排布成最小的 IBM 商标，如图 1.6 所示。这张放大了的照片登在《时代》周刊上，被称为当年最了不起的公司广告，轰动全球，从此开创了一个崭新的纳米世界。

图 1.6　Xe 原子排布成的 IBM 商标

每个字母高 5nm，Xe 原子间最短距离约为 1nm。这种原子搬迁的方法就是使显微镜探针针尖对准选中的 Xe 原子、使针尖接近 Xe 原子、使原子间作用力达到让 Xe 原子跟随针尖移动到指定位置而不脱离 Ni 的表面。用这种方法可以排列密集的 Xe 原子链。

紧接着，在扫描隧道显微镜下，科学家通过纳米操作技术将 48 个 Fe 原子排列在 Cu 表面，形成一个圆形围栏，如图 1.7 所示。

图 1.7　48 个 Fe 原子排列在 Cu 表面上形成圆形围栏

1991 年元旦前夕，日本日立电子公司向公众展示了一个原子大小的新年祝词 “PEACE 91” (和平 91)。每个字母的高度均小于 1.5nm，是通过把 S 原子一个一个地从 MoS_2 晶体上轰击出来而写成的，如图 1.8 所示。美国 IBM 公司的 “IBM” 是在−263℃下拼出的，而日本日立电子公司的新年祝词则是在室温下完成的。该成就表明，纳米操作技术从此步入了实用阶段。

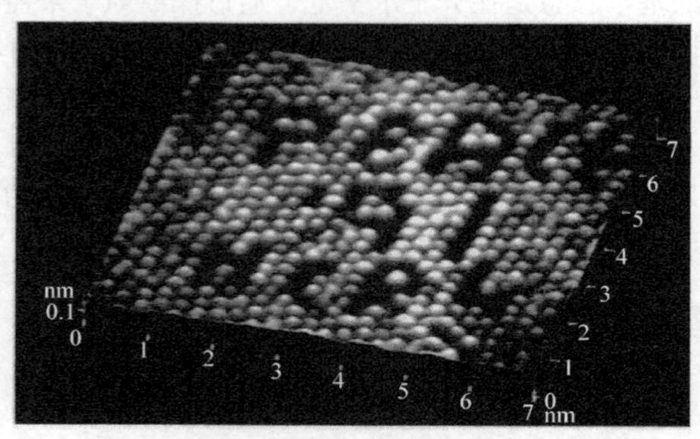

图 1.8　新年祝词 “PEACE 91”

1993 年后，我国科学家先后操纵原子写出 “中” 、 “原子” ，如图 1.9 所示。

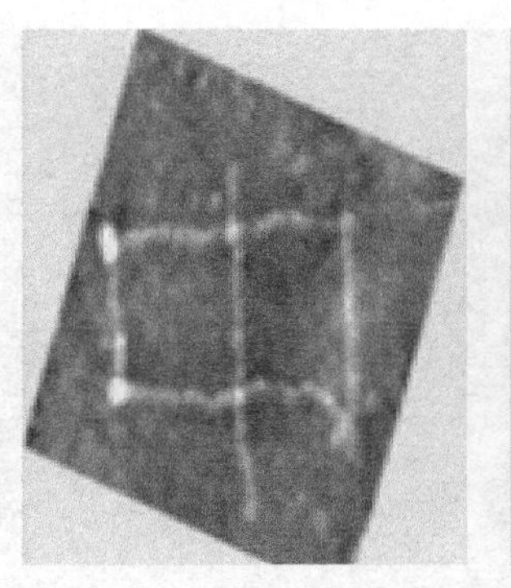
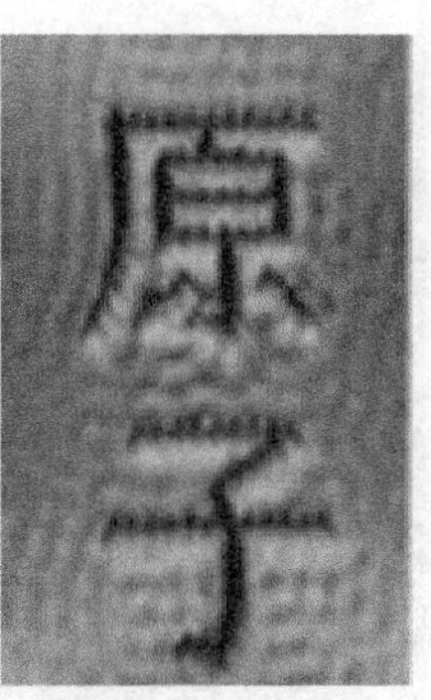

图 1.9　我国科学家操纵原子绘图

1994 年，我国科技人员成功在室温条件下实现了固体表面原子的操纵和移植工作，使我国在纳米科技这一尖端领域走在国际科技前沿。

纳米操作技术从原理上可以制作复杂的器件和系统，如纳米机器人(nanorobots)和纳机电系统。自从 1990 年美国 IBM 公司 Almaden 研究中心的 Eigler 和 Schweizer 等首次实现原子搬迁以来，纳米操作开始引起学者的关注。近三十年来得到高度重视和快速发展，已有一系列概念新颖的操作方法相继提出，工作原理主要基于热学、机械、水力学、超声、电磁等效应。目前研究与应用主要集中在基于扫描探针显微镜的纳米操作、基于电子显微镜的纳米操作和混合式纳米操作等[32]。

1995 年，Junno 等利用 AFM 在 GaAs 基片表面操作 30nm 的 GaAs 微粒，形成了纳米结构。Schaefer 等利用 AFM 探针，在高定向裂解石墨表面操作纳米金微粒，形成二维纳米结构[34]，如图 1.10 所示。

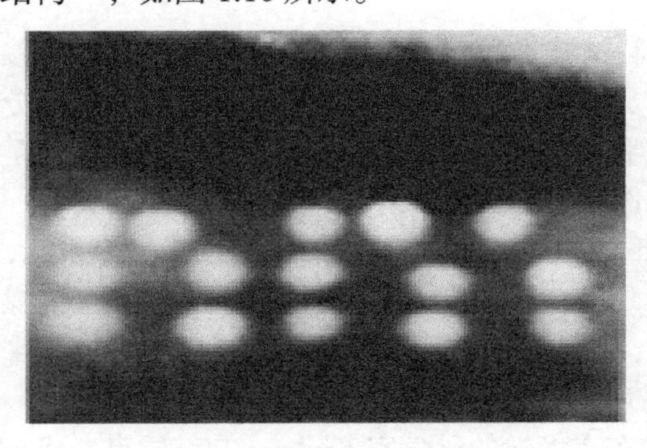

图 1.10　GaAs 纳米微粒排列

1996 年，IBM 苏黎世实验室在 Cu 表面移动 C_{60} 分子形成线性排列，其过程类似于拨动算盘珠，如图 1.11 所示。

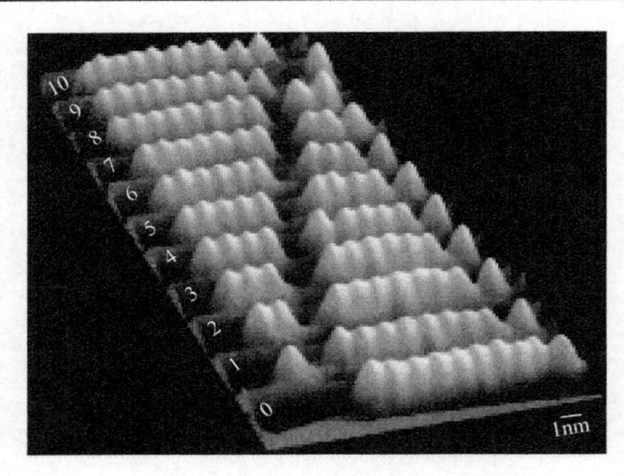

图 1.11　C_{60}分子移位

1998 年，Martin 等利用非接触式 AFM，在氧化硅表面操作 45nm 的银粒子，形成“LTL”字样，Resch 等利用 AFM 在烷化硅表面操作金纳米微粒，形成金字塔形三维结构。在生物医学研究方面，Stark 等利用 AFM 探针对 DNA 进行了成像及切断操作实验[34]。

1999 年，北京大学电子学系薛增泉教授的研究组将单壁碳纳米管(single-walled carbon nanotube, SWCNT)组装竖立在金属表面，组装出性能良好的扫描隧道显微镜用探针。Sitti 等设计出基于 AFM 遥操作系统，这种操作系统以 AFM 悬臂梁为从手，利用光学传感器实现对悬臂梁位移测量，得到从手与操作对象之间的作用力信息[35]。采用压电驱动定位平台，在 x、y、z 三轴上均为 10nm 分辨率，可以对纳米球、纳米管等进行推、拉操作，具有力反馈和非实时视觉反馈效果。

2001 年，中国科学技术大学朱清时院士的研究组首次直接拍摄到能够分辨出化学键的 C_{60} 单分子图像，这种单分子直接成像技术为解析分子内部结构提供了有效的手段，使科学家可以人工“切割”和重新“组装”化学键，为设计和制备单分子级的纳米器件奠定了基础[36]。

2005 年，Fahlbusch 等设计了基于 SEM 的纳米操作系统，在 SEM 真空腔内除了操作台单元外，还增加了样本池和传输手两个单元[37]。操作台上集成有两个三自由度的操作手，该操作手利用黏滑原理驱动，既可实现毫米级行程，又可以达到 5nm 的定位精度，并具有视觉反馈效果。

2006 年，日本东京大学的科学家 Kinbara 与其同事，成功将两个分子机器人组装在一起，形成了一个有点像“钳子”的首个分子机器复合体，该超微型的分子机器动力来自于紫外线和可见光。科学家解释说，当机器收到紫外线照射时，“钳子”的两个把手就会收拢起来，另外一端的两块板状结构则会旋转到相对位置呈 90°的状态。此外，日本致力于研发可穿行于人体血管以及杀灭癌细胞的微型机器人。韩国科学家也研制出一种小到能从血管中通过且不用额外电源的微型机器人，这种机器人有六足，可以用于清理阻塞的动脉[38]。

2007 年，蒙特利尔综合理工学院纳米机器人实验室的研究人员在医用机器人领域实现了一个重大技术突破。他们第一次在计算机控制下，成功地引导一个微型装置在活体动脉内以 10cm/s 的速度运动[39]。

2009 年，Fukuda 等将一个 TEM 纳米操作器和一个 SEM 纳米操作器整合在一起，设计了一套基于 TEM 和 SEM 的操作系统，整个操作系统设计了三个操作单元，共 8 个自由度，可对直径为 20～50nm 的碳纳米管快速有效地进行切割、弯曲、组装等操作，其中 SEM 操作器工作空间为 16mm×16mm×12mm，定位精度为 30nm，位移分辨率为 2nm[40]。

2010 年，Mick 等把 AFM 与 SEM 结合，搭建了一套多功能的纳米操作系统。该系统把一套 AFM 系统内置到 SEM 系统中，SEM 作为视觉反馈设备，AFM 悬梁臂作为从手位移和力传感器，精确定位平台采用具有电容式位移传感器的 PI-Scanner，闭环精度 1nm，粗定位平台采用具有光学线性编码器的 Micro-Position，闭环精度 50nm。该系统具有视觉反馈、位移反馈和力反馈功能，可对直径小于 300nm 的纳米球、纳米线等进行操作，但要求 SEM 具有大的真空腔[41]。2012 年，Wang 等结合二阶滑模控制和阻抗控制，并加入状态观测器，设计了大延时下的控制结构，实现了双边遥操作系统的鲁棒平滑控制。

最近几年，基于 AFM、STM 等观测设备的纳米操作机器人已逐步实现了二维空间内的精确操作。微纳操作在生命科学领域、信息与通信领域、环境与能源领域、材料与基础学科领域都有了很大的进展，成为不同领域科学家共同关注的研究方向[42]。同时，可以进行三维细胞组装的微机器人系统已经出现，它基于细胞群的模块化加工与多机器人协同组装实现了人体功能性组织自下而上的模仿[43]。荣伟彬等设计了 SEM 下精度高达 10nm 的纳米操作定位器。名古屋大学研制出了多自由度纳米操作手，开发出基于 SEM 实时图像的 16 自由度纳米机器人操作系统，实现的功能包括纳米操作、纳米测量、纳米制作、纳米装配，并实现了基于电子束诱导沉积的纳米制造。针对生物医学工程对微/纳操作手的需求，提出了一种能够实现对微小细胞进行多重微操作的平台[44]。随着微纳技术的不断发展，可以利用微纳操作机器人技术进行纳米器件的三维操作和组装[45]。

纳米操作技术在现代科学及工业中占据越来越重要的地位，由于其潜在巨大的科学价值、经济价值和社会价值，已被广泛视为一项重要的战略技术。目前纳米操作技术的发展仍未达到广泛应用的程度，操作对象仅限于简单的纳米球和纳米线等典型的纳米尺度构件。

1.7 纳米操作的最新进展

1.7.1 操作方法方面的进展

在纳米操作中人们一般使用遥操作和自动操作的方法来控制纳米操作器[46]。在遥操作中，操作者在闭环控制中通过使用人-机用户界面直接操作纳米对象。在这种操作中，操作者直接控制纳米机器人或给纳米机器人控制器发送任务指令。在直接遥操作系统中，用户界面包括视觉和力反馈装置。直接遥操作方法能够实现高智能和高灵活性的任务。但是，其速度较慢、精确度及重复性较差，同时需处理许多复杂的尺寸变换问题。相反，面向任务的方法在闭环自动控制中仅仅控制给定的任务，从而避免了前面提到的问题。在自动控制过程中，纳米机器人通过传感器信息对操作过程进行闭环控制，并不需要人工干预。但是，纳米动力学比较复杂，精确的纳米定位、实时视觉反馈还很困难，物理参数的变化和不确定性、模型和智能策略的不足等，使纳米世界的自动控制还不可靠。研究者还需针对这一特性对其作进一步的研发。

微操作的过程主要包括拾取、移动和释放等过程，其中移动过程相对容易实现，而拾取和释放由于黏附力的影响成为微尺度对象操作的关键和难点。在拾取研究方面，主要采用夹持的拾取方式，这种方式可以保持被操作对象在移动过程中的稳定性和定位的准确性。在释放研究方面，由于释放是微操作的最后也是最关键的阶段，目前在微操作中进行释放的方式主要是通过控制黏附力实现的。

传统的纳米操作方法，由于操作对象具有宏观物体不具有的小尺寸效应、表面效应、量子效应等，范德瓦耳斯力、黏附力、静电力等的作用超过重力而成为主导力。纳米尺度对象间作用机理和力学模型的研究是实现稳定可靠操作的基础，但目前对纳米尺度对象间作用力和操作时的动力学问题仍需深入研究。操作策略主要是由操作对象的尺寸和性质决定的，因此纳米操作策略不同于宏观操作。传统的纳米操作中使用的策略大体可以分为侧向无接触、侧向接触和垂直操作[47]三种。

(1) 侧向无接触。基于 STM 的纳米操作系统对原子、分子进行移动操作时广泛使用了这种策略。引起这种运动的触发机制已有很多报道，包括范德瓦耳斯力、隧穿电流密度等。

(2) 侧向接触。在平面上对纳米粒子进行机械操作主要采用的是侧向接触策略。主要有两种方案：①接触模式推纳米粒子，推时关闭反馈；②接触模式推纳米粒子，推时开启反馈。后种方案能够实现较好的位置控制，并且可借助力反馈信息更新虚拟现实界面，是一种比较理想的方案，但可能引起粒子黏附问题。另外这种策略也被用于在平面上对碳纳米管的操作。

(3) 垂直操作。对原子、分子进行拾取操作时，有多种可能的机理。释放操作时有铅笔法、蘸水笔法和钢笔法三种方式。操作碳纳米管时，有两种方式可有效地用于垂直操作：一种是在工具和操作对象之间应用介电泳动力；另一种是改变操作对象与基底之间的范德瓦耳斯力和其他分子间表面作用力。

由于纳米尺度动力学建模的复杂性、精确纳米定位的困难，以及对智能控制策略的研究不够深入，传统的纳米操作自动控制仍有相当的难度。遥操作控制方法在纳米操作系统中得到了较广泛的应用。

在拾取研究方面，Demaghsi 等研究了静电驱动集成电容传感器的微夹持方法，进行了 35μm 直径玻璃微球和 25μm 直径 Hela 细胞的拾取与定位实验[48]。法国 Franche-Comte 大学的 Escareno 等进行了二自由度压电驱动微夹持器的建模、制作，并进行了尺寸为 150～200μm 的 Ni-Co 合金粉末的操作实验[49]。奥地利 Vienna 大学的 Giouroudi 等进行了用于 125μm 直径光纤操作的电磁驱动微夹持方法的研究。国内南京邮电大学的徐琳[50]等开展了静电驱动微夹持器设计、制造工艺及操作方法的研究。中国科学院长春光学精密机械与物理研究所根据形状记忆合金(SMA)的变径圆原理设计了环状微夹持器用于微尺度对象操作。上海大学进行了斜楔式电磁驱动微夹持方法的研究。哈尔滨工业大学机器人研究所研究了用于微型齿轮装配的压电陶瓷驱动微夹持方法，并针对微机电系统(MEMS)组装作业对真空吸附式集成夹持作业开展了研究。在释放研究方面，主要通过以下几种方式控制黏附力实现微操作中的释放过程：

(1) 通过改变夹持器特征减小黏附力完成释放。日本名古屋大学的 Arai 用导体作夹持器等操作工具或者在夹持器上涂一层导电膜，并将夹持器良好接地。导体或者导电涂层可以有效减少静电电荷，接地可以避免电荷聚集，减小静电力对释放的影响。Yao 等提出了一种新的超声振动辅助(UVA)电极来克服黏附力，研究表明紫外线是一种很有前途的提高电极抗黏附性能的方法[51]。Kosgodagan 等用自制的倾斜原子力显微镜和探针进行实验，研究了倾斜圆柱体上的毛细作用力与倾斜角的函数关系，给出了这种修正的显式表达式作为探针几何参数的函数，从而可以方便地估计出其大小，提高微操作的精度[52]。韩国科学技术研究所的 Pendyala 等研究了毛细作用力和范德瓦耳斯力对黏附力的影响，并通过减少毛细作用力来减小微夹持器释放时的黏附力[53]。

(2) 通过改变环境特性来减少黏附力对微操作释放的影响。例如，在干燥的环境或者加热的环境中进行操作。干燥的环境可以有效减小表面张力对微操作释放的影响。Fearing 等在真空环境下进行操作实验，避免了潮气产生的表面张力的影响，还在缺氧环境下进行微操作研究，在没有氧气的情况下，夹持器和被操作对象将不会形成本征氧化层，降低了表面张力的影响。哈尔滨理工大学的周静分别在空气中和液体中对操作对象进行了实验，实验表明在液体中操作可以消除表面张力的影响，并减小了静电力对操作的干扰[54]。

(3) 在操作过程中通过改变外界力实现释放。处理宏观物体时，因重力和惯性力占主导地位，故黏附力可以忽略。微操作时，如果重力和惯性力可以人为放大和控制，则可同样保持其主导地位，这样有利于微操作，那么黏附力变得不再重要。在空气环境中，不可能改变重力，然而，惯性力很容易放大，如通过瞬时加速增大惯性力[55]。Haliyo 研制了单指末端执行器依靠黏附力和惯性力对微对象的拾取和释放，在释放过程中，依靠末端执行器的突然运动克服末端执行器和工具间的黏附力。实验结果显示，瞬时加速可有效处理微操作的黏附力，但很难实现对象的精确释放。Matsumoto 等用扫描探针显微镜测量了表面活性剂混合物在不同温度下在物体表面上的黏附力[56]。日本 Yamaguchi 大学的 Watanabe 等建立了微操作系统的动力学模型，仿真并验证了可以通过末端执行器的振动实现降低作业工具与操作对象之间黏附力的作用，并可以增强操作对象与基底的吸附力[57]。

(4) 通过改变操作时的接触面积来减少黏附力。一部分学者提出了通过将末端执行器倾斜，以减小接触面积，降低执行器与操作对象间的黏附力来进行释放的方法，此方法只针对球体操作对象有效。此外，还可通过特定机构或补偿运动实现，如用探针进行机械释放，或释放时滚动。Li 等提出了释放时滚动微对象以实现对象释放的方法，并进行了实验验证[58]。

20 世纪 80 年代以来，显微技术的发明为进行精确可控的纳米操作提供了优良的实验平台。基于各种显微镜的纳米操作系统得到了快速发展。目前典型的纳米操作系统主要有基于 SPM(主要包括 STM 和 AFM)的操作系统和基于 EM(主要包括 SEM 和 TEM)的操作系统，如图 1.12 所示。近年来，将虚拟现实技术引入纳米操作过程中也是纳米操作研究的另一个方向；其中 AFM 和 SEM 因广泛的适用性和简易的模型构建，在多种微纳操作领域的研究中得到了迅速的发展[59]。

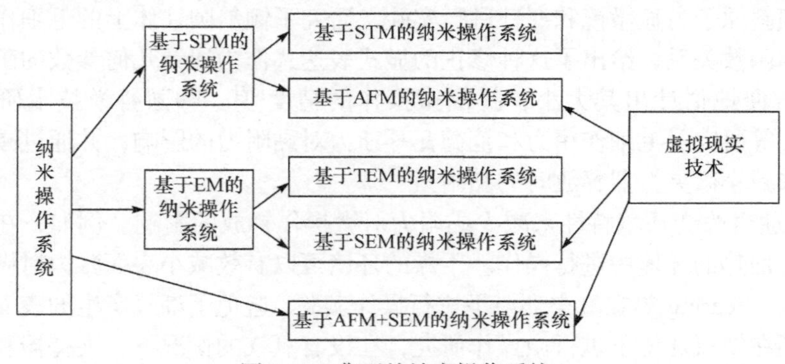

图 1.12　典型的纳米操作系统

1.7.2　操作技术方面的进展

纳米操作技术是纳米加工技术的关键环节，在材料、电子、信息、生物与医学等领域具有重要的科研意义和应用价值：利用各种不同的纳米操作加工方法与技术，已经研制出超高密度数据存储器、纳米场效应晶体管、基于碳纳米管的超高灵敏度传感器等纳米产品[60-62]。目前世界上得到广泛研究与应用的纳米操作技术主要有基于自组装(self-assembly)的纳米操作技术、基于光镊(optical tweezer)的纳米操作技术、基于磁镊(magnetic tweezers)的纳米操作技术、基于 SEM 的纳米操作技术、基于介电泳(dielectrophoresis, DEP)的纳米操作技术和基于 AFM 的纳米操作技术等。

1. 基于自组装的纳米操作技术

自组装是指分子尺度的个体、微纳米材料或更大尺度的物质材料作为基本结构组成单元，在热力学上的相对稳定平衡条件下，通过基于静电力、氢键等非共价键的弱相互作用，自发地组成或聚集为一个性能稳定、外观结构规则的组合体的过程。自组装的最大特点是：基于自组装技术的操作过程一旦开始，会自动将操作分子或纳米材料等样本按照既定的某个操作结果执行，直到操作完成，即使操作形成的组合体非常复杂，也不需要任何外界因素的帮助。在进行自组装操作的过程中，实验人员通过选定参数进行控制过程的设计规划，但操作过程开始后，实验人员就无法再参与实验的操作过程。2003 年，美国佛罗里达大学的 Rao 等在 *Nature* 上报道了对单壁碳纳米管通过基于自组装技术进行大规模定向操作排列的研究成果。虽然自组装技术可以进行规模化的纳米操作，但是基于自组装技术的纳米操作本质上依靠控制环境的变化来控制微粒间的相互作用，从而完成纳米级的操作与装配，并且自组装方式对操作对象有对称可逆的特殊要求，而实际操作期望的结果具有任意性，因此自组装操作只能实现对称的纳米操作要求，能满足精确和任意纳米操控的需求[3]。

2. 基于光镊的纳米操作技术

光镊是基于光的散射力和辐射压梯度力相互作用而形成的能够束缚微粒的势阱。自 1986 年出现至今，光镊作为一种微纳米操作工具，已广泛应用在生物、物理、化学和凝聚态物理等领域。其实质简单来讲，就是用一束高度汇聚的激光对操作目标形成梯度力，以构成三维的梯度势阱来俘获、操纵控制微小粒子。光镊操作对象的尺寸为几十纳米到几十微米，光镊可以实现对粒子的捕获、移动和旋转等各种操作[63, 64]。

光镊在纳米操作时面临的主要问题是操作分辨率低，难以实现对单个纳米物体的直接操作，需要对纳米操作目标的两端修饰上微粒，通过光镊捕获粒子来实现对纳米物体的操作；同时，尽管光镊采用非机械接触的捕获，不会产生机械损伤，但是光镊操作过程中需要高强度的激光，所带来的热效应会造成操作样品的损伤；此外，由于单束激光的光镊只能操纵单个粒子，难以满足对多粒子同时操控或对粒子进行复杂操控的需求。综上，低分辨率、造成样本的损伤以及低操作率极大地限制了光镊技术在纳米操作中的应用与发展。

3. 基于磁镊的纳米操作技术

基于磁镊的纳米操作技术主要应用在纳米生物领域，是通过对黏附在 DNA 等生物大分子上的磁性纳米粒子操作，从而实现对生物大分子的间接操作。基于磁镊的纳米操作技术在研究 DNA 分子的扭转、拉伸等操作，以及测量 DNA 分子与蛋白质的相互作用等方面发挥了重要作用，可以有效测量从 10^{-3}pN 到 10^{2}pN 量级的力，而且误差可以精确地控制在 10%以内[65]。利用磁镊技术对单根 DNA 分子进行操作，首先将 DNA 分子两端分别固定于基底和磁性小球上，通过控制位于磁性小球上方磁铁的运动，就可以控制磁性小球在空间上的移动或转动，从而实现对单根 DNA 分子的扭转以及拉伸等操作。

由于磁镊技术只能通过操纵修饰在纳米样本上的磁性粒子来实现对纳米样本的操作，以及磁性粒子的堆积和诱发的磁化力矩很小，与光镊一样存在操作分辨率和操作效率低的问题，极大地限制了磁镊技术在纳米操作中的应用与发展。

4. 基于 SEM 的纳米操作技术

基于 SEM 进行纳米操作，首先，需要在 SEM 的内部扫描真空腔室中，装配上扫描探针(scanning probe)等可进行纳米操作的工具作为执行器，然后通过 SEM 实时扫描图像，作为视觉信息反馈的指导，来实现纳米夹持与装配等操作任务。图 1.13 是德国 Oldenburg 大学的 Eichhorn 等在 SEM 的扫描腔中对单根 CNT 进行装配操作的实验过程。尽管在 SEM 实时扫描图像的帮助下能够实现纳米装配等操作任务，但是基于 SEM 的纳米操作仍存在一定的局限性：

(1) SEM 的扫描图像分辨率较低(极限为 1～3nm，通常为 10nm 以上)，进而限制了其操作分辨率，无法满足对一些直径在 1nm 左右的典型纳米材料如 SWCNT、DNA 分子等的高精度操作，导致 SEM 失去纳米观测和操作的功能。

(2) SEM 对被观测物品的导电性具有一定的要求，导电性的优劣将制约 SEM 的观测精度，进而影响操作精度。对于非导体成像时其表面一般需要镀金，这有可能破坏非导体材料的形貌结构与性能。

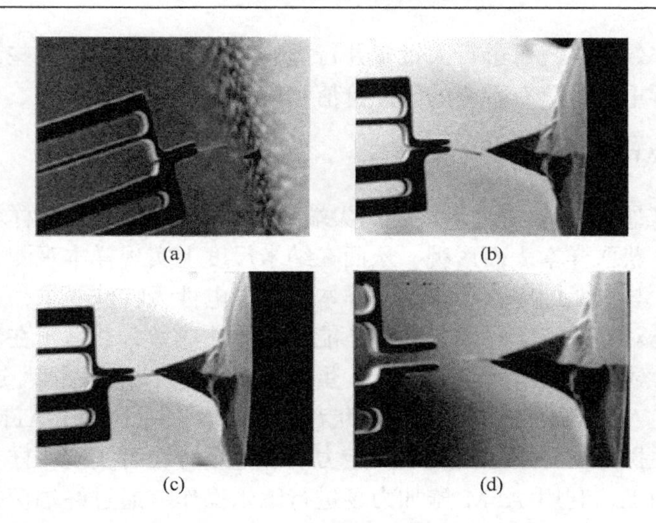

图 1.13　基于 SEM 的单根 CNT 操作

(3) SEM 通常要求在真空环境下进行工作，并且 SEM 激发的电子束会造成 DNA、蛋白分子等活性生物样本的损伤，从而失去观测和操作的意义。

(4) 基于 SEM 的纳米操作技术缺乏力学检测等实时的操作反馈信息，不仅难以实现精确的操作任务，还会造成探针等操作执行器以及被操作纳米样本的损坏。

以上这些局限性导致 SEM 在纳米操作领域难以推广，在很大程度上影响了基于 SEM 的纳米操作系统的发展与应用。

5. 基于介电泳的纳米操作技术

介电泳是英国学者 Pohl 在 1951 年首次提出的悬浮在液体中的介电粒子在非均匀电场中被极化，而产生定向移动的一种现象，其本质是由于介电粒子本身在外加电场的作用下诱导出偶极子，偶极子在非均匀电场的交互作用下受到不等于零的净电场力而运动。基于介电泳的纳米操作技术是指以介电泳为主导，基于麦克斯韦经典电磁场理论的操作技术。按照操作行为，基于介电泳的纳米操作技术可以分为输运、捕获、旋转、分离、定向/定位排列和组装等。按照操作对象，基于介电泳的纳米操作技术主要面向零维纳米材料、一维纳米材料和二维纳米材料，常见的有金/银纳米颗粒、病毒、碳纳米管、纳米线、DNA 分子、氧化石墨烯等[3]。

介电泳技术在纳米粒子操作方面具有独特的优越性：①介电泳可以实现对带电粒子或中性粒子的多种操作，适用范围广；②介电泳操作是一种非接触式的操作，不会对操作样本造成污染或损伤；③介电泳技术可以实现多种操作方式，通过不同的电极结构可以实现对样本的聚集、捕获、输运、定位等操作；④操作过程简便，操作效率高，可进行大批量并行操作。介电泳技术因这些优点而被广大科技工作者所重视，具有重要的研究价值和广阔的应用前景。

6. 基于 AFM 的纳米操作技术

AFM 的扫描探针具有纳米尺度的尖端，依靠检测探针针尖与样本表面之间的相互作用力来获取样本表面形貌，从而在纳米尺度上实现样本观测，能够观察到原子级形貌。与 STM 相比，AFM 对样本材质导电性无特殊要求，适用范围大大拓宽，不仅能对导体或半导体成像，还能对非导体成像，并适于在液体环境中工作，从而可以对各种生物微粒(如细胞、蛋白质以及 DNA 等生物大分子)进行高分辨率成像。自 AFM 发明以来，一些研究者的兴趣就集中到利用 AFM 进行纳米操作的实验，在探针与样本之间施加一定力场、电场等，可实现在样本表面进行纳米级的操作加工，利用 AFM 施加力场进行纳米操作，通过终端探针与物体的相互作用完成如推、拉、剪切、弯曲、刻画等操作以及进行杨氏模量等机械特性的测量。与前面介绍的几种纳米操作相比，AFM 具有扫描图像分辨率高、运动分精度高、可重复性强、样本损伤小、对样本及操作环境无特殊要求等优点，较为完美地弥补了上述纳米操作技术精度低、可控性差、对样本及操作环境要求苛刻等难以改善的缺陷，因此基于 AFM 的纳米操作技术在整个纳米科学研究领域中发挥着不可替代的作用，成为目前应用最广的纳米操作技术之一，在纳米研究领域得到了大量的实际应用。

综合比较这些纳米操作技术，基于自组装的纳米操作技术、基于光镊的纳米操作技术、基于磁镊的纳米操作技术和基于 SEM 的纳米操作技术，操作精度低、效率低，或者成本昂贵，对样本性能有特殊要求，甚至对样本有危害，应用范围具有很大的局限性。因此，具有高分辨率和高操作精度的基于 AFM 的纳米操作技术和基于介电泳的纳米操作技术，因操作效率高、应用范围广，具有更广的应用范围。

1.7.3 操作工具方面的进展

操作对象的特点总结如下：

(1) 操作对象质量很小，且构造薄弱，因而不宜对其施加过大的力；空气阻力相对其重量可能较大，因而在进行作业时，有抓取操作，同时又有释放操作。

(2) 操作对象体积很小，尤其是在 0.5mm 以下时，肉眼很难看清其形状、位姿，因而必须借助显微镜才能实现微细作业。

对于最初的纳米操作对象，可以利用 STM 探针，通过电压脉冲操作金属原子，而人们利用 AFM 探针可对所有原子进行操作。AFM 可以在两种不同的模式下工作，即接触模式和脉动模式。当工作在接触模式时，探针针尖一直与被操作对象接触，因此可以测量垂直载荷和侧向载荷。相反，当工作在脉动模式时，扫描悬臂与对象表面间歇接触，因此不能测量侧向载荷。利用 AFM 探针，通常可以完成一些机械任务，如拉-压、剪裁、压印等操作。目前用 STM 对原子、分子的操作主要包括移动、拾取和释放三类。

目前纳米操作对象已经延伸到十分脆弱的生物细胞，在初级阶段光镊技术在生物工程领域中得到应用。它是利用光的力学效应，对 DNA、RNA、染色体以及其他生物材料进行捕捉、搬运等操作。它还可与 AFM 组合起来对生物细胞进行操作。

在纳米操作过程中，操作对象的大小都是纳米级，应用传统工具不能对其进行有效操作，且容易对纳米对象造成损坏。因此，对于接触类纳米操作系统，当前应用最为广泛的是探针操作，探针也是比较理想的操作工具。应用单一探针进行操作，只能完成二维空间中对纳米粒子的简单操作。随着对纳米领域的不断探索，Wang 首次提出三探针操作手结构，该结构能够执行立体操作等难度系数较高的操作任务。基于 SEM 的纳米操作系统主要应用多探针的操作方法，因此能够应用于相对复杂的操作任务，例如，将碳纳米管进行装配，并且对其电特性和机械特性进行检测等任务[50]。除此之外，可使用纳米镊子对纳米对象进行释放和移动等，如现在已经实现的将两根碳纳米管连接到纳米探针上构成纳米镊子，从而实现对纳米对象的拾取[66]。末端执行工具的选择主要以操作任务、操作对象和操作环境等特定条件为依据，目前的研发水平仍不能满足所需的操作灵活的执行工具。

1.7.4　操作平台和检测设备方面的进展

1. 操作平台方面的进展

根据纳观操作环境的特点，如何在显微视觉环境下选择合适的驱动装置和末端执行器，并在合适的控制系统下完成操作任务是当今纳米操作研究者探究的重点。国内外很多研究机构都对机械力式纳米操作方法展开了研究探索工作，并取得了大量成果。

德国 Stark 等利用 AFM 探针的机械力式操作平台实现了对 DNA 进行成像及切断等操作实验，提出了机械力式纳米操作的新方法。日本 Kuzumaki 等[67]用 TEM 中的双操作手对单个碳纳米管进行操作，并对碳纳米管的性能进行了测量。美国 Cumings 等在 TEM 中制作了多壁碳纳米管的低摩擦线性轴承。日本 Tanikawa 及 Arai 提出了可用于装配微机器、操作生物细胞以及执行微手术的微型手操作系统。借助该装置，操作者可通过拇指和食指对操作过程进行远程控制。中国科学院沈阳自动化研究所的纳米操作方法与应用研究创新团队，以实现自下而上的纳米制造技术所需的纳米操作方法与应用为研究主线，进行面向生物医学的纳米操作及纳米生物传感器等方面的研究，成功研制出一种面向纳米观测及纳米操作无损自动逼近装置，利用激光接收器检测信号控制压电陶瓷驱动器向上逼近，通过检测光电传感器来判断样品是否接触探针，以完成最终逼近[68]。北京航空航天大学机器人研究所研制了基于光学显微技术的生物细胞微操作系统，将显微视觉作为反馈控制源参与伺服控制，形成视觉伺服反馈控制系统[69]。

高精度的多自由度纳米定位平台是实现复杂纳米操作的基础。近 20 年来，研究者致力于开发多角度、大空间的纳米定位平台。日本机械工程实验室在 20 世纪 90 年代就提出了微型工厂(microfactory)的概念[70]，为微构件的生产、装配提供了良好的平台。汝长海等[71]提出了一种确定末端执行器和纳米操纵在 SEM 中目标表面之间接触方法的操作平台，该操作平台基于单纯的 SEM 图像处理，采用快速聚焦法对末端执行器进行快速检测，然后进行精密接触检测。实验结果表明，这种接触检测方法能够在放大倍数为 50000 时达到 21.5nm 的准确度，同时能产生较小的末端效应损伤。Fatikow 等[72]描述了一种新的自动定位操作平台，该平台利用扫描电子显微镜作为快速、高分辨率的传感器系统，通过两线扫描和低计算开销，确定参考模式的精确位置。使用定制的外部扫描发生器和扫描算法，绕过了图像采集的瓶颈，位置跟踪系统可以达到 1kHz 的更新速率。Fukuda 等[73]提出了一种基于可实时提高仿生行为的视觉系统的操作平台。基于模型的轨迹，从图像的视觉系统捕捉悬梯行为中真实轨迹与模型轨迹之间的误差。基于视觉系统的误差估计确定所抓取目标的位置、行为轨迹以做出实时调整，实现悬梯行为。实验结果表明，该平台与以往的方法相比降低了对仿生行为抓取位置偏差多达 4300nm。Sitti 等[74]采用自制的触觉传感器作为主机械手，压阻式 MEMS 制作探针作为从机，力反射伺服式遥操作系统作为力传感器的操作平台，实现了硅表面和纳米结构相互作用的初步实验。结果表明，在操作者的手指上可以感觉到精细的结构。

2. 检测设备方面的进展

纳米操作系统对于检测设备的要求主要集中在数据采集模块，其中主要包括视觉传感器和力传感器。

1) 视觉传感器

在纳米操作系统中，人们通常使用 STM、AFM、SNOM(扫描近场光学显微镜)、SEM、OM(光学显微镜)等作为视觉传感器，如图 1.14 所示。

STM 是利用量子隧道效应通过检测金属探针与样品(导体/半导体)表面间的

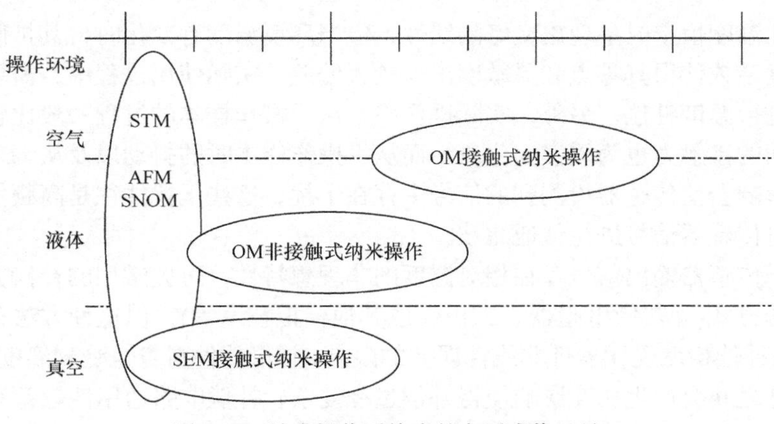

图 1.14　纳米操作系统中的主要成像工具

隧道电流来获得样品表面的图像。AFM 与 STM 的不同点是 AFM 用一个对微弱力极其敏感的易弯曲的微悬臂针尖代替 STM 中的隧道针尖，并以探测悬臂的微小偏转代替 STM 中的探测微小隧道电流。AFM 在进行成像时，针尖与样品(所有材料)表面轻轻接触，通过探测针尖尖端原子与样品表面原子间存在极微弱的排斥力使悬臂产生微小的偏转来获得样品表面的图像。由于 AFM 适用于所有的材料，而 STM 仅适合于导体和半导体材料，所以 AFM 比 STM 有更广的应用领域。另外，AFM 不仅能够进行表面成像，而且能够提供相互作用力。因此，通过力反馈，AFM 可作为沟通纳米世界与宏观世界的桥梁。

2) 力传感器

目前纳米操作中主要的力传感器有光学传感器、压阻传感器、电容传感器三种。对于微力的检测，光学技术有很大的优势，这是因为光学传感器并不使用电磁理论，具有很好的抗干扰性，并且分辨率高(小到纳米级精度)，大部分 AFM 都使用该技术。该技术的优点是非接触性。压阻传感器是直接利用集成电路工艺在探针上制作扩散电阻。这种传感器灵敏度高、分辨率高、响应频率高、体积小，但由于热电噪声，分辨率是光检测系统的近十分之一[75]。电容传感器是最重要、最古老的精密探测器件之一。电容位移式传感器的物理结构非常简单(一个或多个固定极板，以及一个或多个平动极板)。其结构简单、温度系数较小的优点弥补了本身固有的非线性的弱点。采用单片集成信号处理电路，可解决存在大干扰(寄生电容)时测量微小电容变化的难题。电容传感器已成功应用在生物对象的检测上，该传感器不仅能检测出细胞所受的力，还能检测由探针错位产生的切线力。

为获取临场感，准确采集从手与操作样本之间的接触力信息是非常关键的一步。传感器为集成在从手探针上的压阻传感器，单晶硅压阻传感器具有较高的灵敏度，在温度恒定时呈现出良好的线性，但当环境温度有变化时，其扩散电阻较大的温度系数使得其零点和灵敏度出现较大偏差，实际使用过程中，需要设计电路对其进行温度补偿。另外，实际操作中，从手操作样本的过程一般比较缓慢，它们之间的接触力也为缓慢变化量，而从手操作样本时的抖动以及从端未知环境的其他影响会使传感器检测到的信号中存在干扰，这些干扰往往是高频信号，因此需要对传感器信号进行低通滤波。

对于传感器输出信号存在相对温度的非理想特性，过去常用的补偿方法是采用模拟的方式(如热敏电阻器、二极管或其他模拟技术等)，但这种方法存在诸多缺点，如补偿精度受元器件非线性误差的限制、补偿器件自身也受到温度的影响、补偿器件之间会产生相互影响使得补偿过程复杂、补偿电路通用性较差等[76]。因此，选择的信号调理模块应具有放大、校准和温度补偿功能，可以逼近传感器固有的可重复指标。数字调整输出时，全模拟信号通道不会在输出通路引入量化噪声；对信号失调、量程进行校准，使传感器产品能够真正实现互换性；具有较好的通用性。例如，MAXIM 公司的一款高度集成的模拟传感器信号调理芯片 MAX1454 正符合所需的对传感器温度特性进行补偿的特点。

参 考 文 献

[1] 王乐峰，荣伟彬，孙立宁. 纳米操作系统的研究现状与关键技术. 制造技术与机床，2007, 37(3): 54-57

[2] 李东洁，王金玉，尤波，等. 纳米操作研究现状及发展趋势. 哈尔滨理工大学学报，2011, 16(6): 97-103

[3] 周培林. AFM 探针诱导介电泳的三维纳米操作与装配. 沈阳: 沈阳理工大学硕士学位论文, 2015

[4] 王家畴，荣伟彬，孙立宁. 纳米操作系统研究现状及关键技术. 压电与声光学报, 2007, 29(3): 340-343

[5] 张文栋. 微米纳米器件测试技术. 北京: 国防工业出版社, 2012

[6] 嵇国金，马奎，王磊. 纳米操作系统及其关键技术. 显微、测量、微细加工技术与设备, 2002, (3): 40-43

[7] 李敏，赵新，卢桂章，等. 微操作机器人系统虚拟现实环境的实现. 机器人，2001，23(4): 305-310

[8] 李庆祥，李玉和，等. 微装配与微操作技术. 北京: 清华大学出版社, 2004

[9] 刘泊，郭建英，孙永全. 压电陶瓷微位移驱动器建模与控制. 光学精密工程，2013，21(6): 1503-1509

[10] Kouno E, McKeown P. A fast response piezoelectric actuator for servo correction of systematic errors in precision machining. CIRP Annals—Manufacturing Technology, 1984, 33(1): 369-372

[11] Lin J, Chang H, Lin C. Tuning PID control gains for micro piezo-stage in using grey relational analysis. International Conference on Machine Learning and Cybernetics, 2008, 7: 3863-3868

[12] Shieh H J, Chiu Y J, Chen Y T. Optimal PID control system of a piezoelectric micropositioner. IEEE/SICE International Symposium on System Integration, 2008: 1-5

[13] Tan K, Lee T H, Zhou H X. Micro-positioning of linear-piezoelectric motors based on a learning nonlinear PID controller. IEEE/ASME Transactions on Mechatronics, 2001, 6(4): 428-436

[14] Oates W S, Smith R C. Nonlinear control design for a piezoelectric-driven nanopositioning stage. Technical report. Raleigh: North Carolina State University, 2005

[15] Edwards C, Spurgeon S. Sliding Mode Control: Theory and Applications. New York: CRC Press, 1998

[16] 赖志林, 刘向东, 耿洁, 等. 压电陶瓷执行器迟滞的滑模逆补偿控制. 光学精密工程, 2011, 19(6): 1281-1290

[17] Croft D, Stilson S, Devasia S. Optimal tracking of piezo-based nanopositioners. Nanotechnology, 1999, 10(2): 201

[18] Pao L Y, Butterworth J A, Abramovitch D Y. Combined feedforward/feedback control of atomic force microscopes. Proceedings of the American Control Conference, 2007: 1212-1218

[19] Croft D, Devasia S. Vibration compensation for high speed scanning tunneling microscopy. Review of Scientific Instruments, 1999, 70(12): 4600-4605

[20] Hu H, Georgiou H, Ben-Mrad R. Enhancement of tracking ability in piezoceramic actuators subject to dynamic excitation conditions. IEEE/ASME Transactions on Mechatronics, 2005, 10(2): 230-239

[21] Lin C J, Yang S R. Modeling of a piezo-actuated positioning stage based on a hysteresis observer. Asian Journal of Control, 2005, 7(1): 73-80

[22] Merry R, Uyanik M, Molengraft R V D, et al. Identification, control and hysteresis compensation of a 3 DOF metrological AFM. Asian Journal of Control, 2009, 11(2): 130-143

[23] Khan S, Elitas M, Kunt E D, et al. Discrete sliding mode control of piezo actuator in nano-scale range. IEEE International Conference on Industrial Technology, 2006: 1454-1459

[24] Yi J, Chang S, Shen Y. Disturbance-observer-based hysteresis compensation for piezoelectric actuators. IEEE/ASME Transactions on Mechatronics, 2009, 14(4): 456-464

[25] Liu X J, Kim J. A three translational DOFs parallel cube-manipulator. Robotica, 2003, 21(6): 645-653

[26] Xu Q, Li Y. A novel design of a 3-PRC translational compliant parallel micromanipulator for nanomanipulation. Robotica, 2006, 24(4): 527-528

[27] Yue Y, Gao F, Zhao X, et al. Relationship among input-force, payload, stiffness and displacement of a 3-DOF perpendicular parallel micro-manipulator. Mechanism and Machine Theory, 2010, 45(5): 756-771

[28] 沈飞, 徐德, 唐永健, 等. 微操作/微装配中微力觉的测量与控制技术研究现状. 自动化学报, 2014, 40(5): 785-797

[29] 安宝健, 王艳林, 李东. 基于图像处理的石英晶片定位技术研究. 现代电子技术, 2015, 38(1): 109-114

[30] 伍慧. 基于图像处理的目标自动检测与定位的研究. 大连: 大连理工大学硕士学位论文, 2009

[31] 卢礼华. 基于滚珠丝杠的大行程纳米定位系统建模和控制技术研究. 哈尔滨: 哈尔滨工业大学博士学位论文, 2007
[32] 苏晨. 纳米材料的发展历程以及各国纳米技术的发展现状. http://m.docin.com/touch_new/preview_new. do? id=745080769[2017-7-1]
[33] 郭林. AFM 纳米操作交互力建模与实验. 哈尔滨: 哈尔滨理工大学硕士学位论文, 2011
[34] 田孝军, 王越超, 董再励, 等. 基于 AFM 的机器人化纳米操作系统研究综述. 机械工程学报, 2009: 45(6): 14-43
[35] Sitti M, Hashimoto H. Tele-nanorobotics using an atomic force microscope as a nanorobot and sensor. Advanced Robotics, 1994, 13(4): 417-436
[36] 张青树. 纳米氢氧化铜的控制合成及应用研究. 青岛: 山东科技大学硕士学位论文, 2005
[37] Fahlbusch S, Mazerolle S, Breguet J M, et al. Nanomanipulation in a scanning electron microscope. Journal of Materials, Processing Technology, 2005, 167(2): 371-382
[38] 张敏, 陈玉磊, 范鉴全, 等. 侧臂冠醚的合成及其准聚轮烷的组装与表征. 化学学报, 2008, 66(12): 1477-1482
[39] 周陈霞, 徐万和. 纳米机器人的发展和趋势及其生物医学应用. 机械, 2011, 38(4): 1-5
[40] Fukuda T, Nakajima M, Liu P, et al. Nanofabrication, nanoinstrumentation and nanoassembly by nanorobotic manipulation. The International Journal of Robotics Research, 2009, 28(4): 537-547
[41] Mick U, Weigel-Jech M, Fatikow S. Robotic workstation for AFM-based nanomanipulation inside an SEM. IEEE/ASME International Conference on Advanced Intelligent Mechatronics, 2010: 854-859
[42] 袁帅, 王越超, 席宁, 等. 机器人化微纳操作研究进展. 科学通报, 2013, 58: 28-39
[43] 王丽娜, 福田敏男. 微纳操作机器人开拓者在中国. 科技导报, 2015, 33(21): 84-86
[44] 吴必成, 姚志远, 张亚飞. 基于超声电机的细胞微操作平台设计与实验研究. 压电与声光, 2017, 39(1): 19-22
[45] 王雅琼, 王鸣宇, 杨湛, 等. 基于扫描电子显微镜的微纳操作机器人合作系统研究. 第 36 届中国控制会议, 2017, 6: 9791-9794
[46] 刘安平. IPC-208B 型原子力显微镜系统改进及其压电微悬臂的研究. 重庆: 重庆大学博士学位论文, 2009
[47] 田兆刚. 纳米操作机驱动装置控制方法研究与实验设计. 哈尔滨: 哈尔滨工程大学硕士学位论文, 2016
[48] Demaghsi H, Mirzajani H, Ghavifekr H B. A Novel Electrostatic Based Microgripper (Cellgripper) Integrated with Contact Sensor and Equipped with Vibrating System to Release Particles Actively. Berlin: Springer-Verlag, 2014
[49] Escareno J A, Rakotondrabe M, Habineza D. Backstepping-based robust-adaptive control of a nonlinear 2-DOF piezoactuator. Control Engineering Practice, 2015, 41: 57-71
[50] 徐琳. 静电微执行器的 Pull-in 特性分析. 南京: 南京邮电大学硕士学位论文, 2012
[51] Yao G, Zhang D, Geng D, et al. Improving anti-adhesion performance of electrosurgical electrode assisted with ultrasonic vibration. Ultrasonics, 2018, 84: 126-133
[52] Kosgodagan A S, Laurent J, Steinberger A. Capillary force on a tilted cylinder: Atomic force microscope (AFM) measurements. Journal of Colloid and Interface Science, 2017, 505: 1118

[53] Pendyala P, Hong N K, Grewal H S, et al. Effect of capillary forces on the correlation between nanoscale adhesion and friction of polymer patterned surfaces. Tribology International, 2017, 114: 436-444
[54] 周静. 面向微操作的固-液界面粘着力建模与实验. 哈尔滨: 哈尔滨工业大学硕士学位论文, 2012
[55] Oh N, Jun M, Lee J, et al. Nanomechanical measurement of bacterial adhesion force using soft nanopillars. Journal of Nanoscience and Nanotechnology, 2017, 17(11): 7966-7970
[56] Matsumoto K, Minamiya K, Sakamoto J, et al. Temperature-dependency on adhesion force of ice made from surfactant-pure water mixture to copper surface. International Journal of Refrigeration, 2017, 79: 39-48
[57] Watanabe T, Jiang Z W. Mechanism of micro manipulation using oscillation. Proceedings of IEEE International Conference on Robotics and Automation, 2006: 661-668
[58] Li J, Zhang J, Gao W, et al. Dry-released nanotubes and nanoengines by particle-assisted rolling. Advanced Materials, 2013, 25(27): 3715-3721
[59] 邢有林. 纳米操作机视觉伺服技术研究. 哈尔滨: 哈尔滨工程大学硕士学位论文, 2016
[60] Mu W, Ouyang Z C, Dresselhaus M S. Designing a double-pole nanoscale relay based on a carbon nanotube: A theoretical study. Physics Review Applied, 2017, 8(2): 024006
[61] Alian A, Mols Y, Bordallo C C M, et al. InGaAs tunnel FET with sub-nanometer EOT and sub-60mV/dec sub-threshold swing at room temperature. Applied Physics Letters, 2016, 109(24): 243502
[62] Schwarz C, Pigeau B, Lépinay L M D, et al. Deviation from the normal mode expansion in a coupled graphene-nanomechanical system. Physics Review Applied, 2016, 6: 064021
[63] Fabrizio E D, Schlücker S, Wenger J, et al. Roadmap on biosensing and photonics with advanced nano-optical methods. Journal of Optics, 2016, 18(6): 063003
[64] Sil S, Saha T K, Kumar A, et al. Dual-mode optical fiber-based tweezers for robust trapping and manipulation of absorbing particles in air. Journal of Optics, 2017, 19: 12LT02
[65] 周杰, 荣伟彬, 许金鹏, 等. 基于 SEM 的微纳遥操作系统控制策略研究. 仪器仪表学报, 2014, (11): 2448-2457
[66] 邢飞, 廖进昆, 杨晓军, 等. 纳米压印技术的研究进展. 激光杂志, 2013, 34(3): 1-3
[67] Kuzumaki T, Sawada H, Ichinose H, et al. Selective processing of individual carbon nanotubes using dual-nanomanipulator installed in transmission electron microscope. Applied Physics Letter, 2001, 79(27): 4580-4582
[68] 席宁, 董再励, 田孝军, 等. 基于纳米操作的实时力感与可视图像人机交互方法及系统: 中国, CN200410050567.6. 2006
[69] 潘锋, 肖文, 刘烁. 一种适用于长期定量观察生物活细胞的数字全息显微方法. 中国激光, 2011, 38(5): 1-4
[70] Tanaka M. Development of desktop machining microfactory. Riken Review, 2001, 34: 46-49
[71] Ru C H, To S. Contact detection for nanomanipulation in a scanning electron microscope. Ultramicroscopy, 2012, 118(4): 61-66
[72] Asper D, Fatikow S. Automated high-speed nanopositioning inside scanning electron

microscopes. Automation Science and Engineering, 2010: 704-709

[73] Fukuda T, Iwasaki K, Matsuno T, et al. Vision-based real time trajectory adjustment for Brachiation robot. International Symposium on Micro-Nanomechatronics and Human Science, 2006: 1-6

[74] Sitti M, Aruk B. Development of a scaled teleoperation system for nano scale interaction and manipulation. IEEE International Conference on Robotics and Automation, 2006, 1: 860-867

[75] 孙汉宇. 用于压电陶瓷驱动器的纳米位移传感器信号采集与处理系统设计. 合肥: 中国科学技术大学硕士学位论文, 2011

[76] 许金鹏. 基于SEM的纳米遥操作系统控制技术的研究. 哈尔滨: 哈尔滨工业大学硕士学位论文, 2013

第 2 章　纳米构件操作的机理、建模及分子动力学仿真

在微/纳观环境中，纳米操作过程中操作对象、基底和操作工具间的作用力对纳米操作起主导作用。为了实现稳定可靠的纳米构件的操作过程，本章首先对纳观环境中操作的交互作用力进行分析；然后以纳米线为例，对其在平移过程中可能产生的旋转和弯曲现象进行理论分析和分子动力学仿真。

2.1　纳观环境中的作用力

不同于宏观环境中物体的相互作用力，微/纳观环境中的物体间相互作用力中黏附力占主导作用。在纳米操作过程中，纳米构件之间的交互作用主要包括非接触黏附机理以及接触机理。纳米黏附力主要包括范德瓦耳斯力、毛细作用力以及静电力。

2.1.1　范德瓦耳斯力

范德瓦耳斯力可以采用分子间作用势能 Lennard-Jones 势能的引力项描述。分子间的 Lennard-Jones 势函数表达式为

$$W(r)=-\frac{A}{r^6}+\frac{B}{r^{12}} \tag{2-1}$$

式中，A 表示两原子之间的引力系数，B 表示两原子间的斥力系数。

取 B=0，获得范德瓦耳斯力势能表达式为

$$W(r)=-\frac{A}{r^6} \tag{2-2}$$

对式(2-2)求导获得范德瓦耳斯力表达式为

$$F(l)=\frac{\mathrm{d}W(l)}{\mathrm{d}l}=-\frac{6A}{l^7} \tag{2-3}$$

基于 Hamaker 理论，可得两物体 v_1、v_2 之间的范德瓦耳斯力是两物体间所有分子间作用力的累加，其表达式为

$$F=\rho_1\rho_2\int_{v_2}\int_{v_1}F(l)\mathrm{d}v_1\mathrm{d}v_2 \tag{2-4}$$

式中，v_1、v_2为积分区域，ρ_1、ρ_2为原子密度。

范德瓦耳斯力被证明与相互作用物体的形状或者几何尺寸相关。表 2.1 是一些通用几何模型形状及其相应的范德瓦耳斯力表达式。表中 D 表示距离，A_H 为 Hamaker 常数，假设两种材料的 Hamaker 常数分别为 A_1 和 A_2，则两种材料间的 Hamaker 常数 $A=\sqrt{A_1A_2}$ 。

表 2.1　范德瓦耳斯力在不同几何模型下的作用关系

几何形状	范德瓦耳斯力/单位长度
两平行平面	$-\dfrac{A_H}{6\pi D^3}$
两球体	$-\dfrac{A_H}{6D^2}\dfrac{R_1R_2}{R_1+R_2}$
球-平面表面	$-\dfrac{A_H R}{6D^2}$
球体-圆柱体	$\dfrac{A_H\sqrt{R}}{8\sqrt{2}D^{5/2}}$
圆锥-平坦表面	$-\dfrac{A_H\tan^2\theta}{6D}$
圆柱体-表面(垂直)	$-\dfrac{A_H R^2}{6D^3}$
圆柱体-平面(平行)	$-\dfrac{A_H(2R)^{1/2}}{6\pi D^3}$
圆柱体-圆柱体(平行)	$-\dfrac{A_H}{8\sqrt{2}D^{5/2}}\left(\dfrac{R_1R_2}{R_1+R_2}\right)^{1/2}$
圆柱体-圆柱体(垂直)	$\dfrac{A_H\sqrt{R_1R_2}}{6D^2}$

2.1.2　弹性接触机理分析

纳米尺度的接触基础是 Hertz 接触理论，在该理论的基础上，发展了 JKR 接触模型、DMT 接触模型等。

1. Hertz 接触理论

Hertz 接触理论研究了一个刚性球和一个弹性平面的接触，如图 2.1 所示，一个半径为 R 的刚性球与一个弹性平面接触，则平面上的点位移为

$$u_z = d-\frac{r^2}{2R} \tag{2-5}$$

式中，r 为微球半径，d 为微球直径。

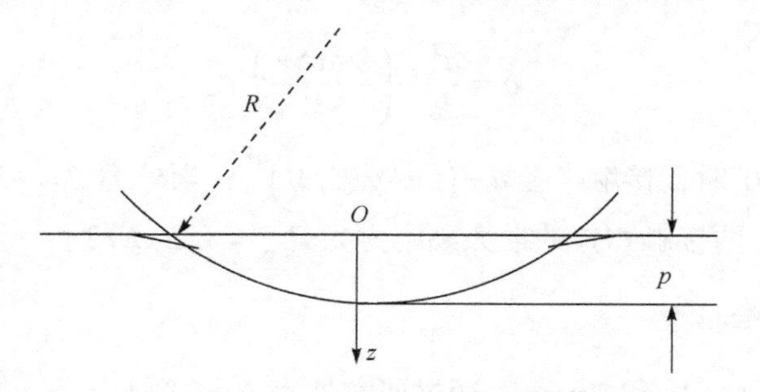

图 2.1　刚性球和弹性平面的接触

刚性球和弹性平面接触后，假设平面发生弹性形变，则弹性平面的压力 p 分布为

$$p = p_0\left(1-\frac{r^2}{a^2}\right)^{1/2} \tag{2-6}$$

式中，p_0 为最大接触压力，a 为接触半径。

弹性平面的垂直位移 u_z 为

$$u_z = \frac{\pi p_0}{4E^* a}\left(2a^2 - r^2\right), \quad r \leqslant a \tag{2-7}$$

弹性平面所受的表面力 F 为

$$F = \int_0^a p(r) 2\pi r \mathrm{d}r = \frac{2}{3} p_0 \pi a^2 \tag{2-8}$$

式中

$$p_0 = \left(\frac{6FE^{*2}}{\pi^3 R^2}\right)^{1/3}, \quad a = \left(\frac{3FR}{4E^*}\right)^{1/3}$$

2. JKR 接触模型

在 Hertz 接触理论的基础上，Johnson、Kendall 和 Roberts 考虑两个弹性球体的接触得出了 JKR 理论。他们通过应用 Griffith 能量方法修正 Hertz 接触理论，得到表面力 F 为

$$F = \frac{3\pi R w}{2} \tag{2-9}$$

式中，w 为接触表面沿着力的方向所产生的位移。

在外力 P 的作用下，两球体接触后，接触半径 a 与外力 P 的关系为

$$a^3 = \frac{R}{K}\left\{P + 3\pi\Delta\gamma R + \left[6\pi\Delta\gamma RP + \left(3\pi\Delta\gamma r\right)^2\right]^{1/2}\right\} \tag{2-10}$$

式中，$\Delta\gamma$ 为黏附能，K 为黏附系数。位移 δ 与外力 P 的关系为

$$\delta = \frac{a^2}{R} - \left(\frac{8\pi a\Delta\gamma}{3K}\right)^{1/2} \tag{2-11}$$

当外力 P=0 时，接触半径 $a = \left(6\pi\Delta\gamma R^2/K\right)^{1/3}$；当外力 $P = -3\pi\Delta\gamma R/K$ 时，两接触表面分开，两接触物体的最大黏附力为 $P_{\max} = 3\pi\Delta\gamma R/2$。

3. DMT 接触模型

Derjaguin、Mulla 和 Toporov 通过研究外力 P 与接触半径 a 的关系得到 DMT 接触模型，其表达式为

$$a^3 = \frac{R}{K}\left(P + 2\pi\Delta\gamma R\right) \tag{2-12}$$

外力 P 与位移 δ 之间的关系为

$$\delta = \frac{a^2}{R} \tag{2-13}$$

当外力 P=0 时，接触半径为 $a = \left(2\pi\Delta\gamma R^2/K\right)^{1/3}$；当外力 $P = -\pi\Delta\gamma R$ 时，两接触表面分离，最大黏附力为 $P_{\max} = 2\pi\Delta\gamma R$。

2.1.3　毛细作用力

以典型的微球-平板系统为例，图 2.2 为微球和平板之间的毛细作用示意图，分析微操作中存在的毛细作用力及其特征。假定微操作在空气环境中进行，微球对象和平板间的液体为水，在整个系统达到平衡的条件下，填充角 ϕ 满足 Kelvin 方程[1]，各参数的关系可以表示为

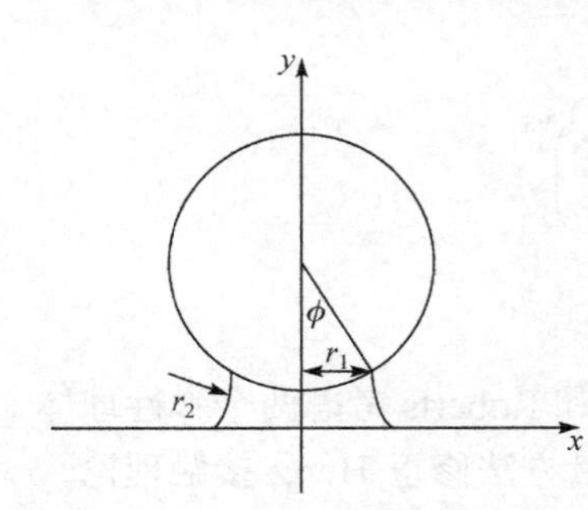

图 2.2　微球和平板之间的毛细作用示意图

$$\frac{kT}{\gamma v_0}\ln\frac{p}{p_s} = \frac{\Delta p}{\gamma} = \frac{1}{r_1} - \frac{1}{r_2}$$
$$= \frac{1}{R\sin\phi} - \frac{\cos(\theta_1 + \phi) + \cos\theta_2}{a + R(1 - \cos\phi)} \tag{2-14}$$

式中，γ 为液体表面的张力；v_0 为水分子的体积；p/p_s 为相对蒸汽压力(对水为相对湿度)；k 为 Boltzmann 常量；T 为热力学温度；r_1 为液体径向半径；r_2 为液面曲率半径；Δp 为液体弯月面内外压力差；a 为微球和平板之间的最小距离。

微球和平板之间的毛细作用力包括表面张力 F_s 和毛细压力 F_p 两部分，分别为

$$F_s = 2\pi\gamma r_1 \sin(\theta_1 + \phi) = 2\pi\gamma \sin\phi \sin(\theta_1 + \phi) \tag{2-15}$$

$$F_p = -\pi r_1^2 \Delta p = \pi\gamma R\{-\sin\phi + \sin^2\phi[\cos(\theta_1 + \phi) + \cos\theta_2] / (a / R + 1 - \cos\phi)\} \tag{2-16}$$

假定微球直径 $r = 100\mu m$ ，$T = 293K$ ，$a = 2.5\mu m$ ，接触角 θ_1 和 θ_2 分别为 60°和 20°，$\gamma = 73 mJ/m^2$ ，$v_0 = 0.030 nm^3$ 。根据式(2-15)和式(2-16)可计算出填充角 ϕ 和水膜厚度 $h = a + R(1 - \cos\phi)$ 随湿度的变化情况。然后即可算出毛细压力 F_p 、表面张力 F_s 和毛细作用力 F_c 随湿度的变化情况[2]，如图 2.3 所示。

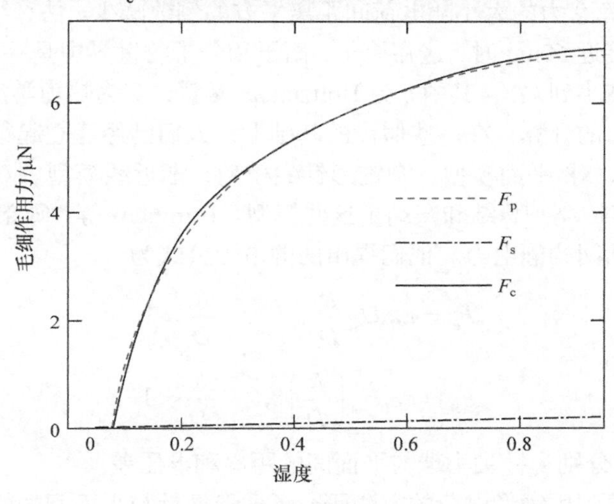

图 2.3　毛细作用力特性

可以看出，对于蒸发性液体，在平衡条件下，微球和平板之间的毛细压力随湿度增加而逐渐增加，而表面张力的作用基本可以忽略，微球和平板之间总的毛细作用力随湿度增加而逐渐增加，说明在空气环境下微球和平板之间毛细作用力具有湿度依赖性。

2.1.4　静电力

静电力的根源是电场对电荷的作用，可以分为两种：一种是由表面上出现过剩的电荷引起的经典的库仑力，另一种是由静电接触电势引起的双电层力。

与范德瓦耳斯力相比，静电力是较长程的作用力。对于两点电荷 Q_1 和 Q_2 ，相互作用自由能由式(2-17)给出：

$$W(r) = \frac{Q_1 Q_2}{4\pi\varepsilon_0 \varepsilon r} \tag{2-17}$$

式中，ε_0 为真空中的电容率；ε 为介质的相对电容率或介电常数；r 为两电荷间的距离。

库仑力 F_K 是两电荷间的自由能 $W(r)$对其距离 r 的微分，即

$$F_K = \frac{dW(r)}{dr} = \frac{Q_1Q_2}{4\pi\varepsilon_0\varepsilon r^2} \tag{2-18}$$

对于符号相同的两个电荷，$W(r)$ 和 F_K 是正值，意味着它们之间的相互作用是相互排斥的；对于符号不同的电荷，则是相互吸引的。当分离距离 r 为极小值时，即当两离子相接触时，r 等于两离子半径之和，吸引力或排斥力处于极大值。根据式(2-18)，库仑力的大小随电荷间距离平方的倒数减少。估算结果表明，在真空中分离距离接近 60nm 时，这在原子、离子和分子的世界中是一个很大的距离，相互作用能将减小到 kT，其中 k 为 Boltzmann 常量，T 为热力学温度。

关于静电力的计算，在一些假设的基础上，人们已经建立起很多分析模型：平面-平面模型、球-平面模型、圆锥形针尖模型、渐近线模型、双曲面模型和圆柱体模型等。Hao 等[3]总结和归纳了这些模型。Burnham 等[4]研究了半径为 R 的针尖小球与平面间的静电力。他们提出的静电力公式为

$$F_{el} = \pi\varepsilon_0 U_{st}\frac{R}{D}, \qquad \frac{R}{D} \gg 1 \tag{2-19}$$

$$F_{el} = \pi\varepsilon_0 U_{st}\left(\frac{R}{D}\right)^2, \qquad \frac{R}{D} \ll 1 \tag{2-20}$$

式中，D 和 U_{st} 分别为针尖小球与平面间的距离和电压差。

Burnham 等利用镜像电荷的方法研究了球形探针与平面间的静电力，其中每一个表面都有其自己的电荷，并且每个表面都因其他带电体的存在有镜像电荷[4, 5]。他们提出的结果为

$$F_{el} = \frac{1}{4\pi\varepsilon_0\varepsilon_3}\left[-\frac{Q_T}{4(D+B)^2}\left(\frac{\varepsilon_2-\varepsilon_3}{\varepsilon_2+\varepsilon_3}\right) + \frac{rQ_TQ_S}{Z(2D+B+c_r)^2}\left(\frac{\varepsilon_1-\varepsilon_3}{\varepsilon_1+\varepsilon_3}\right)\left(\frac{\varepsilon_2-\varepsilon_3}{\varepsilon_2+\varepsilon_3}\right)\right] \tag{2-21}$$

式中，D 是针尖小球与平面间的距离，c_r 是针尖的有效曲率半径，Q_T 是和针尖有关的镜像电荷，B 是针尖内 Q_T 的位置，Q_S 是样品表面的镜像电荷，Z 是样品内 Q_S 的位置。

对于液体(如水)中的带电表面，许多现象的产生原因可归结为液体中电荷的重新分布。表面上的电荷基本被液体中大小相等、符号相反的抗衡离子电荷所平衡。因此，表面电势将抗衡离子吸引到壁面，形成附着不动的离子薄层。在薄层之外，液体中负离子分布随远离表面的距离而呈指数衰减，该现象称为扩散电偶层。电偶层的特征长度称为 Debye 长度，并且与液体中离子浓度的平方根成反比。例如，纯水中 Debye 长度是 1μm，1mol 的 NaCl 溶液中，Debye 长度只有 0.3nm。电偶层内部存在较强的静电力，当电偶层厚度可与流场尺度相比拟时，会导致流

动形态发生变化。在 Debye 长度更大的稀释溶剂中，其作用更加明显。

在微机械构件之间存在静电力的场合，静电力在微构件间距小于 0.1μm 时最为强烈，而在微构件间距大于 10μm 时仍具有显著影响。对于两微构件之间的库仑力，在构件接地后此力就会消失。在微构件制作或微操作过程中，微构件间的接触作用常会导致微构件带有静电荷。为了消除接触起电，可以采用离子淋浴(ion shower)工艺对微构件进行处理。因此，在微操作中可以采用此类方法减小或消除静电作用力。

2.2　纳米构件操作的机理建模

通过设置纳米操作的环境，可使范德瓦耳斯力是纳米构件间的唯一主导相互作用力。由于本书所讨论的实例是在真空、密闭干燥的 SEM 样本腔内进行的纳米构件(以纳米线为代表)操作，所以仅考虑范德瓦耳斯力对操作的影响。

对放置于基底上的纳米线进行转移操作的过程中，主要包含三部分相互作用力，分别为探针-纳米线之间的相互作用力、探针-基底之间的相互作用力以及纳米线-基底之间的相互作用力。计算过程中，将探针近似为具有球尖端的微圆柱体，基底近似为无限长平面，纳米线近似为圆柱体，如图 2.4 所示[6]。

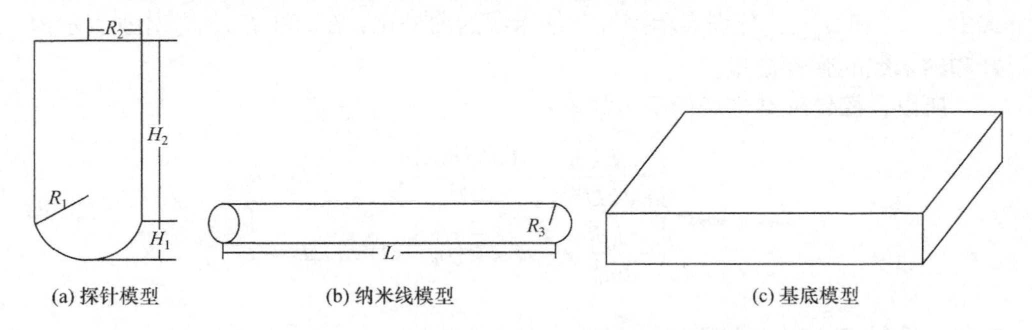

(a) 探针模型　(b) 纳米线模型　(c) 基底模型

图 2.4　探针、纳米线以及基底的近似几何模型

2.2.1　探针-纳米线力学模型

探针和纳米线之间的相互作用力包括非接触作用力和接触作用力两部分。由于非接触作用力只考虑范德瓦耳斯力，所以当探针和纳米线未接触时，只存在范德瓦耳斯力的作用。分别对探针的球尖端部分和圆柱体部分与纳米线进行积分运算，得到范德瓦耳斯力 f_1 和 f_2，则探针和纳米线之间的作用力为 $f=f_1+f_2$，如下所示：

$$f = f_1 + f_2 = \frac{A_{\mathrm{H}} L \sqrt{R}}{8\sqrt{2} D^{5/2}} + \frac{A_{\mathrm{H}} L \sqrt{R_1 R_2}}{6D^2} \tag{2-22}$$

式中，$A_{\mathrm{H}} = \sqrt{A_{\mathrm{tip}} A_{\mathrm{nanowire}}}$，$R = \dfrac{R_1 R_3}{R_1 + R_3}$。

当探针和纳米线接触时，由于接触面积较小，所以操作过程可以简化为两球体间的接触，由于探针被视为是刚性的，纳米线是弹性的，所以本书采用 DMT 模型对该过程进行建模。

当探针和纳米线接触，即探针推动纳米线时，探针和纳米线之间将会产生弹性形变：

$$f = -\frac{A_{\mathrm{H}} R}{6a_0^2} + \frac{4}{3} E^* \sqrt{R} \left(a_0 - D\right)^{3/2} \tag{2-23}$$

式中，D 是探针和纳米线之间沿推动轴的分离距离，a_0 是探针和纳米线之间的距离，E^* 是探针和纳米线的有效弹性模量，R 是针尖样品的曲率。其中

$$E^* = \left(\frac{1 - \mu_{\mathrm{tip}}^2}{E_{\mathrm{tip}}} + \frac{1 - \mu_{\mathrm{nanowire}}^2}{E_{\mathrm{nanowire}}} \right)^{-1} \tag{2-24}$$

$$R = \frac{1}{R_{\mathrm{nanowire}}} + \frac{1}{R_{\mathrm{tip}}} \tag{2-25}$$

式中，μ_{tip} 和 μ_{nanowire} 分别表示探针和纳米线的泊松比，E_{tip} 和 E_{nanowire} 分别表示探针和纳米线的弹性模量。

所以，探针和纳米线的受力如下：

$$f_{\text{tip-nanowire}} = \begin{cases} \dfrac{A_{\mathrm{H}} L \sqrt{R}}{8\sqrt{2} D^{5/2}} + \dfrac{A_{\mathrm{H}} L \sqrt{R_1 R_2}}{6D^2}, & D \geqslant a_0 \\ -\dfrac{A_{\mathrm{H}} R}{6a_0^2} + \dfrac{4}{3} E^* \sqrt{R} \left(a_0 - D\right)^{3/2}, & D < a_0 \end{cases} \tag{2-26}$$

2.2.2 探针-基底力学模型

探针和基底之间的相互作用力类似于探针和纳米线之间的相互作用力，也可分为接触作用力和未接触作用力两部分。

未接触时，探针和基底之间的相互作用力可分为探针尖端部分和基底之间的作用力 f_1 以及探针圆柱部分与基底之间的相互作用力 f_2，如下：

$$f = f_1 + f_2 = -\frac{A_{\mathrm{H}} R}{6D^2} - \frac{A_{\mathrm{H}} R^2}{6D^3} \tag{2-27}$$

探针和基底接触的情况下，由于探针被视为刚性体，基底被视为弹性体，所以探针和基底的接触模型采用 Hertz 模型，即

$$f=\frac{2}{3}p_0\pi a^2 \tag{2-28}$$

所以，探针和纳米线的受力如下：

$$f_{\text{tip-substrate}}=\begin{cases}-\dfrac{A_{\text{H}}R}{6D^2}-\dfrac{A_{\text{H}}R^2}{6D^3}, & D\geqslant a_0\\ \dfrac{2}{3}p_0\pi a^2, & D<a_0\end{cases} \tag{2-29}$$

2.2.3　纳米线-基底力学模型

不同于探针-纳米线力学模型以及探针-基底力学模型，纳米线在整个操作过程中一直是放置于基底上的。因此，该模型建立需要考虑接触力(图 2.5)。

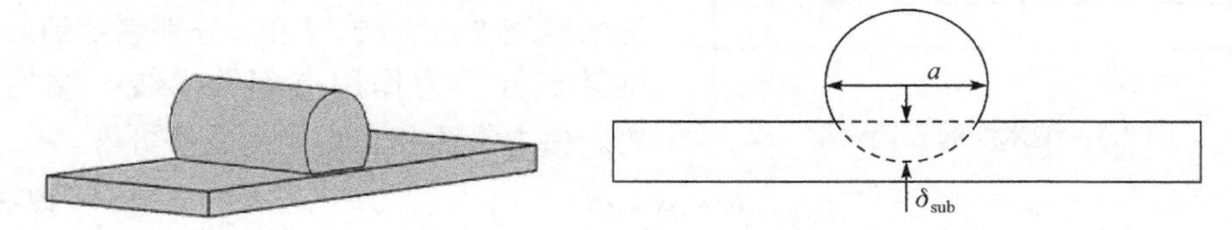

图 2.5　纳米线和基底之间的接触模型

纳米线和基底的相互作用力分为两部分，即纳米线和基底的非接触相互作用力以及纳米线和基底的接触相互作用力。

非接触部分依然采用范德瓦耳斯力描述，即

$$f=\frac{AD^{1/2}L}{16d^{5/2}} \tag{2-30}$$

接触部分采用 DMT 模型描述。

最终，纳米线和基底之间的黏附力通过圆柱和平面之间的范德瓦耳斯力计算出，即

$$f=\frac{AD^{1/2}L}{16d^{5/2}} \tag{2-31}$$

2.3　纳米构件力学行为建模

转移纳米线的过程中，在探针的推动作用以及基底的摩擦力共同作用下，纳米线可能会表现出不同的行为，这主要取决于其自身性质及几何形状。假设纳米线的长度和直径分别为 L 和 d，则纳米线的纵横比定义为

$$\sigma=\frac{d}{L} \tag{2-32}$$

纵横比$\sigma > 25$，通常表现出线性特性，在外力作用下，纳米线可能会弯曲或者断裂；当纵横比$\sigma < 15$时，推力F将导致摩擦力以及沿纳米线轴向的剪切应力的产生，纳米线可能会表现出旋转特性。

2.3.1　纳米线旋转

在纳米线的纵横比较小或者刚度较大的情况下，纳米线可视为刚性的纳米结构。在其被转移的过程中，会出现如图 2.6 所示的旋转现象。

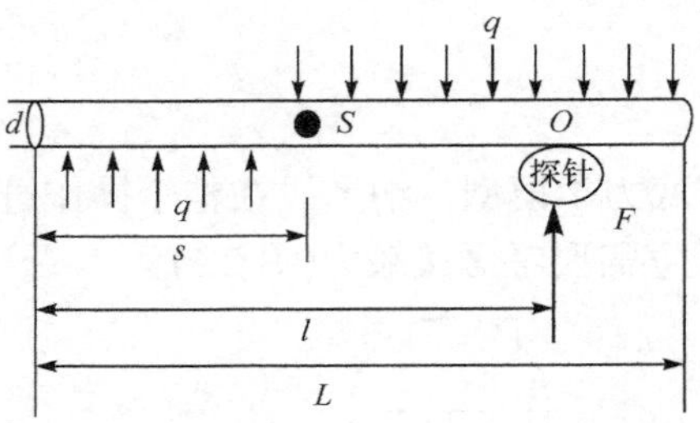

图 2.6　纳米线的旋转模型

如图 2.6 所示，假设纳米线的长度和直径分别为L和d，纳米线的滑动摩擦线密度为q。探针在点O处对纳米线施加推力F，纳米线绕S点旋转。l和s分别表示纳米线旋转点和推力作用点到纳米线一端的距离。由力平衡和力矩平衡条件可得

$$F + qs = q(L - s) \tag{2-33}$$

$$F(l - s) = \frac{1}{2}qs^2 + \frac{1}{2}q(L - s)^2 \tag{2-34}$$

可得

$$F = \frac{qs^2 + q(L - s)^2}{2(l - s)} \tag{2-35}$$

将$\frac{\mathrm{d}F}{\mathrm{d}s} = 0$代入式(2-35)可得

$$s^2 - 2ls + lL - \frac{L^2}{2} = 0, \quad 0 \leqslant s \leqslant L \tag{2-36}$$

通过对式(2-36)求解可获得旋转点S的位置。当接触点O不为纳米线的中心位置时，可求得s的位置值为

$$s = \begin{cases} l + \sqrt{l^2 - lL + \dfrac{L^2}{2}}, & 0 < l < \dfrac{L}{2} \\ l - \sqrt{l^2 - lL + \dfrac{L^2}{2}}, & \dfrac{L}{2} \leqslant l < L \end{cases} \tag{2-37}$$

当接触点O为纳米线的中心，即l=L/2 时，s有无穷解。此时旋转点为奇异点，可以处于纳米线外的任意一点。因此，在实际的纳米线转移过程中，应避免对纳米线的中心点进行操作。

2.3.2 纳米线弯曲

在材料的长径比较大或者刚度较小的情况下，操作过程中纳米线可能会弯曲变形，此时可采用欧拉-伯努利方程描述该过程。

1. 纳米线中部弯曲

当使用探针对纳米线的中间部分进行推动操作时，最初推动点附近的纳米线弯曲，在其带动下整个纳米线均发生弯曲现象，此时纳米线的弯曲示意图及其弹性梁模型如图 2.7 所示。

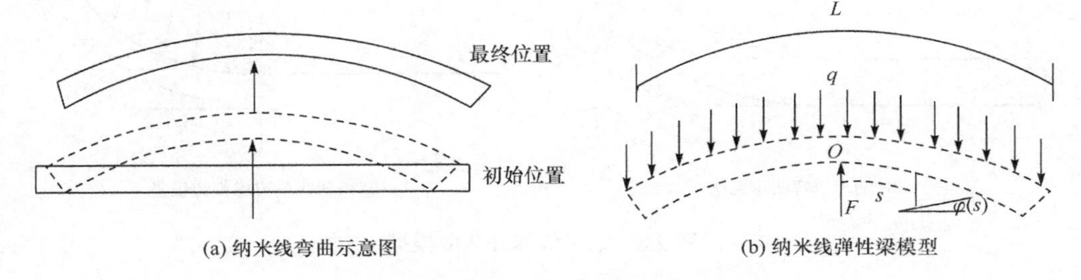

(a) 纳米线弯曲示意图　(b) 纳米线弹性梁模型

图 2.7　纳米线全部弯曲模型

如图 2.7 所示，长度为 L 的纳米线在探针推动力 F 以及基底的摩擦力的共同作用下，由初始的直线状态变为弯曲状态。在纳米线的弯曲过程中，纳米线所受的摩擦力均匀，其滑动摩擦的线性密度为 q。则弹性梁模型方程为

$$\frac{\mathrm{d}\varphi(s)}{\mathrm{d}s}=\frac{M}{EI} \tag{2-38}$$

式中，$\varphi(s)$ 表示弧长 s 的弯曲角，M 表示弯矩，E 表示材料的弹性模量，I 表示截面矩。假设探针作用点左右两段弧长分别为 L_1 和 L_2，则弧长 s 的弯矩表达式为

$$M(s)=\begin{cases} M_0-qL_2x(s)+\int_0^s q\big(x(s)-x(u)\big)\mathrm{d}u, & 0\leqslant s\leqslant L_2 \\ M_0-qL_1x(s)+\int_0^s q\big(x(s)-x(u)\big)\mathrm{d}u, & -L_1\leqslant s\leqslant 0 \end{cases} \tag{2-39}$$

将式(2-38)代入式(2-39)，并对其求导得

$$\begin{cases} EI\dfrac{\mathrm{d}^2\varphi(s)}{\mathrm{d}s^2}+q(L_2-s)\cos\varphi(s)=0, & 0\leqslant s\leqslant L_2 \\ EI\dfrac{\mathrm{d}^2\varphi(s)}{\mathrm{d}s^2}+q(L_1+s)\cos\varphi(s)=0, & -L_1\leqslant s\leqslant 0 \end{cases} \tag{2-40}$$

式中，$\cos\varphi(s)=\dfrac{\mathrm{d}x(s)}{\mathrm{d}(s)}$。

2. 纳米线边缘弯曲

当使用探针对纳米线的边缘部分进行推动操作时，探针推动点附近发生弯曲，但是离推动点较远的部分还保持固定不动，此时纳米线的弯曲示意图及其弹性梁模型如图 2.8 所示。

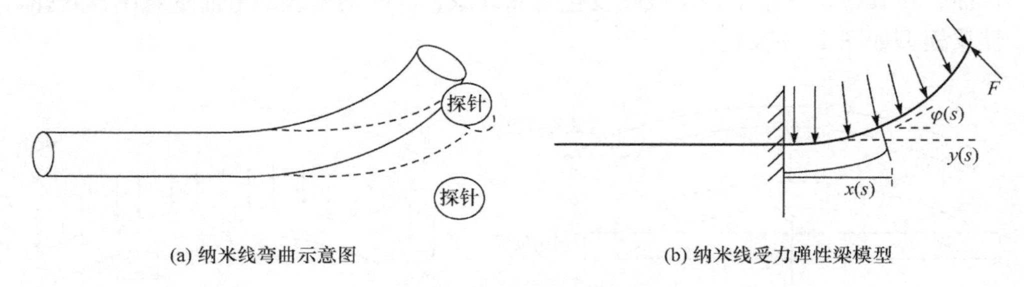

(a) 纳米线弯曲示意图　　(b) 纳米线受力弹性梁模型

图 2.8　纳米线部分弯曲模型

弧长 s 的弯矩为

$$\begin{aligned}M(s)=&F\left[\cos\varphi(l)\left(x(l)-x(s)\right)+\sin\varphi(l)\left(y(l)-y(s)\right)\right]\\&-q\int_s^l\left[\cos\varphi(u)\left(x(u)-x(s)\right)+\sin\varphi(s)\left(y(u)-y(s)\right)\right]\mathrm{d}u,\quad 0\leqslant s\leqslant l\end{aligned}\tag{2-41}$$

将式(2-31)代入式(2-28)，并对其求导可得

$$\begin{aligned}EI\frac{\mathrm{d}^2\varphi(s)}{\mathrm{d}s^2}=&q\left(\cos\varphi(s)\int_s^l\cos\varphi(u)\mathrm{d}u+\sin\varphi(s)\int_s^l\sin\varphi(u)\mathrm{d}u\right)\\&-F\left(\cos\varphi(l)\cos\varphi(s)+\sin\varphi(l)\sin\varphi(s)\right),\quad -L_1\leqslant s\leqslant 0\end{aligned}\tag{2-42}$$

纳米线的弯曲现象是由探针对纳米线的推力、基底对纳米线的摩擦力以及纳米线自身的弹性形变力共同作用的结果。当撤去探针对纳米线的作用时，若纳米线的弯度不大或者基底对纳米线的静摩擦力很大，则纳米线保持原弯曲状态；若纳米线的弯度很大或者基底对纳米线的静摩擦力不大，则纳米线可能会发生回弹现象；若纳米线的弯度过大，则可能导致纳米线的断裂。

2.3.3　探针路径规划

本书对放置于基底上的纳米线进行水平转移操作，使其能够从初始位置移动到指定的目标位置，如图 2.9 所示。针对纳米线平移过程中的纳米线旋转现象，采用 Z 型控制策略对纳米线的转移过程进行控制，其操作示意图如图 2.10 所示。

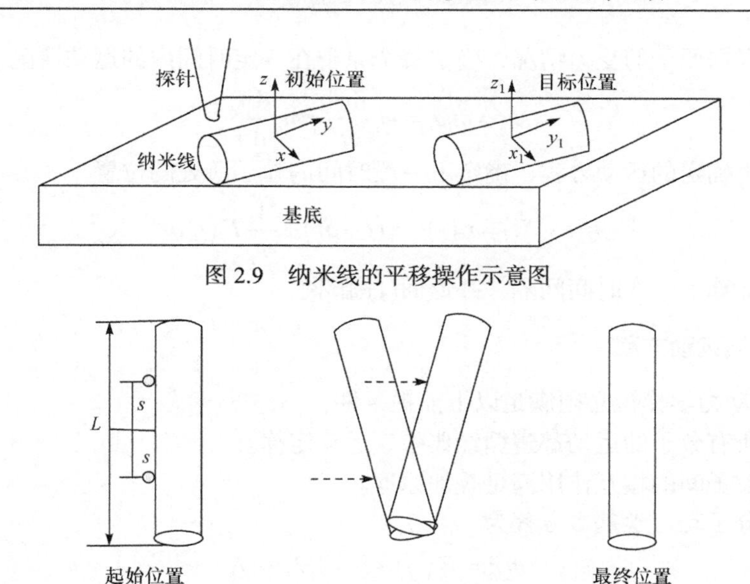

图 2.9　纳米线的平移操作示意图

图 2.10　Z 型控制策略

由于探针的作用点相对于纳米线的中心呈对称分布，所以在转移纳米线的过程中，探针在两作用点间交替以小步长推动。该策略使得纳米线在移动过程中呈 Z 型轨迹，从而减小推动过程中的不确定性。

2.4　分子动力学方法基本原理

分子动力学方法是研究纳米尺度物理现象的一种计算机辅助手段。该方法不但能观测在纳米操作过程中的原子运动轨迹，还能观测原子在运动过程中的微观细节。其基本思想如下：建立一个粒子系统来模拟所研究的微观系统，通过求解粒子的运动方程，得到所有粒子在相空间中的运动轨迹，然后根据统计力学获得系统的宏观物理特性。分子动力学模拟是一种近似计算，可将其视为广义牛顿运动方程的数值积分计算。

分子动力学的计算过程如下：

(1) 选取势函数确定粒子间的相互作用势能，确定粒子间的连接方式，并确定粒子的初始位置和速度。

(2) 设定初始温度，确定系统的动能和总能量。

(3) 根据势能梯度，计算每个原子受力的大小和方向。

$$\frac{\mathrm{d}p_i}{\mathrm{d}t}=m_i\frac{\mathrm{d}v_i}{\mathrm{d}t} \tag{2-43}$$

(4) 根据原子的受力情况，确定每个原子在一定时间内的运动情况。

$$F_i = m_i a_i = m_i \frac{\mathrm{d}v_i}{\mathrm{d}t} = m_i \frac{\mathrm{d}^2 r_i}{\mathrm{d}^2 t} \tag{2-44}$$

(5) 由确定的运动方程，确定下一段时间内粒子所处的位置。

$$r_i(t+\delta t) = r_i(t) - r_i(t-\delta t) + \frac{1}{m_i} F_i(t) \delta t^2 \tag{2-45}$$

(6) 计算下一次时间间隔，并返回(1)循环。

2.4.1　牛顿运动方程

分子动力学模拟必须满足以下前提条件：

(1) 所有分子的运动都遵循经典牛顿运动定律。

(2) 粒子间的相互作用满足叠加原理。

(3) 分子动力学基本方程为

$$m_i \ddot{r}_i = F_i(r_i), \quad i = 1, 2, \cdots, N \tag{2-46}$$

$$F_i = -\nabla_{r_i} U(r_1, r_2, \cdots, r_N) \tag{2-47}$$

式中，N 表示模拟系统的原子数，m_i 表示原子 i 的质量，r_i 表示原子 i 位置坐标向量，F_i 表示原子 i 所受的力，$\ddot{r}_i$ 表示原子 i 的加速度，$\nabla_{r_i} U(r_1, r_2, \cdots, r_N)$ 表示系统的总势能。

粒子间相互作用力如下：

$$f_{ij} = -f_{ji} = \frac{\partial u_{ij}(r_{ij})}{\partial r_{ij}} \tag{2-48}$$

$$F_i = \sum f_{ij} \tag{2-49}$$

式中，$r_{ij} = \left| r_i - r_j \right|$ 表示原子 i 和原子 j 之间的距离。

根据粒子间的相互作用力，对运动方程进行积分计算，就可得到粒子的运动轨迹。

2.4.2　分子动力学算法

牛顿运动方程是一个描述粒子运动轨迹的二阶微分方程。为求解运动方程得到原子的运动轨迹，可采用不同的差分算法。适用于分子动力学仿真的算法有 Verlet 算法、Velocity-Verlet 算法、Leap-Frog 算法、预测-矫正算法、Gear 算法等。本书选用 Verlet 算法。

Verlet 算法基于差分思想，它对原子的状态进行 Taylor 级数展开：

$$r(t+\delta t) = r(t) + \dot{r}(t)\delta t + \frac{\ddot{r}(t)\delta t^2}{2} + \frac{\dddot{r}(t)\delta t^3}{6} + O(\delta t^4) \tag{2-50}$$

式中，δt 表示时间积分步长，$r(t)$ 表示 t 时刻原子的位置信息。将式(2-50)中的 δt 置换为 $-\delta t$ 可得

$$r(t-\delta t)=r(t)-\dot{r}(t)\delta t+\frac{\ddot{r}(t)\delta t^2}{2}-\frac{\dddot{r}(t)\delta t^3}{6}+O\left(\delta t^4\right) \tag{2-51}$$

式(2-50)加式(2-51)可得

$$r(t+\delta t)=2r(t)-r(t-\delta t)+\ddot{r}(t)\delta t^2+O\left(\delta t^4\right) \tag{2-52}$$

由式(2-52)可知，原子在 $t+\delta t$ 时刻的位置可以由 t 时刻与 $t-\delta t$ 时刻的位置预测。将式(2-50)减去式(2-51)可得原子的速度 $v(t)$ 为

$$v(t)=\dot{r}(t)=\frac{r(t+\delta t)-r(t-\delta t)}{2\delta t}+O\left(\delta t^2\right) \tag{2-53}$$

由式(2-52)可知，原子在 t 时刻的速度可以由 $t+\delta t$ 时刻以及 $t-\delta t$ 时刻的位置得到。根据牛顿运动方程可得原子的加速度 $a(t)$ 为

$$a(t)=\ddot{r}(t)=-\frac{\nabla U\left(r(t)\right)}{m} \tag{2-54}$$

但是 Verlet 算法中存在位置和速度不同步的问题，为了解决该问题，引入了 Velocity-Verlet 算法，其算式如下：

$$r_i^{(n+1)}=r_i^{(n)}+hv_i^{(n)}+\frac{F_i^{(n)}h^2}{2m} \tag{2-55}$$

$$v_i^{(n)}=r_i^{(n)}+\frac{h\left(F_i^{(n+1)}+F_i^{(n)}\right)}{2m} \tag{2-56}$$

2.5　纳米操作的分子动力学模拟

在纳米尺度下，受仪器精度、纳米环境等因素影响，很多实验都无法观测其操作过程中的物理现象。而分子动力学模拟能够直观方便地观测纳米尺度下的微观物理过程。因此，采用分子动力学模拟软件 LAMMPS(Large-scale Atomic/Molecular Massively Parallel Simulator，大规模原子分子并行模拟器)对探针推动纳米线的纳米操作过程进行仿真模拟。在操作过程中，通过改变探针对纳米线推动的作用力、作用点等输入信息，得到一系列的输出数据文件。将输出的数据文件导入三维可视化软件 VMD(Visual Molecular Dynamic)中，观测纳米操作过程中的物理现象，以及纳米线的运动轨迹。

分子动力学模拟方法如下：建立模拟系统的几何模型；选取原子间的相互作

用势函数；根据实际情况设置如原子速度、系统温度等初始条件，边界条件以及选取时间步长；选定 Velocity-Verlet 算法进行动力学积分运算，求解牛顿运动方程，得到每个原子的速度、位置以及势能；通过势函数计算得到每个原子所受的力；根据得到的原子力得出下一时间段内原子的位置和速度，从而得到原子的运动轨迹以及宏观物理量的值。

2.5.1 模型建立

在进行分子动力学模拟之前必须建立模拟对象的微观模型。根据实际的纳米操作实验，本书中选用的探针、纳米线以及基底的材料分别为钨(W)、铜(Cu)以及硅(Si)。建立模拟模型有以下两种方式：直接在 LAMMPS 中建立模型、在 Materials Studio 软件中建立模型后导入 LAMMPS 中。本书采用直接在 LAMMPS 中建立模型的方法，建立的分子动力学模型包括探针模型、纳米线模型以及基底模型三部分，如图 2.11 所示。

图 2.11　纳米操作的分子动力学模型

探针模型采用圆锥体结构，圆锥的中心角为 30°。在计算过程中，为了简化模型，提高运算速度，将探针近似地视为刚性体，即不考虑探针的变形。纳米线模型采用圆柱体结构。基底模型采用长方体结构。在仿真过程中，通过改变纳米线的直径、长度等参数，观测探针推动纳米线过程中纳米线的运动轨迹。

2.5.2 势函数的选取

势函数的选取是分子动力学仿真成败的一个关键性因素，其得当与否将直接影响仿真结果。由于书中所建立的模型是由钨元素、铜元素以及硅元素组成的，所以势函数选取如下。

钨原子间的相互作用势能采用嵌入原子势方法(embedded atom method, EAM)描述。EAM 将原子的能量分为以下两部分：原子间近距离静力的相互作用能和将一个原子嵌入系统内其他原子形成的局部电子云密度中所需要的能量，其表达式如下：

$$U=\sum_{i=1}^{N}\left\{F_i\left(\rho_i\right)+\frac{1}{2}\sum_{i\neq j}\phi_{ij}\left(r_{ij}\right)\right\} \tag{2-57}$$

$$r_{ij}=\left|r_i-r_j\right| \tag{2-58}$$

式中，$F_i\left(\rho_i\right)$表示嵌入能，$\phi_{ij}\left(r_{ij}\right)$表示两体对势，$r_{ij}$表示原子 i 和原子 j 之间的距离。

$F_i\left(\rho_i\right)$的表达式如下：

$$F_i\left(\rho_i\right)=-F_0\left[1-n\ln\left(\frac{\rho_i}{\rho_{\mathrm{e}}}\right)\right]\left(\frac{\rho_i}{\rho_{\mathrm{e}}}\right)^n \tag{2-59}$$

ρ_i 的表达式如下：

$$\rho_i=\sum_{j\neq i}f\left(r_{ij}\right) \tag{2-60}$$

式中，$f\left(r_{ij}\right)$为电子密度表达式，其形式如下：

$$f_j\left(r_{ij}\right)=f_{\mathrm{e}}\left(\frac{r_1}{r_{ij}}\right)^{\theta}\left(\frac{r_{\mathrm{ce}}-r_{ij}}{r_{\mathrm{ce}}-r_1}\right)^2 \tag{2-61}$$

其中，f_{e}取 1，r_{ce}表示电子密度函数的截断距离，r_{ij}表示势函数的截断距离，θ 取 4.5。EAM 势函数参数如表 2.2 所示。

表 2.2　EAM 势函数参数表

势函数参数	参数值(W-W)	势函数参数	参数值(W-W)
N_ρ	500	N_r	500
d_ρ	5.0102×10^{-4}	d_r	1.0090×10^{-7}

硅原子间的相互作用势能采用 Tersoff 势函数描述，其表达式如下：

$$u_{ij}=f_{\mathrm{c}}\left(r_{ij}\right)\left(f_{\mathrm{R}}\left(r_{ij}\right)+b_{ij}f_{\mathrm{A}}\left(r_{ij}\right)\right) \tag{2-62}$$

$$E = \frac{1}{2}\sum_{i}\sum_{i \ne j} u_{ij} \tag{2-63}$$

$$f_{\mathrm{c}}\left(r_{ij}\right) = \begin{cases} 1, & r < R - D \\ \dfrac{1}{2} - \dfrac{1}{2}\sin\left(\dfrac{\pi}{2}\dfrac{r - R}{D}\right), & R - D < r < R + D \\ 0, & r > R + D \end{cases} \tag{2-64}$$

$$f_{\mathrm{R}}\left(r_{ij}\right) = A\exp\left(-\lambda_1 r_{ij}\right) \tag{2-65}$$

$$f_{\mathrm{A}}\left(r_{ij}\right) = -B\exp\left(\lambda_2 r_{ij}\right) \tag{2-66}$$

$$b_{ij} = \left(1 + \beta^n \varsigma_{ij}{}^n\right)^{-\frac{1}{2n}} \tag{2-67}$$

$$\varsigma_{ij} = \sum_{k \ne i,j} f_{\mathrm{c}}\left(r_{ik}\right) g\left(\theta_{ijk}\right) \exp\left[\lambda_3{}^m \left(r_{ij} - r_{ik}\right)^m\right] \tag{2-68}$$

$$g\left(\theta_{ijk}\right) = \gamma_{ijk}\left[1 + \frac{c^2}{d^2} - \frac{c^2}{d^2 + \left(\cos\theta - \cos\theta_0\right)^2}\right] \tag{2-69}$$

式中，$f_{\mathrm{c}}\left(r_{ij}\right)$表示原子间相互作用的截断函数，$f_{\mathrm{R}}\left(r_{ij}\right)$表示排斥项对偶势，$f_{\mathrm{A}}\left(r_{ij}\right)$表示吸引项对偶势，$b_{ij}$表示调制函数。Tersoff 势函数参数如表 2.3 所示。

表 2.3　Tersoff 势函数参数

势函数参数	参数值(Si-Si)	势函数参数	参数值(Si-Si)
能量参数 A/eV	3264.70	λ_1 / Å^{-1}	3.2394
能量参数 B/eV	95.373	λ_2 / Å^{-1}	1.3258
长度参数 R/Å	3.0	λ_3 / Å^{-1}	1.3258
长度参数 D/Å	0.2	θ	0.0
γ / Å^{-1}	1.0	β	0.33675
c	4.8381	m	3.0
d	2.0417	n	22.965

铜原子之间的相互作用势采用 Morse 势函数描述，其方程如下：

$$u\left(r_{ij}\right) = D\exp\left[-2\alpha\left(r_{ij} - r_0\right)\right] - 2\exp\left[-\alpha\left(r_{ij} - r_0\right)\right] \tag{2-70}$$

式中，$r_{ij} = \left|r_i - r_j\right|$为两原子间的距离，$D$ 为结合能系数，α 为势能曲线梯度系数，

r_0 表示原子间最小距离。Morse 势函数参数如表 2.4 所示。

表 2.4　Morse 势函数参数

势函数参数	参数值(Cu-Cu)
结合能系数 D/eV	0.3429
势能曲线梯度系数 α /Å^{-1}	1.3588
原子间最小距离 r_0 /Å	2.866

钨原子、硅原子以及铜原子三者之间的相互作用势能采用 Lennard-Jones(L-J) 势函数描述，其表达式如下：

$$U\left(r_{ij}\right)=4\varepsilon\left[\left(\frac{\sigma}{r_{ij}}\right)^{12}-\left(\frac{\sigma}{r_{ij}}\right)^{6}\right] \tag{2-71}$$

式中，r_{ij} 表示原子间的距离，ε 和 σ 分别表示能量参数和距离参数。针对两种不同元素之间的 L-J 势函数参数，Daw 和 Baskes 提出了采用式(2-72)和式(2-73)平均估算[7]：

$$\sigma_{A-B}=\eta_1\sigma_A+\left(1-\eta_2\right)\sigma_B \tag{2-72}$$

$$\varepsilon_{A-B}=\eta_2\left(\varepsilon_A\varepsilon_B\right)^{1/2} \tag{2-73}$$

式中，η_1 和 η_2 为拟合参数，这里 η_1 和 η_2 的取值分别为 0.5 和 1.0。采用上述方法预估得到的 W-Cu、W-Si 及 Cu-Si 的 L-J 势函数能量参数 ε 和长度参数 σ 如表 2.5 所示。

表 2.5　L-J 势函数参数

势函数参数	参数值(W-Cu)	参数值(W-Si)	参数值(Cu-Si)
能量参数 ε/J	6.6483×10^{-20}	4.5346×10^{-20}	8.2456×10^{-20}
长度参数 σ/nm	0.2277	0.3423	0.4134

2.5.3　纳米线弯曲机理分析

受纳米线尺寸、操作角度以及外力大小等因素影响，纳米线操作过程中，经常出现纳米线弯曲现象，如图 2.12 所示。为避免此类现象的发生，这里研究纳米线半径及长度对弯曲现象的影响。

本书以 Cu 纳米线为操作对象，Cu 纳米线弯曲时的应力公式为

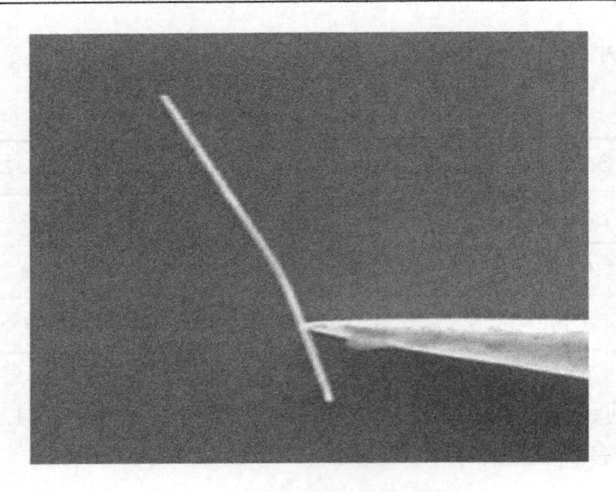

图 2.12　操作时纳米线弯曲现象

$$\sigma_{\mathrm{Cu}} = \frac{\pi^2 D}{(\mu l)^2 r} \tag{2-74}$$

$$D = \frac{E r^3}{12(1-\nu^2)} \tag{2-75}$$

式中，D 为纳米线弯曲刚度；μ 为 Cu 纳米线弯曲系数，$\mu=2$；l 为纳米线长度；r 为纳米线半径；ν 为纳米线体积；E 为杨氏模量，$E=1$。

图 2.13(a)为固定纳米线长度 ($l=30$nm) 时纳米线半径与弯曲应力的关系，随纳米线半径的增加，弯曲应力减小；图 2.13(b)为固定纳米线半径 ($r=10$nm) 时纳米线长度与弯曲应力的关系，随纳米线长度增加，弯曲应力明显减小，且纳米线越短，变化速率越大[8]。

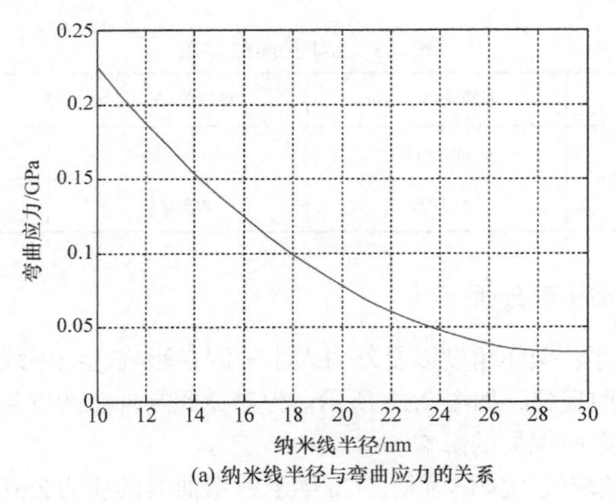

(a) 纳米线半径与弯曲应力的关系

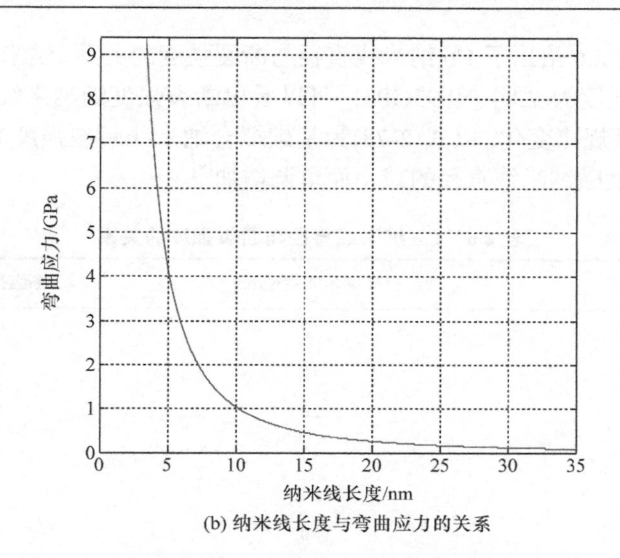

(b) 纳米线长度与弯曲应力的关系

图 2.13　纳米线半径和纳米线长度与弯曲应力的关系

2.5.4　纳米线断裂机理分析

纳米级的断裂强度是分析纳米线断裂的一个重要性能指标之一，反映了纳米线承受外力的强度，取决于裂缝边缘极小区域内原子的弹性形变和断裂键，还受裂缝周围的微观组织与弹性应力场的相互影响。

解释断裂强度的尺寸效应最经典的模型由 Weibull 提出[9]，假设单位体积中有相同规律的尺寸效应分布，在一定的外力下断裂概率 P 如下：

$$P = 1 - \exp\left[-\iiint\left(\frac{F(r)}{\varepsilon_0}\right)^m \mathrm{d}V\right] = 1 - \exp\left[-L_\varepsilon V\left(\frac{F_{\max}}{\varepsilon_0}\right)^m\right] \tag{2-76}$$

式中，ε_0 为单位体积的平均强度；m 为 Weibull 模数，反映断裂强度的分散性，m 越大测量数据越集中；$L_\varepsilon V$ 为按照最大外力 $F_{\max}$ 折算的等效单位体积。基于此定义特征断裂强度为

$$\varepsilon^* = \varepsilon_0 (L_\varepsilon V)^{1/m} \tag{2-77}$$

在纳观环境中，断裂强度也存在尺寸效应，其结果将偏离理论值，假设裂纹的长度为 c，纳米线横截面积为 D，c 与 D 呈正比关系，基于裂纹扩展的能量条件[10]，得到另一个实际断裂强度表达式为

$$\varepsilon(D) = \varepsilon_0 \left(1 + \frac{D - D_\mathrm{c}}{D_0}\right)^{1/2} \tag{2-78}$$

式 (2-78) 中，引入特征尺寸 $D_\mathrm{c} = 15.6\mathrm{nm}$，最佳拟合参数 $\varepsilon_0 = 7.5\%$，

$D_0 = 4.5\text{nm}$。表 2.6 给出了 Cu 纳米线直径与断裂强度的关系，纳米线直径为 10～120nm，断裂强度为 2.84～9.93GPa，可以看出断裂强度随纳米线直径减小而略有增大，但不呈规律变化。以式(2-78)为基础拟合纳米线断裂强度曲线，如图 2.14 所示，断裂强度随纳米线直径的减小而单调增加[8]。

表 2.6　Cu 纳米线直径与断裂强度的关系

序号	Cu 纳米线直径/nm	断裂强度/GPa
1	10	9.93
2	15	8.83
3	20	7.56
4	40	4.50
5	60	3.52
6	80	3.05
7	100	2.88
8	120	2.84

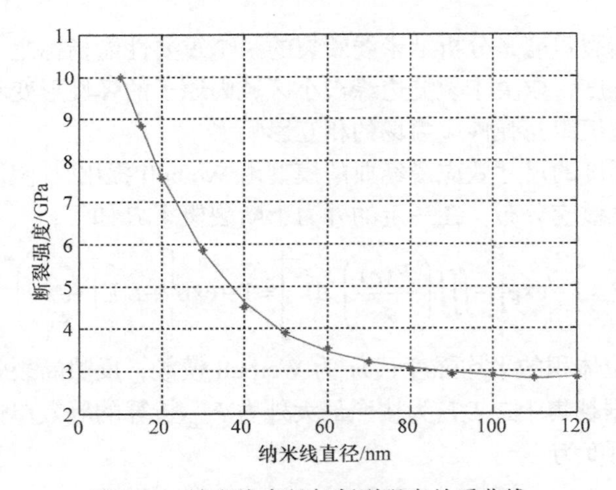

图 2.14　纳米线直径与断裂强度关系曲线

2.6　模 拟 细 节

由于纳米操作过程中温度 T 和压强 P 都是恒定不变的，在纳米操作过程中只是发生了形变，体系中原子数目的损失也是可以忽略不计的，即系统中原子数目 N 是恒定不变的。所以，选用等温等压(NPT)系统描述该模拟实验过程。在操作过程中通过 Nose-Hoover 控制方式调节控制系统的温度 T 以及压强 P。系统的初始条件即初始时刻系统中各个原子的速度和位置条件。所建立系统几何模型中原子的位置决定原子的初始位置。根据系统的初始温度 T 决定原子的初始速度，其服从 Maxwell-Boltzmann 分布：

$$f\left(v_{x,y,z}\right)=\sqrt{\frac{m}{2\pi kT_0}}\mathrm{e}^{\frac{mv_{x,y,z}^2}{2kT_0}} \tag{2-79}$$

式中，m 为原子质量；k 为 Boltzmann 常量，$k=1.38\times10^{-23}\ \mathrm{J/K}$。系统中原子运动的动能总和 K.E 满足如下方程：

$$\mathrm{K.E}=\sum_{i=1}^{N}\frac{1}{2}m_i v_i^{\ 2}=\frac{3}{2}NkT \tag{2-80}$$

本书采用 Nose-Hoover 热浴法控制系统温度，初始温度 T_0 取 300K。标定原子速度，标定系数：

$$\beta=1+\frac{1}{\tau}\left(1-\frac{T}{T_\mathrm{c}}\right) \tag{2-81}$$

式中，$\tau=\sqrt{\frac{m_\mathrm{s}}{gkT_\mathrm{c}}}$。

当 $T>T_\mathrm{c}$ 时，系统向外部传递热量，原子速度降低；当 $T<T_\mathrm{c}$ 时，系统从外部吸收热量，原子速度提高。书中采用 Velocity-Verlet 算法对牛顿方程进行积分计算，时间步长选择 0.5fs，该值小于 Cu 原子的最快运动周期的 1/10。

系统的仿真参数如表 2.7 所示。

表 2.7　系统仿真参数

材料	探针	纳米线	基底
材料元素	W	Cu	Si
晶格类型	BCC	FCC	BCC
晶格常数/nm	3.1570	3.6150	3.34
相对原子质量	183.84	63.550	28.00
势函数	EAM	Morse	Tersoff
时间步长/fs		0.5	
系统初始温度/K		300	

纳米操作过程的分子动力学仿真流程如图 2.15 所示。

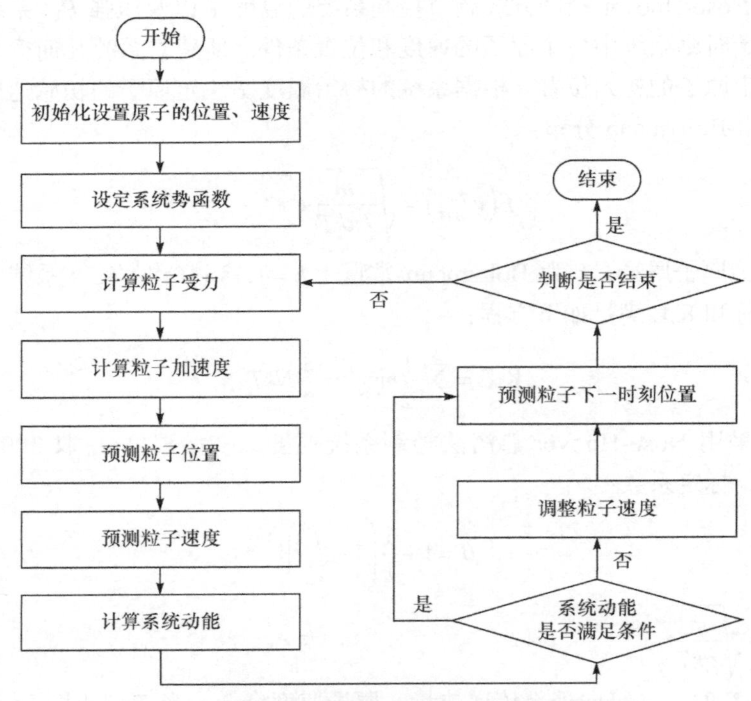

图 2.15　纳米操作分子动力学仿真流程图

2.7 结果分析

2.7.1 推动现象仿真分析

推动仿真以圆锥形的探针尖从不同的操作点推动纳米线，观察在不同的操作点推动纳米线时的运动情况。

当采用探针对纳米线的中间部分进行操作时，纳米线弯曲弧度变大，达到一定弧度之后，纳米线平移。探针对纳米线的中间部分操作的分子动力学仿真结果如图 2.16 所示[11]。

 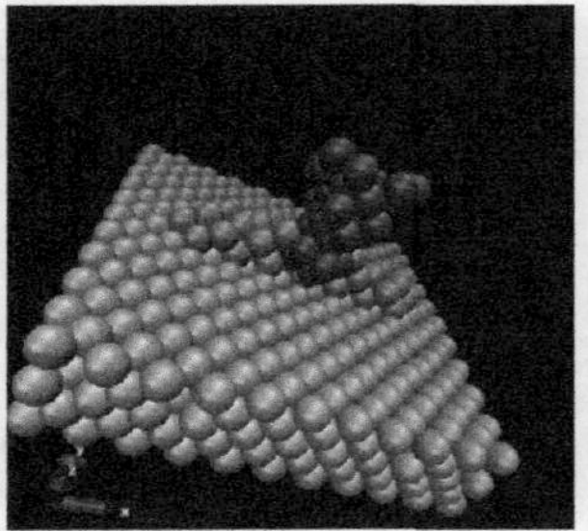 

图 2.16　探针对纳米线中间部分操作的分子动力学仿真图

探针对纳米线左侧边缘部分操作的分子动力学仿真结果如图 2.17 所示。当采用探针对纳米线的左侧边缘部分进行操作时，纳米线弯曲弧度变大，达到一定弧度之后，探针略过纳米线，纳米线保持原形状。由对称性可知，探针对纳米线的右侧边缘部分的操作结果与图 2.16 所示结果相似。

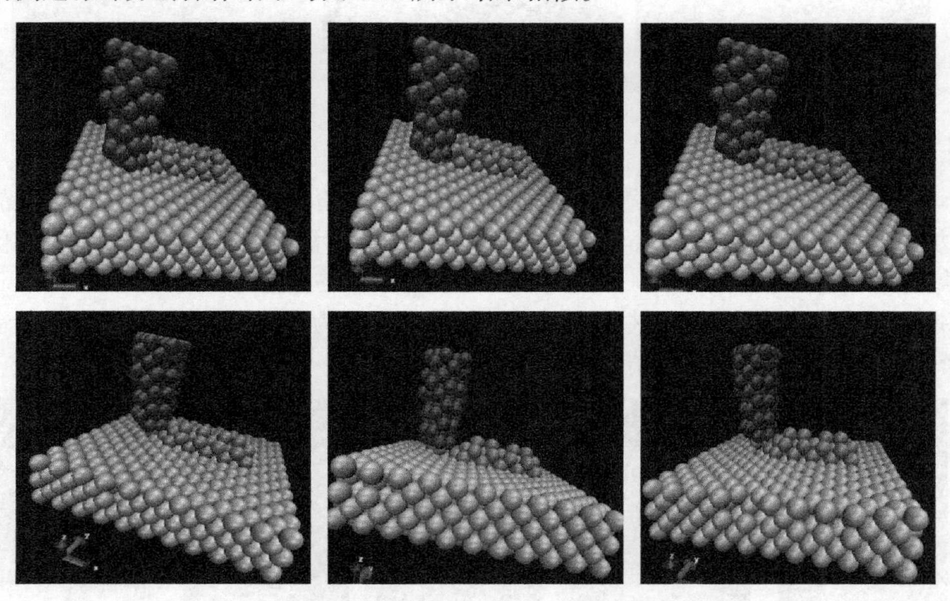

图 2.17　探针对纳米线左侧边缘部分操作的分子动力学仿真图

由上述两个实验可以看出，仅仅是通过一个操作点对纳米线进行平移操作很容易对纳米线造成较大的形变以及断裂损坏。因此，可以考虑采用 2.3 节提出的 Z 型控制算法解决该问题，其仿真结果如图 2.18 所示。由图可知，当对纳米线进行 Z 型操作时，能够相对平行地推动纳米线，而且对纳米线的操作过程中，纳米线的形变相对于前两次仿真都要小，操作效果也更好，验证了 Z 型控制策略是具有可操作性的。

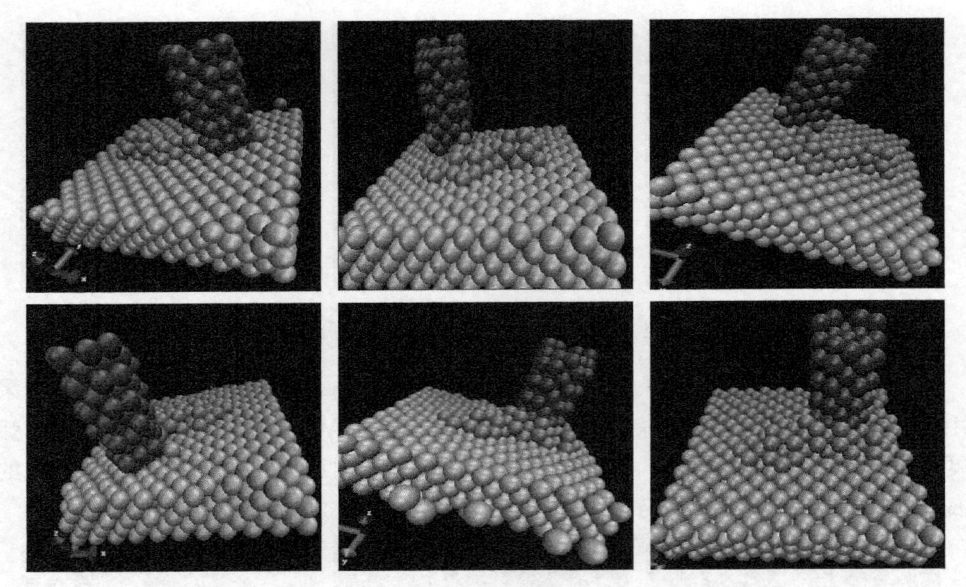

图 2.18　探针对纳米线 Z 型操作的分子动力学仿真图

2.7.2　弯曲现象仿真分析

应用分子动力学模拟软件 LAMMPS 和三维可视化软件 VMD，基于已建立的纳米线-探针-基底分子动力学操作模型，对纳米线弯曲现象进行仿真。为加快仿真速度，各模型均缩小比例，取模拟基底为长方体，三边长度分别为 2.5nm、5nm 和 12nm；纳米线为近似圆柱体，长度为 8nm，半径为 2.8nm。探针对纳米线一端操作，纳米线弯曲，仿真结果如图 2.19 所示。

图 2.19　纳米线弯曲分子动力仿真

2.7.3　断裂现象仿真分析

应用分子动力学模拟软件 LAMMPS，对纳米线拉伸断裂现象进行仿真，并使用三维可视化软件 VMD 输出仿真结果，如图 2.20 所示。

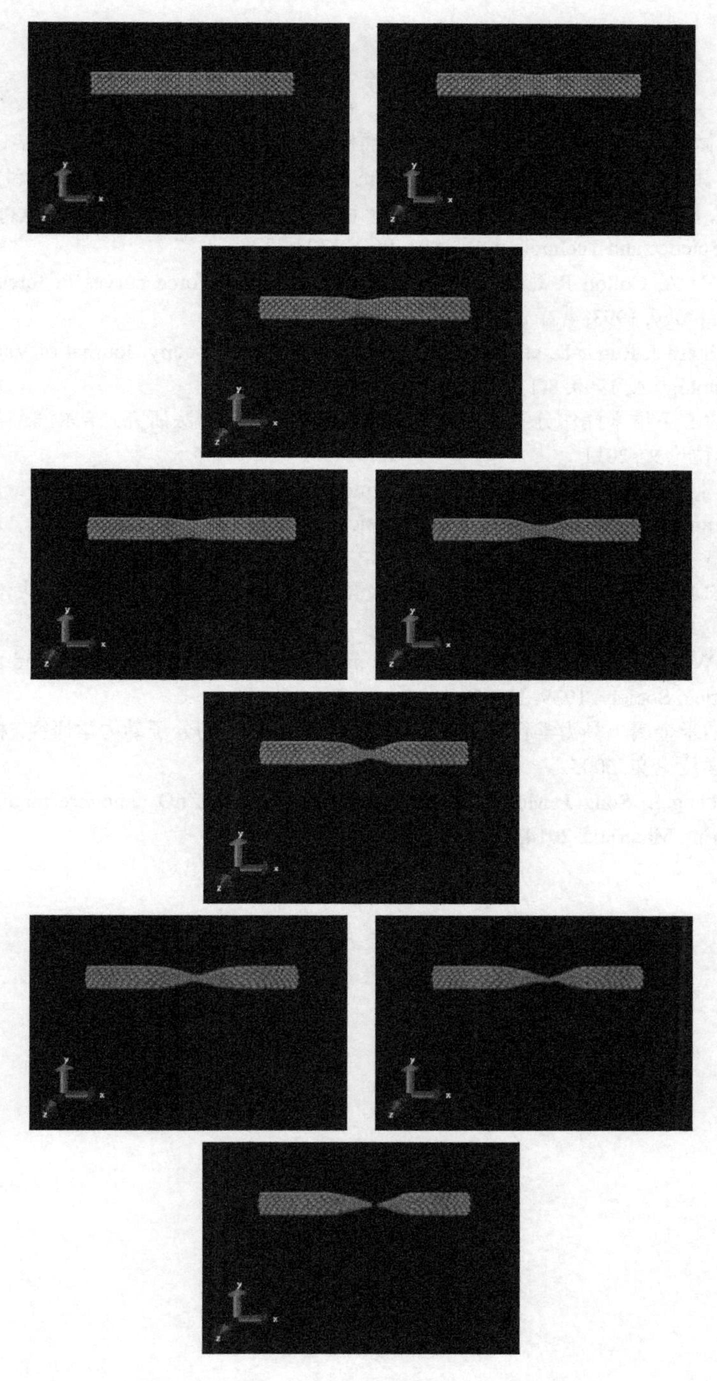

图 2.20　纳米线拉伸断裂现象分子动力学仿真

参 考 文 献

[1] 高世卿. 微纳米系统毛细相互作用的理论建模及应用. 兰州: 兰州大学硕士学位论文, 2014
[2] 李勇滔, 韩立, 殷伯华, 等. 微纳尺度操作的系统设计. 现代科学仪器, 2009, (4): 18-20
[3] Hao H W, Baró A M, Sáenz J J. Electrostatic and contact forces in force microscopy. Journal of Vacuum Science and Technology B, 1991, 9(2): 1323-1328
[4] Burnham N A, Colton R J, Pollock H M. Interpretation of force curves in force microscopy. Nanotechnology, 1993, 4(2): 64-80
[5] Terris B, Stern J, Rugar D, et al. Localized charge force microscopy. Journal of Vacuum Science and Technology A, 1990, 8(1): 374-377
[6] 张丽. SEM 下纳米操作分子动力学仿真及探针闭环控制方法研究. 哈尔滨: 哈尔滨理工大学硕士学位论文, 2011
[7] Daw M S, Baskes M I. Embedded-atom method: Derivation and application to impurities, surfaces, and other defects in metals. Physical Review B Condensed Matter, 1984, 29(12): 6443-6453
[8] 张越. SEM 纳米构件操作力学模型分析及预测控制. 哈尔滨: 哈尔滨理工大学硕士学位论文, 2016
[9] Weibull W. A statistical theory of the strength of materials. Proceedings of the American Mathematical Society, 1939, 151(5): 1034
[10] 黄丹. 纳米金属单晶力学行为和力学性能及其尺度效应的分子动力学研究. 杭州: 浙江大学博士学位论文, 2005
[11] Li D, Zhang L, Song J. Molecular dynamics simulation of ZnO nanowire manipulation. Key Engineering Materials, 2014, 609-610: 400-405

第 3 章　具有视觉和力觉临场感的纳米构件操作

由于纳观操作环境的非结构化特点和纳米操作的尺度效应，纳米操作过程中的力觉交互显得尤为重要。对于纳米操作，相比于位置检测，微力觉检测能更好地控制操作的准确性。但对于微纳操作，尤其是纳米尺度操作的力传感器制作非常困难，不但制作成本极高，且极易被损坏[1, 2]。因此，在非结构化的纳米操作环境中，借助虚拟 3D 视觉和虚拟力觉交互来引导纳米操作，在此基础上实现纳米操作的视觉临场感和力觉临场感便成为提高纳米操作系统的人机交互能力和纳米操作的实时性、准确性及精度的新途径。力觉反馈设备作为主端的操作工具可以为操作者提供实时的力觉反馈，增强操作者的临场感，但如果设备不稳定则会对硬件造成一定的损害，而且会输出意外力觉反馈对操作者安全构成威胁，破坏操作过程的透明性，因此需要对操作者-力觉反馈设备-虚拟环境构成的力觉交互系统的稳定性进行分析[3, 4]；同时，在保证系统稳定的情况下应尽可能地提高系统性能，即操作的透明性。本章对 SEM 下具有虚拟力觉反馈的主从遥纳操作系统进行讨论，分析力觉交互系统的稳定性，并对系统性能(透明性)进行评价，在此基础上进一步阐述纳米操作的视觉和力觉临场感的实现。

3.1　纳米操作系统总体设计及力觉接口的稳定性分析

3.1.1　系统总体结构

基于 SEM 的具有虚拟视觉和虚拟力觉反馈的主从遥纳操作平台总体结构如图 3.1 所示。其主要由主端控制模块、虚拟 3D 视觉交互模块、虚拟力觉交互模块、SEM 图像传输模块和从端 SEM 执行单元构成[5]。

1. 主端控制模块

主端控制模块主要由操作者、主控计算机和力觉反馈主手组成。主控计算机与操作者进行交互，运行的主控程序集成了虚拟 3D 纳米操作环境、从端传回的 SEM 图像和主控界面三部分。操作者根据主控计算机提供的有关信息控制力觉反馈主手，通过大缩放比控制从端安装在 SEM 内的执行单元以随动的方式来完成纳米线的操作。

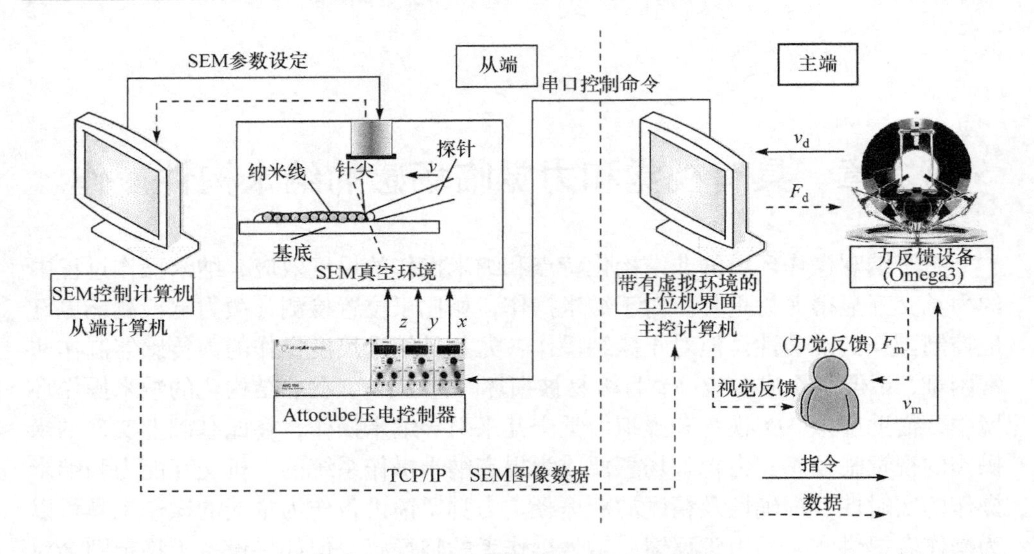

图 3.1　主从式遥纳操作平台总体结构图

2. 虚拟 3D 视觉交互模块

对于基于 SEM 的微纳操作，通过多幅视频图像的反馈判断探针与纳米线之间的相对位姿信息是难以实现的，因为 SEM 只能提供单一视角的二维(2D)图像。所以，根据实际纳米操作环境开发的虚拟 3D 视觉交互模块是实现实时、准确、友好的 SEM 纳米操作必不可少的模块。虚拟纳米线和探针采用 3ds Max 与骨骼填充方法进行建模。骨骼的主要作用是便于计算操作点与物体各个部分的碰撞检测，并通过骨骼球之间力键的作用产生形变，为虚拟纳观力的加载提供了便利条件。

3. 虚拟力觉交互模块

操作者通过力觉反馈设备实现与纳米操作环境的虚拟力觉交互。主控计算机根据虚拟操作模型的碰撞检测结果，利用力觉反馈设备的配套开发软件二次开发实现力觉渲染引擎和纳米操作的作用力模型，实现对力觉的渲染。力觉反馈设备根据碰撞检测和力觉渲染结果为操作者提供相应的力觉信息。

4. SEM 图像传输模块

虽然二维 SEM 图像提供的信息与力/触觉信息相比有诸多缺点，但在遥纳操作系统中力/触觉反馈信息和虚拟 3D 视觉并不能完全代替 SEM 图像反馈信息。为了给操作者提供实际纳米操作环境的实时信息，将从端的 SEM 图像采用局域网传输到主端的主控计算机中，并将传回的 SEM 图像集成到主控界面实时显示，为操作者提供操作依据。

5. 从端 SEM 执行单元

从端 SEM 执行单元主要包括从端计算机、SEM、纳米定位器、操作对象和探针。探针安装在纳米定位器上，工作于 SEM 高压真空样本腔内对腔内的操作对象进行操作；从端计算机控制 SEM 成像并通过以太网与主控计算机通信，进行实时图像传输；纳米定位器三轴(x, y, z)的运动由主控计算机采集到的力觉反馈主手的信息通过控制纳米定位器的控制器以遥控模式实现。

3.1.2　力觉交互系统建模

根据上述结构，将主端的操作者-力觉反馈设备-虚拟环境等效为二端口网络，采用 Llewellyn 绝对稳定性判据判定系统的稳定性；为消除设计虚拟环境时所带来的不稳定因素，在力觉接口中引入带有缩放系数的虚拟匹配环节，调节系统稳定范围；同时针对主从遥纳操作大缩放比特性，应用阻抗带宽的概念，分析匹配环节中两个缩放系数与匹配阻抗的选择对系统透明性的影响。

1. 二端口结构特性

在电路理论中，二端口结构被广泛应用，从构成端口的形式上来讲，其不但可以描述操作者、力觉接口、虚拟环境三者之间的能量交换过程，还可通过分析端口变量对系统稳定性、透明性进行评价。图 3.2 为二端口网络结构示意图。

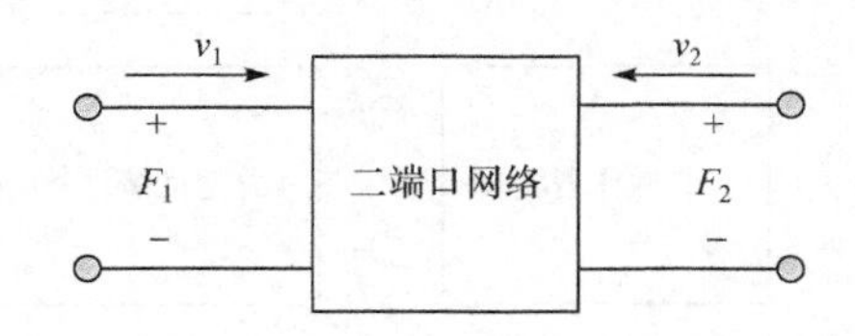

图 3.2　二端口网络结构

考虑到此端口用来描述力觉交互系统，将端口变量定义为力与速度的输入与输出，即流入端口速度 v_1 和 v_2，等效为电源的端口力 F_1 和 F_2，定义变量从左至右的流入方向为正。

在二端口网络理论中，使用导抗矩阵来描述任意端口变量之间的关系，为了表征两端口上作用力和速度(或位置)的关系同样可以使用导抗矩阵。如果有 $h^{\mathrm{T}}u=-F_2v_2+F_1v_1$，则在 h^{T} 和 u 这两个量之间存在一个映射关系 $h=Pu$，称为导抗映射，其中 P 为导抗矩阵。一般地，导抗矩阵 P 有四种表达形式，即阻抗形式 Z、导纳形式 Y、混合形式 H 和交错混合形式 G，其中矩阵中各元素一般与频率相关，则依据这四种形式得到四种关系式如式(3-1)～式(3-4)所示：

$$\begin{bmatrix} F_1 \\ F_2 \end{bmatrix} = \begin{bmatrix} z_{11} & z_{12} \\ z_{21} & z_{22} \end{bmatrix} \begin{bmatrix} v_1 \\ -v_2 \end{bmatrix} \tag{3-1}$$

$$\begin{bmatrix} v_1 \\ -v_2 \end{bmatrix} = \begin{bmatrix} y_{11} & y_{12} \\ y_{21} & y_{22} \end{bmatrix} \begin{bmatrix} F_1 \\ F_2 \end{bmatrix} \tag{3-2}$$

$$\begin{bmatrix} F_1 \\ -v_2 \end{bmatrix} = \begin{bmatrix} h_{11} & h_{12} \\ h_{21} & h_{22} \end{bmatrix} \begin{bmatrix} v_1 \\ F_2 \end{bmatrix} \tag{3-3}$$

$$\begin{bmatrix} v_1 \\ F_2 \end{bmatrix} = \begin{bmatrix} g_{11} & g_{12} \\ g_{21} & g_{22} \end{bmatrix} \begin{bmatrix} F_1 \\ -v_2 \end{bmatrix} \tag{3-4}$$

经过计算这四种表达形式对于分析系统稳定或性能的效果是相同的，可以由其中的一种形式推导出其他三种形式，可以根据情况选择相应的端口变量的表达方式以及对应的参数集。

2. 基于二端口网络的系统建模

在遥纳操作系统中，由操作者、力觉接口、虚拟环境三者构成的力觉交互系统如图 3.3 所示，其结构可表示为一个二端口网络。操作者与虚拟环境之间的能量转换是由力觉接口完成的，同时力觉接口也决定着整个系统稳定性和性能。v_{h} 与 v_{e}^{*} 分别为主手与从手的移动速度；v_{d}^{*} 为力觉反馈设备的移动速度；f_{h} 为主端操作者产生的作用力；f_{e}^{*} 为操作过程中从端受到的作用力，也代表从端传输到虚拟环境中的作用力；f_{d}^{*} 为虚拟匹配环节输出作用力(其中带有*的表示离散变量)。

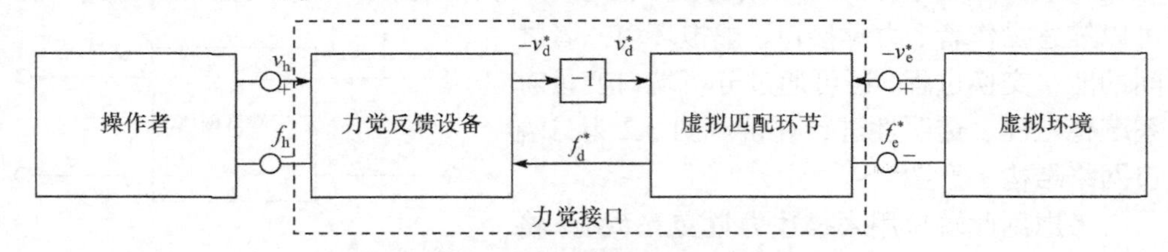

图 3.3 力觉交互系统结构示意图

特别地，对操作者和力觉接口进行如下说明：

(1) 可以认为操作者客观地通过自身肌肉与骨骼系统操纵力觉反馈设备时不会对系统产生不稳定的影响，也就是说，可以假设在一定范围内操作者是无源的。Hogan[6]认为即使人体手臂内存在高自适应度的神经系统与神经反馈，由操作者产生的阻抗也可视为无源。因此，可以将操作者和设备之间的能量交换过程视为无源。

(2) 力觉接口是指在操作者和虚拟环境之间存在的任何事物，包括力觉反馈设备、虚拟匹配环节等，虚拟环境作为阻抗再现，速度作为输入，力作为输出。而 Omega 系列力觉反馈设备对操作者具有重力补偿作用，适合与虚拟环境进行交互。

根据所设计的力觉交互系统的特点，这里采用混合型导抗矩阵对系统进行分析，控制系统框图如图 3.4 所示，图中 f_{e_o} 为环境扰动。为了简要说明端口变量的相互关系，此框图中没有加入控制算法和匹配环节，并且认为虚拟环境速度输入与设备输出速度相同。

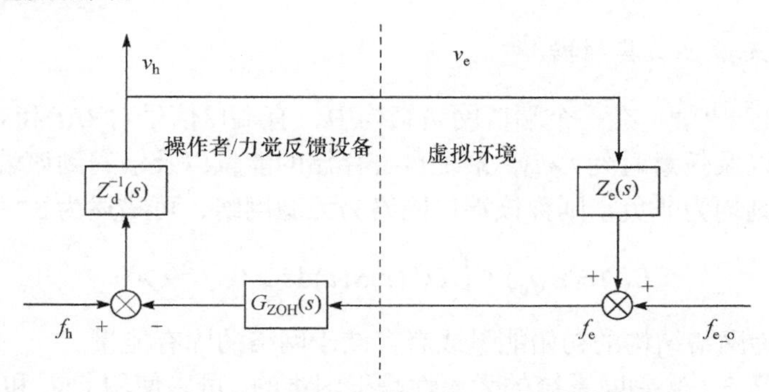

图 3.4　控制系统框图(未引入虚拟匹配环节)

由上述分析可知，要精确建立操作者本身的数学模型很困难，且对于系统分析影响不大，因此不再讨论其阻抗模型，这里认为操作者对力觉反馈设备有主动力的输入。根据图 3.4 有

$$f_h = G_{ZOH}(s) f_e + Z_d(s) v_h \tag{3-5}$$

式中，$Z_d(s)$和 $G_{ZOH}(s)$分别为

$$Z_d(s) = b_d + \frac{k_d}{s} \tag{3-6}$$

$$G_{ZOH}(s) = \frac{1 - e^{-sT}}{s} \approx \frac{T}{1 + Ts} \tag{3-7}$$

式中，$Z_d(s)$为设备阻抗；$G_{ZOH}(s)$为零阶保持器；f_e 为加入环境扰动后的作用力。

对于本系统，由设备输出的速度直接给到虚拟环境，因此有

$$v_h = v_e \tag{3-8}$$

整理式(3-5)～式(3-8)可得

$$\begin{bmatrix} f_h \\ -v_e \end{bmatrix} = \begin{bmatrix} Z_d(s) & G_{ZOH}(s) \\ -1 & 0 \end{bmatrix} \begin{bmatrix} v_h \\ f_e \end{bmatrix} \tag{3-9}$$

通过式(3-9),所要研究的交互系统被表示成带有混合矩阵的二端口网络形式。

3.1.3　力觉交互系统的稳定性判据

对于一个可表示成二端口网络的交互系统，可以从两个角度判定其稳定性，一是判断系统是否具有无源性，二是判断系统是否具有绝对稳定性。本节主要对

两种判别方法进行说明并给出定义，确定出两种方法的相互关系。在研究力觉接口稳定性的问题上，Colgate 等[7, 8]和 Hannaford 等[9]应用无源理论引入虚拟匹配的概念确定系统稳定；Cavusoglu 等[10]在未知的动态环境下，通过时域无源控制来消除系统额外产生的能量，保证系统稳定。

1. 系统无源性及其判据

定义 3.1[9, 11, 12] 在一个端口网络结构中，有端口信号对 $U(t)$和 $S(t)$，在任意初始时刻 t_0 以及任意时刻 $t \geqslant t_0$，系统自身存储的能量以及输送到该端口结构的能量在所有时刻均为非负，则称该端口网络为无源网络，可描述为

$$E(t)=E(t_0)+\int_0^t U^{\mathrm{T}}(\tau)S(\tau)\mathrm{d}\tau \geqslant 0, \quad \forall t \geqslant 0 \tag{3-10}$$

式中，$E(t_0)$为网络结构的初始能量或者存储于网络的固有能量。

根据定义 3.1 来判断系统的无源性是很困难的，可以使用 Cho 和 Park 提出的一种相对简单的无源性判别方法。

定义 3.2 (无源性判据)[13] 一个二端口网络 P 当且仅当满足以下条件时，此网络无源：

(1) p_{11}、p_{12}、p_{21}、p_{22} 在复平面的右半平面不存在极点。

(2) p_{11}、p_{12}、p_{21}、p_{22} 在复平面虚轴上只存在单极点，并且这些极点对应的留数满足以下条件：

$$k_{11} \geqslant 0, \quad k_{22} \geqslant 0, \quad k_{11}k_{22}-k_{12}k_{21} \geqslant 0 \tag{3-11}$$

(3) 对于任意 $\omega \geqslant 0$ 应有

$$\begin{gathered}\mathrm{Re}(p_{11}(\mathrm{j}\omega)) \geqslant 0, \quad \mathrm{Re}(p_{22}(\mathrm{j}\omega)) \geqslant 0 \\ 4\mathrm{Re}(p_{11}(\mathrm{j}\omega))\mathrm{Re}(p_{22}(\mathrm{j}\omega)) \geqslant [\mathrm{Re}(p_{12}(\mathrm{j}\omega))+\mathrm{Re}(p_{21}(\mathrm{j}\omega))]^2+[\mathrm{Im}(p_{12}(\mathrm{j}\omega))+\mathrm{Im}(p_{21}(\mathrm{j}\omega))]^2\end{gathered} \tag{3-12}$$

若线性时不变二端口网络具有无源性，那么此网络与任意一个与之相连的无源网络构成的系统都是稳定的。以本书的力觉交互系统为例，前文已经说明可将操作者手臂视为无源，而虚拟环境并不一定是无源的，即使使用质量弹簧阻尼来构成虚拟环境，也很难实现严格应用这些规律的数值算法，因此可以将力觉接口设计为具有无源性，这样接口两侧连接无源操作者与半无源或者几乎无源的虚拟环境时，构成的系统能够保持稳定。

2. 系统绝对稳定性及其判据

设有一个二端口网络，若存在一个无源阻抗与此二端口的一侧相连，构成的新网络具有不稳定性，那么称这个二端口网络具有潜在不稳定性。相反，若找不

到这样的无源阻抗，那么认为此二端口网络是绝对稳定的。

定义 3.3 (Llewellyn 绝对稳定性判据)[9] 某个线性时不变二端口网络 P，当且仅当满足以下条件时其具有绝对稳定性：

(1) p_{11} 和 p_{22} 在 s 平面的右半平面无极点。

(2) 若 p_{11} 和 p_{22} 在 s 平面的虚轴上存在极点，则此极点为单极点，且与极点相对应的留数为正实数。

(3) 对于任意 $\omega \geqslant 0$，满足

$$\mathrm{Re}(p_{11}(\mathrm{j}\omega)) \geqslant 0, \quad \mathrm{Re}(p_{22}(j\omega)) \geqslant 0$$

$$\frac{2\mathrm{Re}(p_{11}(\mathrm{j}\omega))\mathrm{Re}(p_{22}(\mathrm{j}\omega)) - \mathrm{Re}(p_{12}(\mathrm{j}\omega)p_{21}(\mathrm{j}\omega))}{|p_{12}(\mathrm{j}\omega)p_{21}(\mathrm{j}\omega)|} = \xi \geqslant 1 \tag{3-13}$$

式中，ξ 为系统的绝对稳定性参数，ξ 的值越大说明系统越稳定，当 $\xi=1$ 时，系统处于绝对稳定和潜在不稳定的临界状态。

由上述定义可以得出：若一个二端口网络满足 Llewellyn 绝对稳定性判据，则此端口与任意无源操作者和虚拟环境所构成的系统是稳定的。

从定义 3.2 与定义 3.3 可以看出，对于一个可表示成二端口网络的交互系统，可以从两个角度判定其稳定性，一是判断系统是否具有无源性，二是判断系统是否具有绝对稳定性。在搭建虚拟力觉反馈操作系统时，操作透明度是衡量此系统性能的重要指标，操作者总是希望尽可能地提高透明度，增强操作的临场感。无源性判据并没有考虑到这个问题，因为它使稳定的鲁棒性非常强，可以使系统在任何条件下保证稳定，但是忽略了系统的性能，例如，一个不加入任何控制算法的系统，由于其具有无源性，所以在所有状况下都是稳定的，也就是说，这种判定方法相对保守，如果能够找到一种判定方法，可以将稳定的条件加以限制，减小稳定鲁棒性，这样就可以在保证系统稳定的同时提高其性能。绝对稳定性判据正具备这样的特点[14, 15]。

实际上，在文献[15]中已经证明系统无源性是绝对稳定性的充分非必要条件：若一个二端口网络无源，则其一定具备绝对稳定性；若此系统绝对稳定，则其不一定具备无源性。从这个角度讲，系统的绝对稳定性判据是比无源性判据更加严格的判据。因此，如果使用绝对稳定性判据判断力觉交互系统的稳定性，则可以削弱系统稳定的鲁棒性、平衡稳定性和透明性的矛盾关系，通过一部分稳定裕度换取操作性能的提高。

3.1.4 基于二端口网络的力觉交互系统稳定性与性能分析

根据前文的分析，为保证在系统稳定的前提下提高操作透明性，本节将采用 Llewellyn 绝对稳定性判据对加入虚拟匹配环节前后的系统进行稳定性分析，并对

加入虚拟匹配后的系统进行性能评价。

1. 未引入虚拟匹配环节的系统稳定性分析

对于式(3-9)所描述的二端口网络，由 Llewellyn 绝对稳定性判据中的式(3-13)计算出系统的绝对稳定条件：

$$\begin{aligned}&\operatorname{Re}(Z_{\mathrm{d}}(s))\geqslant 0\\&\operatorname{Re}(G_{\mathrm{ZOH}}(s))\geqslant\left|G_{\mathrm{ZOH}}(s)\right|,\quad\forall\omega\geqslant 0\end{aligned}\tag{3-14}$$

由式(3-14)可得

$$\frac{\operatorname{Re}(G_{\mathrm{ZOH}}(s))}{\left|G_{\mathrm{ZOH}}(s)\right|}=\cos(\angle G_{\mathrm{ZOH}}(s))\geqslant 1\tag{3-15}$$

由于上述系统带有采样保持器，会出现相位超前或者滞后的情况，所以会有 $\cos(\angle G_{\mathrm{ZOH}}(s))<1$，则此力觉接口不具备绝对稳定性。

考虑虚拟环境阻抗 Z_{e}，有

$$f_{\mathrm{e}}=Z_{\mathrm{e}}v_{\mathrm{e}}\tag{3-16}$$

将式(3-16)代入式(3-9)得

$$\begin{bmatrix}f_{\mathrm{h}}\\-v_{\mathrm{e}}\end{bmatrix}=\begin{bmatrix}Z_{\mathrm{d}}(s)+Z_{\mathrm{e}}(s)G_{\mathrm{ZOH}}(s)&0\\-1&0\end{bmatrix}\begin{bmatrix}v_{\mathrm{h}}\\f_{\mathrm{e}}\end{bmatrix}\tag{3-17}$$

同样，对式(3-17)应用 Llewellyn 绝对稳定性判据，若系统具有绝对稳定性，则应有

$$\operatorname{Re}(Z_{\mathrm{d}}(s)+Z_{\mathrm{e}}(s)G_{\mathrm{ZOH}}(s))\geqslant 0\tag{3-18}$$

这里 $p_{11}=Z_{\mathrm{d}}(s)+Z_{\mathrm{e}}(s)G_{\mathrm{ZOH}}(s)$，包含了虚拟环境、力觉反馈设备/操作者的阻抗部分，为了更清晰地阐明这些参数的影响，将虚拟环境简化为弹簧模型：

$$Z_{\mathrm{e}}=\frac{k_{\mathrm{e}}}{s}\tag{3-19}$$

式中，k_{e} 为虚拟环境刚度。

则由式(3-18)可得

$$\operatorname{Re}\left(\left(b_{\mathrm{d}}+\frac{k_{\mathrm{d}}}{\mathrm{j}\omega}\right)+\frac{k_{\mathrm{e}}}{\mathrm{j}\omega}\frac{T}{1+T\mathrm{j}\omega}\right)\geqslant 0\tag{3-20}$$

整理后得

$$T^{2}b_{\mathrm{d}}\omega^{2}+(b_{\mathrm{d}}-T^{2}k_{\mathrm{e}})\geqslant 0\tag{3-21}$$

以 ω 为自变量的二次曲线，保证函数值非负，则曲线的开口向上，截距非负，那么可得

$$k_e \leqslant \frac{b_d}{T^2} \tag{3-22}$$

式(3-22)说明，即便采用弹簧这样的简易模型来描述虚拟环境的阻抗，其环境刚度的取值还是有一定的范围，它与力觉反馈设备/操作者自身的阻尼、刚度、采样周期等参数有关；也可以说，在固定的操作者及力觉反馈设备的条件下，若能够使虚拟环境的阻抗 Z_e 满足一定条件(如确定环境刚度在一定范围内)，则可以使力觉接口绝对稳定，从而使系统达到稳定，且系统阻抗越大系统越稳定。有时为了使系统达到稳定，虚拟环境的设计需要配合力觉反馈设备，但是大多数情况下，虚拟环境必须根据作业任务的要求，进行独立设计，一旦环境阻抗超出力觉反馈设备对其模拟能力的限制，系统就会变得不稳定。因此，在进行系统设计时，要考虑消除虚拟环境对系统稳定性的影响，这也是在力觉接口中添加虚拟匹配环节的目的。

2. 引入虚拟匹配环节的系统稳定性分析

虚拟匹配环节连接力觉反馈设备与虚拟环境，它可以消除虚拟环境带来的不稳定影响，从而增加系统的稳定性。一般地，进行匹配环节设计的依据是：对任意无源或几乎无源的虚拟环境，系统具有绝对稳定性。本书按照 Hannaford[9]方法选择匹配环节为弹簧-阻尼形式，其示意图如图 3.5 所示。带有虚拟匹配环节的控制系统框图如图 3.6 所示。

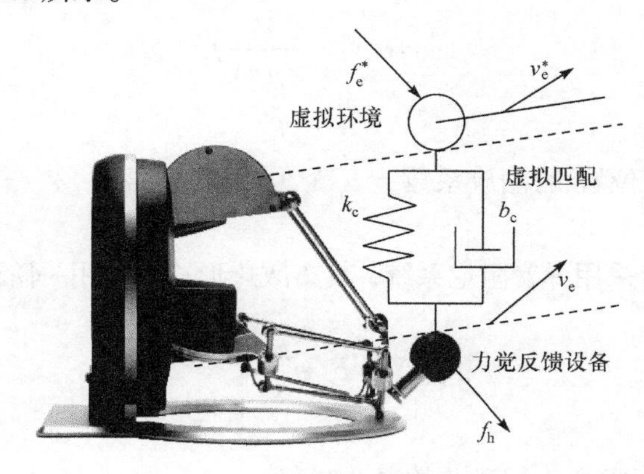

图 3.5　虚拟匹配环节示意图

考虑到本力觉交互系统针对纳观操作，在匹配环节中加入两个缩放系数 α_v 和 α_f，满足大缩放比要求。

根据控制框图重新设计各部分阻抗，这里 Omega 力觉反馈设备模型采用 Tustin 的理论，将其离散化并保持其具有无源性[7]，则有

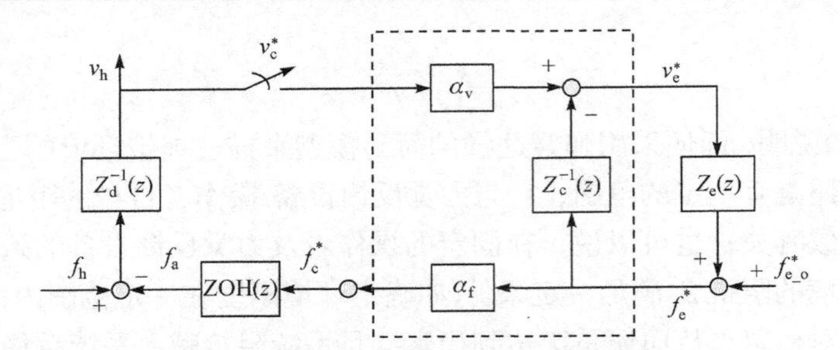

图 3.6　带有虚拟匹配环节的控制系统框图

$$Z_d(z)=(ms+b)\Big|_{s\to\frac{2}{T}\frac{z-1}{z+1}} \tag{3-23}$$

为了方便分析，这里认为采样时的噪声影响可以忽略，经离散化之后的力觉再现可根据图 3.6 表示为

$$\begin{bmatrix} f_h \\ -v_c^* \end{bmatrix}=\begin{bmatrix} Z_d(z) & \mathrm{ZOH}(z) \\ -1 & 0 \end{bmatrix}\begin{bmatrix} v_h \\ f_e^* \end{bmatrix} \tag{3-24}$$

式中，ZOH(z)为零阶保持器，即

$$\mathrm{ZOH}(z)=\frac{1}{2}\frac{z+1}{z} \tag{3-25}$$

连接力觉反馈设备与虚拟环境的速度(位置)与力的信号表达式为

$$v_e^*=\alpha_v v_c^*-\frac{1}{Z_c(z)}f_e^* \tag{3-26}$$

$$f_c^*=\alpha_f f_e^* \tag{3-27}$$

式中，α_v 为速度(位置)的缩放系数；α_f 为力的缩放系数；$Z_c(z)$ 为虚拟匹配环节阻抗。

虚拟匹配环节采用弹簧阻尼系统，其离散化形式可采用一阶微分近似形式，即

$$Z_c(z)=\left(b_c+\frac{k_c}{s}\right)\Bigg|_{s\to\frac{z-1}{Tz}} \tag{3-28}$$

由此可以得到带有虚拟匹配环节的混合映射：

$$\begin{bmatrix} f_c^* \\ -v_e^* \end{bmatrix}=\begin{bmatrix} 0 & \alpha_f \\ -\alpha_v & \dfrac{1}{Z_c(z)} \end{bmatrix}\begin{bmatrix} v_c^* \\ f_e^* \end{bmatrix} \tag{3-29}$$

由式(3-24)和式(3-29)可以得到引入虚拟匹配环节的混合型力觉交互系统模型：

$$\begin{bmatrix} f_{\mathrm{h}} \\ -v_{\mathrm{e}}^{*} \end{bmatrix} = \begin{bmatrix} Z_{\mathrm{d}}(z) & \alpha_{\mathrm{f}} \cdot \mathrm{ZOH}(z) \\ -\alpha_{\mathrm{v}} & \dfrac{1}{Z_{\mathrm{c}}(z)} \end{bmatrix} \begin{bmatrix} v_{\mathrm{h}} \\ f_{\mathrm{e}}^{*} \end{bmatrix} \tag{3-30}$$

从而，对于阻抗再现方式进行虚拟匹配后的系统，同样应用 Llewellyn 绝对稳定性判据判定其稳定性，可得

$$\begin{gathered} \mathrm{Re}(Z_{\mathrm{d}}(z)) \geqslant 0, \quad \mathrm{Re}\left(\frac{1}{Z_{\mathrm{c}}(z)}\right) \geqslant 0 \\ \mathrm{Re}\left(\frac{1}{Z_{\mathrm{c}}(z)}\right) \geqslant \frac{\left|-\alpha_{\mathrm{v}}\alpha_{\mathrm{f}}\mathrm{ZOH}(z)\right| + \mathrm{Re}(-\alpha_{\mathrm{v}}\alpha_{\mathrm{f}}\mathrm{ZOH}(z))}{2\,\mathrm{Re}(Z_{\mathrm{d}}(z))} \end{gathered} \tag{3-31}$$

由于弹簧、质量、阻尼模型的线性组合为正实数，所以式(3-31)中的前两项不等式恒成立；为保证力觉接口的绝对稳定，需要使式(3-31)中第三个不等式成立，即调节虚拟匹配环节的阻抗 Z_{c}，从而当此力觉接口结构两端分别连接无源操作者和几乎无源的虚拟环境时，所组成的二端口网络具有绝对稳定性[5]。

实际上，在加入弹簧-阻尼结构的虚拟匹配环节后系统是可以保持稳定的，当系统考虑加入虚拟环境阻抗时，得

$$\begin{bmatrix} f_{\mathrm{h}} \\ -v_{\mathrm{e}}^{*} \end{bmatrix} = \begin{bmatrix} H_{11} & 0 \\ -\alpha_{\mathrm{v}} & \dfrac{1}{Z_{\mathrm{c}}(z)} \end{bmatrix} \begin{bmatrix} v_{\mathrm{h}} \\ f_{\mathrm{e}}^{*} \end{bmatrix} \tag{3-32}$$

式中

$$H_{11} = Z_{\mathrm{d}}(z) + \frac{\alpha_{\mathrm{v}}\alpha_{\mathrm{f}} Z_{\mathrm{e}}(z) Z_{\mathrm{c}}(z) \mathrm{ZOH}(z)}{Z_{\mathrm{c}}(z) + Z_{\mathrm{e}}(z)} \tag{3-33}$$

这样，使系统具有绝对稳定性的条件转变为

$$\mathrm{Re}(H_{11}) \geqslant 0 \tag{3-34}$$

通过与未加入匹配环节的系统模型比较，含有虚拟匹配环节的系统阻抗增加，系统的稳定范围随之增大，从而增加了系统的绝对稳定性。实际上，此匹配环节的加入也使系统的透明性可调，平衡了系统稳定性和透明性的关系，在确保系统稳定性的同时提升了操作性能。

3. 引入虚拟匹配环节的系统性能评价

“透明性”或“保真度”用来描述操作者在进行遥操作时所能体验到的真实程度。在进行纳米材料研究、纳米装配等微纳级别的操作时，对系统的性能是有一定要求的，特别是以虚拟现实为手段的操作环境，提高系统透明度是进行系统设计所考虑的主要问题。同样，力觉接口的性能也可用透明性来定义，其间操作者

和虚拟环境之间会有速度与力的传递。

其中一种衡量系统操作透明性的方法是由Colgate和Brown[8]提出的阻抗带宽的概念(Z-width)，它描述了系统阻抗的动态变化范围，即确定了系统阻抗的最大边界与最小边界，通过调节上下界水平，改善系统性能(透明性)。本节主要应用Z-width方法，确定引入虚拟匹配环节的系统阻抗上下边界，分析匹配环节阻抗及加入的缩放系数$\alpha_{\rm v}$、$\alpha_{\rm f}$对系统性能的影响。由前面分析可以得到，考虑虚拟环境阻抗的整个力觉交互系统阻抗$Z_{\rm t}$可以表示为

$$Z_{\rm t}=Z_{\rm d}(z)+\frac{\alpha_{\rm v}\alpha_{\rm f}Z_{\rm c}(z)\cdot{\rm ZOH}(z)Z_{\rm e}}{Z_{\rm c}(z)+Z_{\rm e}} \tag{3-35}$$

阻抗带宽的下界可以通过$Z_{\rm e}\to 0$达到(如通过短路使$f_{\rm e}^{*}=0$)，即让从端的虚拟环境自由运动

$$Z_{\rm t,min}=Z_{\rm d}(z) \tag{3-36}$$

阻抗带宽的上界可以通过$Z_{\rm e}\to\infty$达到(如通过开路使$v_{\rm e}^{*}=0$)，即让虚拟环境与设备硬性接触

$$Z_{\rm t,max}=Z_{\rm t,min}+\alpha_{\rm v}\alpha_{\rm f}Z_{\rm c}(z)\cdot{\rm ZOH}(z) \tag{3-37}$$

这里定义虚拟匹配环节为

$${\rm VC}=\alpha_{\rm v}\alpha_{\rm f}Z_{\rm c}(z) \tag{3-38}$$

由以上表达式可以看出，影响系统阻抗带宽$Z_{\rm t}$的因子为缩放系数($\alpha_{\rm v}$, $\alpha_{\rm f}$)和虚拟匹配阻抗$Z_{\rm c}$。若要增加系统的透明性，则根据式(3-36)～式(3-38)，需要增加系统阻抗的动态范围；增大系统阻抗带宽的方法一是调节匹配环节中的两个缩放系数，二是增大匹配阻抗。因此，虚拟匹配环节的引入有助于提高系统透明性，使稳定性与透明性两者平衡。因此，在力觉交互系统中加入虚拟匹配是合理的，在一定程度上能够满足遥纳操作的性能要求[16]，同时也为后续基于SEM视觉伺服的目标物特征提取以及虚拟环境的动态刷新提供保障。

3.2　视觉临场感的实现

目前虚拟现实技术已经广泛应用到各个领域中，并在各个领域中尤其是遥操作中起到十分重要的作用。在遥操作中，与传统单纯依靠图像反馈进行操作相比，采用虚拟现实技术可以为操作者提供较直观、更具有临场感的操作感知。另外，在一些复杂、多变甚至危险的实验中起到保护操作者、减少实验开销、方便仿真实验的作用，并且可以模拟分析理论的可行性和辅助操作者分析以提高操作效率和精度。纳米操作由于其本身的特性，采用主从遥操作的方式有利于提高操作的

安全性、成功率并降低实验成本，所以应用虚拟现实技术已是必要的选择。虚拟现实技术的基础在于虚拟建模，表征形象的虚拟建模可大大增强操作者的感知，更好地展现操作结果。

3.2.1　虚拟对象表达与几何建模种类

在现实世界中，尽管通常只看到对象物体的二维投影表面，但它们实际上都是三维的。通过几何模型可以描述三维物体对应的虚拟物体的三维造型，反映虚拟对象的静态特性[17]。例如，用多边形、三角形和顶点建造模型；采用纹理、表面反射系数、颜色等表现出其外观特性。三维物体在计算机图形学中的表示方法有很多种，具体分类如图 3.7 所示。

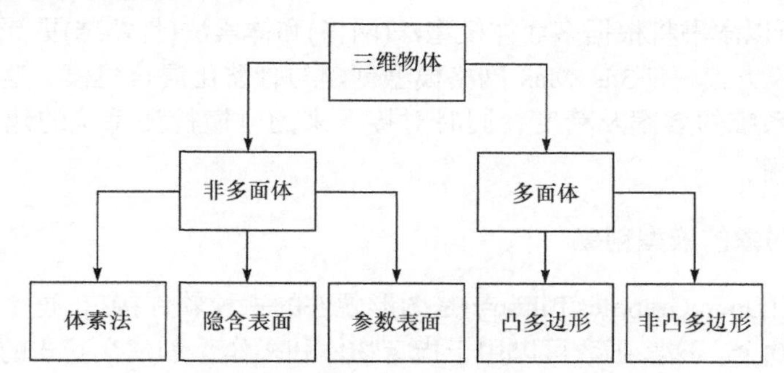

图 3.7　虚拟对象的表达方式分类

描述三维模型的方法从较大的方面还可以分为两大类：边界描述(boundary representation)法和空间分割描述(space-partitioning representation)法。边界描述法利用曲面片的集合使三维物体内部与其环境区分开来描述三维物体。而空间分割描述法是将物体内部包含的所有区域通过相邻的互不重叠的小物体描述出来，从而描述三维物体内部的特征。

边界描述法中包含隐含表面(implicit surface)法，它把三维物体的内部包围上多边形曲面，也就是 $f(x,y,z)=0$ 的所有空间点的集合，即 $f:\mathbf{R}^3\to\mathbf{R}^2$ 。其中，物体外部的点用 $f(x,y,z)>0$ 表示，物体内部的点用 $f(x,y,z)<0$ 表示。边界描述法的另一种分类是参数表面(parametric surface)法，这种方法是利用数学方程直接描述三维物体的模型。数学方程可以是隐式的和显式的纯数学的非参数方程或各种参数方程的形式[18]。也就是平面的子集与空间曲面的映射，即 $f:\mathbf{R}^2\to\mathbf{R}^3$ ，不同于隐含表面法，参数表面法只描绘表面边界，不表示整个实体。

空间分割描述法中的物体由一系列的基本元素，如球体、长方体、圆柱体等，叠加在一起组合而成。八叉树法和体素法等是常用的描述物体的空间分割方法。

八叉树法是采用一种分层的树状数据结构来描述物体内部的特性，它的每一个节点对应于三维空间中的一个区域。而体素法是将基本的实体如圆柱、球、长方体等用布尔运算关系连接在一起组成较为复杂的实体。

多面体模型(polygonal models)法是使用微小的多边形图元，如点、线、面等逼近物体表面轮廓。此方法适合形变的仿真，适合这种结构的碰撞检测方法也比较多[19]。由于实体常常比较复杂，在实际工作中用上述微元来逼近的工作量太大，这种方法缺乏有效性和稳定性。

根据硬件条件及表达要求，在虚拟表达方法上，对于探针、基底这类物体，由于几何模型易于表达，这里不作深入讨论。本节纳米模型建立的主要难点在于可形变的纳米线。而对于可形变物体，上述已提到，多面体模型法和体素法较为符合要求，所以本书将根据多面体模型法(网格)和体素法(骨骼球)更深入地分析两种派生的建模方案——3ds Max 网格模型创建与骨骼化混合建模。这两种方案的讨论关系到系统的效率及精度，同时对接下来的碰撞检测系统的建立也起到至关重要的作用。

3.2.2　虚拟对象的模型创建

OpenGL(Open Graphics Library)是图形硬件的一种软件接口，这个接口包含的函数超过 700 个。这些函数可以用于指定物体和操作，创建交互式的三维应用程序。OpenGL 的设计目标就是作为一种流线型的、独立于硬件接口的、不受平台限制的库。为了实现这个目标，OpenGL 并未包含用于执行窗口任务或者用于获取用户输入之类的函数。反之，也不需通过具体的窗口系统来控制 OpenGL 应用程序中所使用的特定硬件。类似地，OpenGL 也没有提供用来描述三维物体模型的高级函数[20, 21]。在 OpenGL 中，程序员必须根据一些为数不多的基本几何图元(如点、直线和多边形)来创建所需要的模型。根据上述特性，OpenGL 能够提供的快速状态获取和动态显示特性完全满足本节的建模需求，同时其独立硬件接口特性和多种库函数方便应用于其他动力引擎当中。

根据系统需要，如果直接创建三维模型需要该三维模型具有可形变特性。多边形表示法的网格模型具有很好的可编辑特性，可对需要的顶点数据进行编辑，以达到需要的几何模型。创建网格模型可通过 OpenGL 函数直接绘制顶点形成网格并生成网格模型。但对每个顶点进行创建及绘制需要较大的工作量和较多的创建及绘制时间，虽然可以添加显示列表，但对于复杂模型仍然很难直接创建。3ds Max 具有强大的建模功能，使用 3ds Max 可以简单建造所需要的基础模型。

网格模型虽然可以进行编辑实现几何的形变，但是如何获知哪些网格需要形变是一个重要的问题，如果对每个网格进行分析，所需要的计算量是无法承受的，所以需要一种简易的辅助模型，通过分析简易辅助模型的特性来判断形变的规则。这种简易的辅助模型称为骨骼，骨骼这个词顾名思义地解释了其作用。骨骼模型广泛应用于创建动态模型，正如骨骼在动物及植物中所起的作用一样，三维模型中的骨骼就是帮助模型判断运动属性的，计算机通过对骨骼位置的判断，从而对外表(蒙皮)进行编辑修改，实现物体的动态形变特性。

由于一般纳米操作涉及的虚拟模型为几何外形相对简单的纳米线和探针，填充骨骼球的方法比较适合。骨骼球由多个特征球组成，计算机可以通过判断每个球的相对位置来对网格模型进行相应的修改，改变相应的顶点坐标。

本书使用较为成熟的面模型加骨骼填充的方式对纳米线和探针进行静态建模。创建面模型可以通过 OpenGL 的库函数绘制各个顶点。首先利用 3ds Max 的建模功能，绘制直观的面模型，生成顶点数据，再导入虚拟环境生成虚拟模型。

图 3.8 为填充骨骼球的纳米线剖面图，图 3.9 为虚拟环境下带有骨骼球的纳米线。

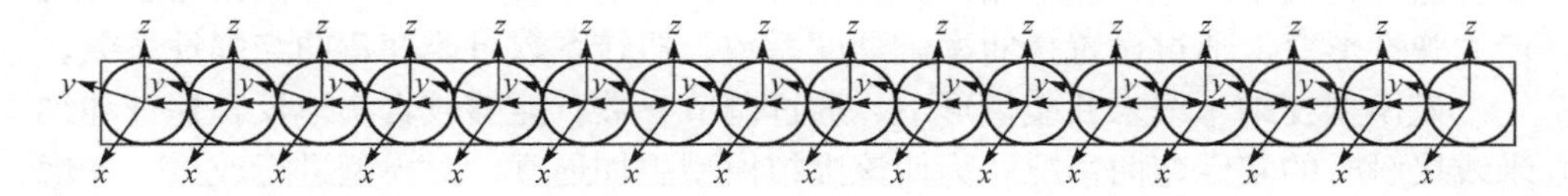

图 3.8 填充骨骼球的纳米线剖面图

图 3.9 虚拟环境下带有骨骼球的纳米线

当填充面模型的任意骨骼球发生位置变化时，其对应多边形的网格的坐标也随之发生变化，如图 3.10 所示。这样计算机就获取了哪部分多边形需要变化，使得计算机能够在模型上做出相应的动作，改变模型的形状，因此构成面模型的表面结构会随骨骼球的移动重新生成，实现模型的动态效果。为能更清楚地看清骨骼球和纳米线之间的运动关系，图 3.11 为降低了模型更新速度的骨骼球带动纳米线面模型运动的示意图。

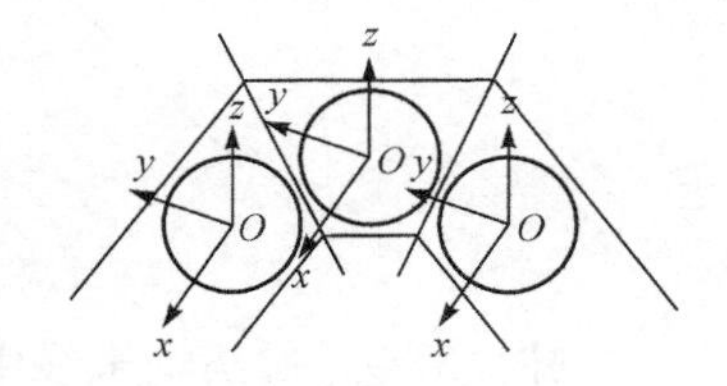

图 3.10 骨骼球形变示意图

图 3.11　骨骼球带动纳米线面模型运动示意图

由于纳米操作环境及微观作用力复杂，纳米构件在操作时经常会出现断裂情形。图 3.9 中所示的使用 CHAI 3D 骨骼球填充模型，该模型在虚拟纳米线极度弯曲时也不会断裂。

CHAI 3D 建立的骨骼球有三个方向的矢量，其中一个为骨骼链(图中轴线)，该骨骼链将纳米线各骨骼球相连，链接后的整个纳米线等效为一弹簧模型，并可产生弹性形变，通过设置挠曲率、劲度系数、扭转系数可改变弯曲与弹性系数。

该模型在纳米线未断裂情形下，通过调节参数，能够较真实地反映探针和纳米线接触时的实际弯曲情况。为使该虚拟模型更加逼真，对模型进行改进。考虑骨骼链弯曲情形，如图 3.12 所示。

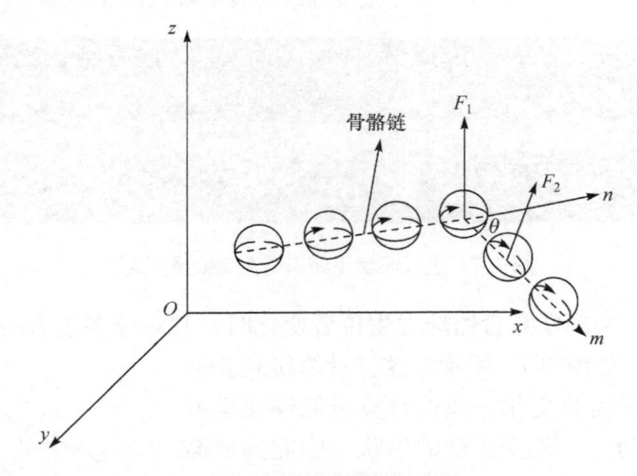

图 3.12　骨骼链弯曲情形

建立算法，遍历纳米线中每一骨骼球，通过式(3-39)计算当前骨骼球矢量 m 与下一个相邻骨骼球矢量 n 之间的夹角。

$$\theta = \arccos\frac{m\cdot n}{|m||n|} \tag{3-39}$$

进行多次纳米线断裂操作实验，获得纳米线断裂时断裂点处弯曲的临界值 θ_0，将 θ 与该临界角度进行比较，若 $\theta \geqslant \theta_0$，则虚拟纳米线从弯曲部分的骨骼球处断裂，并产生垂直于 m、n 大小固定的力 F_1、F_2。

3.2.3　位姿信息三维环境映射及虚拟场景建立

所建立的虚拟模型为静态的，需要连接力觉反馈设备或具有相似功能的虚拟设备方可操控模型，实现模型的动态形变。本书以力觉反馈设备 Omega3 为例，作为主端操作手，采用其配套二次开发软件 CHAI 3D SDK 负责管理力觉反馈设备与虚拟场景的通信，场景中任何触觉事件的发生，都可以通过其特有的渲染引擎通知给用户；同时，主手与环境模型的对应，也通过相应的设备函数实现。

CHAI 3D SDK 是力觉反馈设备 Omega 系列的专有开发工具包，其集成了计算机触觉、视觉互动和实时仿真的开放源码，可以与 OpenGL、MATLAB 进行混合编程。实际上，CHAI 3D SDK 使得整个力觉反馈控制从系统中独立出来，便于系统的模块化处理。

本书中所述的虚拟操作环境通过 CHAI 3D 与 OpenGL 联合编程，在 Visual Studio 2008 平台下进行编译和链接。

SEM 图像的像素坐标系与虚拟环境坐标系是不相同的，虚拟三维环境坐标处于虚拟环境中心位置，而像素坐标系原点位于图像左上侧，如图 3.13 所示。

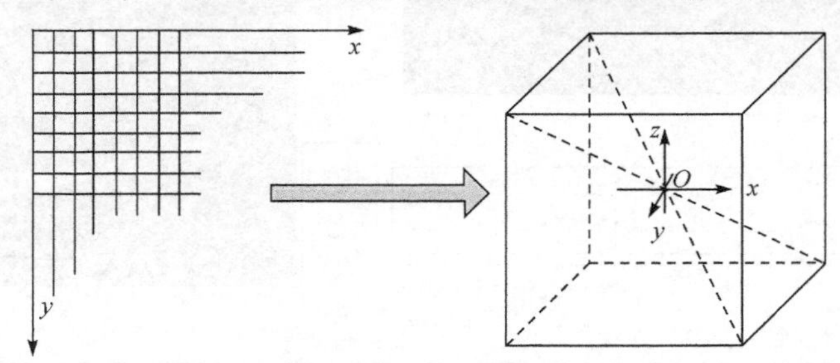

图 3.13　像素坐标与虚拟坐标的关系

设某纳米构件位姿信息提取后端点像素坐标为(x, y)，纳米构件直径为 r，角度为 θ，SEM 图像大小为(W, H)，虚拟环境大小为(w, h, z)，其中 z 为虚拟环境中观察点的位置。则端点坐标映射函数如式(3-40)所示，映射后的坐标为(x_v, y_v)：

$$\begin{cases} x_{\mathrm{v}} = \dfrac{w}{W} \times \left(x - \dfrac{W}{2} \right) \\ y_{\mathrm{v}} = \dfrac{h}{H} \times \left(y - \dfrac{H}{2} \right) \end{cases} \tag{3-40}$$

经坐标映射后，由两端点即可求得虚拟纳米线长度。为使虚拟纳米线与 SEM 图像中的位姿对应，对虚拟纳米线绕 x 轴旋转 θ 角度，得

$$\begin{aligned} P'_{xyz} &= \mathrm{Rot}(x,\theta) P_{xyz} \\ &= \begin{bmatrix} 1 & 0 & 0 & 0 \\ 0 & \cos\theta & -\sin\theta & 0 \\ 0 & \sin\theta & \cos\theta & 0 \\ 0 & 0 & 0 & 1 \end{bmatrix} P_{xyz} \end{aligned} \tag{3-41}$$

建立以上模型后，使用 C++语言在 Visual Studio 2008 中开发实验平台，该平台分三大部分：虚拟显示部分、二维图像三维信息提取部分和后台图像传输及算法控制部分。建立的用户界面如图 3.14 所示。

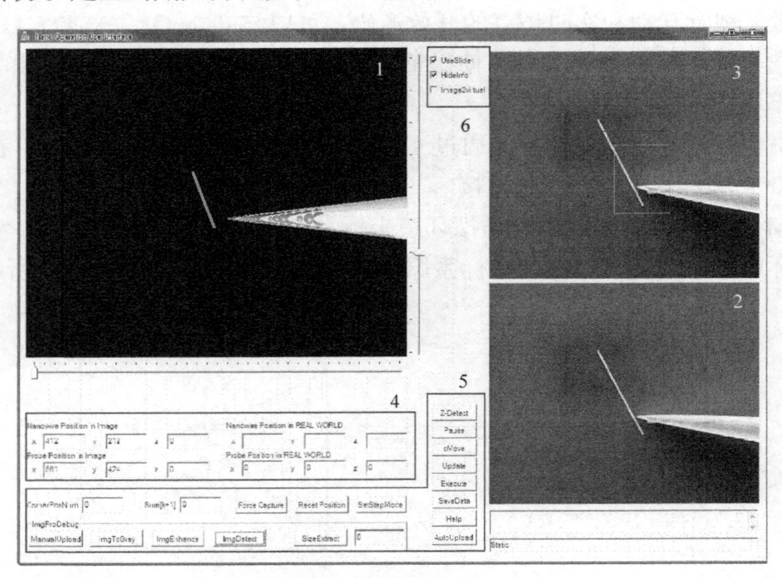

图 3.14　用户界面

1-三维虚拟环境；2-上载 SEM 图像；3-提取感兴趣区域(ROI)信息；
4-提取部分信息显示；5-图像算法测试区；6-界面控制区

界面各部分功能如图 3.14 所示。其中，三维位姿信息提取使用第 5 章介绍的基于单视角 SEM 图像位姿信息提取实现，控制算法中使用第 5 章中的纳米构件

操作轨迹规划方法，三维虚拟环境使用本章虚拟环境及模型建立方法实现。虚拟环境建立过程如图 3.15 所示。

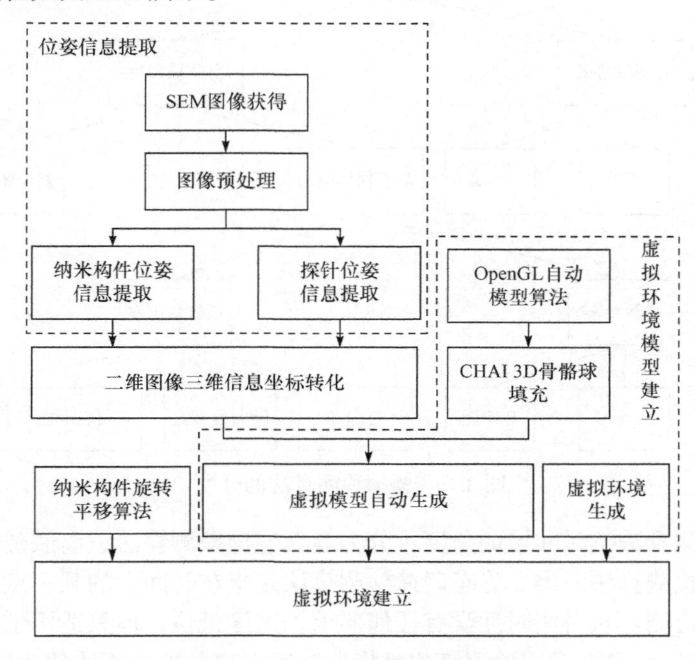

图 3.15　虚拟环境建立过程

3.3　虚拟模型的碰撞检测

碰撞检测是力觉临场感实现的重要组成部分，因为虚拟力觉临场感的表达主要来源于对物体之间碰撞的检测。碰撞检测就是检测虚拟场景中不同物体之间是否发生了碰撞，因为现实世界中两个不可穿透的物体不可能同时占用同一空间区域[22]，而虚拟物体在虚拟世界中是可以占用同一空间区域的。为了使虚拟场景与实际场景一致，必须进行碰撞检测。虚拟环境中的碰撞检测涉及的面深而广，但由于纳米操作的对象较为单一，所以本节只论述适合纳米操作的简单碰撞检测。

3.3.1　碰撞检测的分类

碰撞检测算法有很多种分类方法，通常分为两种，即基于时间域的分类和基于空间域的分类。碰撞检测算法的分类如图 3.16 所示。

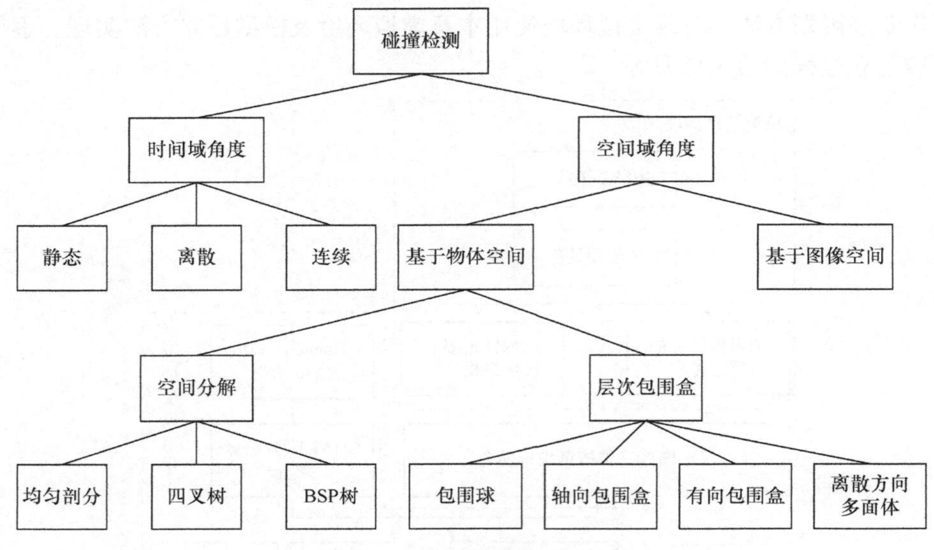

图 3.16　碰撞检测算法的分类

碰撞检测算法按时间域的角度可分为静态碰撞检测算法、离散碰撞检测算法和连续碰撞检测算法三类。静态碰撞检测算法是指在时间上的某一点对静态物体的碰撞进行检测。它对实时性没有任何要求，速度最快，但只适用于静态，并且对精度要求较高。离散碰撞检测算法是指在时间上离散地对物体的碰撞进行检测，也可以看成在每个离散的时间点上实现近似于静态碰撞检测算法，但是它比静态碰撞检测算法更注重算法的效率，但是会出现穿透现象和漏掉碰撞现象。连续碰撞检测算法是指在时间上连续对物体的碰撞进行检测，可避免穿透现象和漏掉碰撞现象，但计算量大。

碰撞检测算法从空间域的角度可以分为基于物体空间的碰撞检测算法和基于图像空间的碰撞检测算法两类。其中基于图像空间的碰撞检测算法是利用物体二维投影的图像和物体的深度信息进行相交测试。虽然该类算法可以有效利用图形处理单元(GPU)来减轻计算机中央处理器(CPU)的计算量，但由于图像的采样都是离散的，所以难以实现较为精确的检测。另外，算法能用于碰撞响应的信息也十分有限。

基于物体空间的碰撞检测算法根据所表示物体的模型不同又可以分为两类：空间分解(SD)法和层次包围盒(HBV)法[23]。这两种算法都是通过最大限度地减少需要进行相交测试的物体对或基本几何元素对的数目，加速碰撞检测的过程。

根据剖分方法的不同，空间分解法可分为均匀剖分、四叉树、二叉空间分割(BSP)树等三种算法。而根据包围盒类型的不同，层次包围盒法可分为包围球(Sphere)、轴向包围盒(AABB)、有向包围盒(OBB)、离散方向多面体(*K*-Dop)等方法类型。

空间分解法实现起来比较简单，其关键问题在于选择何种结构来对三维空间进行划分，一般的划分简图如图3.17所示。空间分解法一般适用于物体之间距离较远的情况，如果物体之间的距离比较近，就需要对所在的子空间进行更深度的分割，这不仅会增加数据的存储空间，而且需要检测更多的子空间，降低检测效率。而对于层次包围盒法，所选层次包围盒的类型同样决定碰撞检测的效率。相比于基于图像空间的碰撞检测算法和空间分解法，层次包围盒法检测精度较高，其最大特点是通用性比较强，能适用于各种复杂物体的各种场合[24]。所以，层次包围盒法是目前应用最为广泛的碰撞检测算法。图3.18为常用的层次包围盒。图3.19为层次包围盒原理简图。

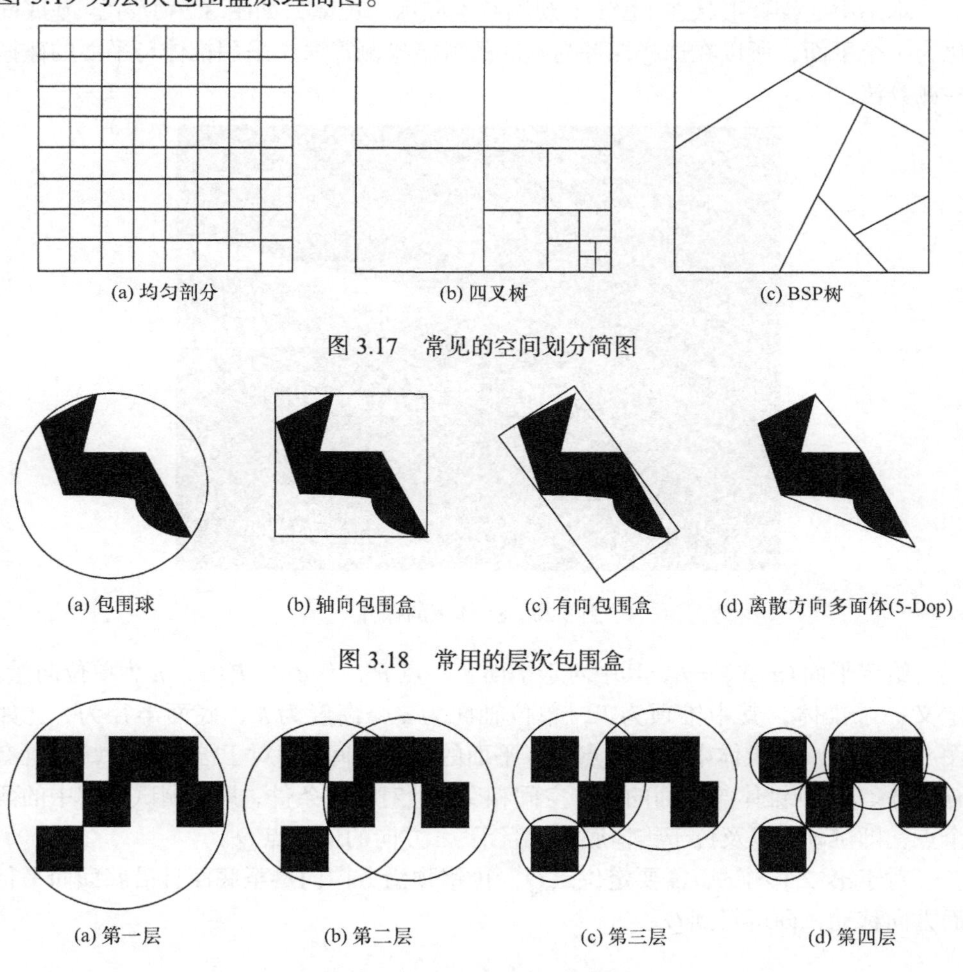

图3.17　常见的空间划分简图

图3.18　常用的层次包围盒

图3.19　层次包围盒原理简图

在碰撞检测算法上，通常不采用那种“全功能”的碰撞检测系统，为特定的方案提供某种专用的碰撞检测系统往往是更加明智的选择[25]。下面将一一讨论探针与基底、纳米线与基底、探针与纳米线之间的碰撞检测算法。

3.3.2　探针与基底的碰撞检测

最近点计算是碰撞查询中强有力的工具。获取两物体对象之间的最近点后，即可得到它们之间的距离。如果两个对象的合成最大位移量小于二者之间的距离，那么对象间处于分离状态。另外，在层次结构表达中，通过最近点计算可适当地排除距离过大且不会产生碰撞的不分层次结构。

本书中的探针形状在 SEM 下观测基本显示为锥体，如图 3.20 所示。基底简化为一个平面，所以在选择探针与基底的碰撞检测算法中采用锥体与平面的碰撞检测算法。

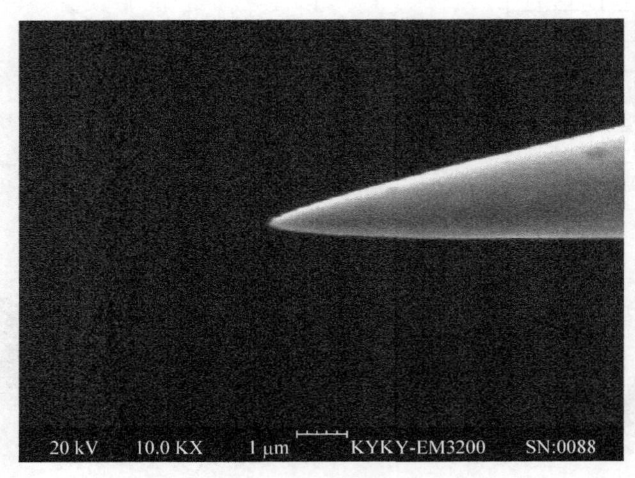

图 3.20　SEM 下的探针

给定平面 $(n \cdot X) = d$，其中对于平面上一点 P，有 $d = -P \cdot n$，n 为单位向量。定义一个锥体，其中锥顶为 T，单位轴向为 d，高度为 h，底面半径为 r，如图 3.21 所示。若锥体中存在一点位于平面的负半空间，即对于锥体中一点 X 且有 $(n \cdot X) < d$，则锥体与平面的负半空间相交。针对上述条件，只需测试锥体中的两个点，即锥顶 T 以及位于锥体底面上且沿 $-n$ 方向的最远点 Q。

对于第二个测试，需要定位点 Q。由锥顶沿方向向量至底面且沿底面向平行面方向移动，即可得到 Q：

$$Q = T + hv + rm \tag{3-42}$$

式中，向量 $\boldsymbol{m} = (\boldsymbol{m} \times \boldsymbol{v}) \times \boldsymbol{v}$。

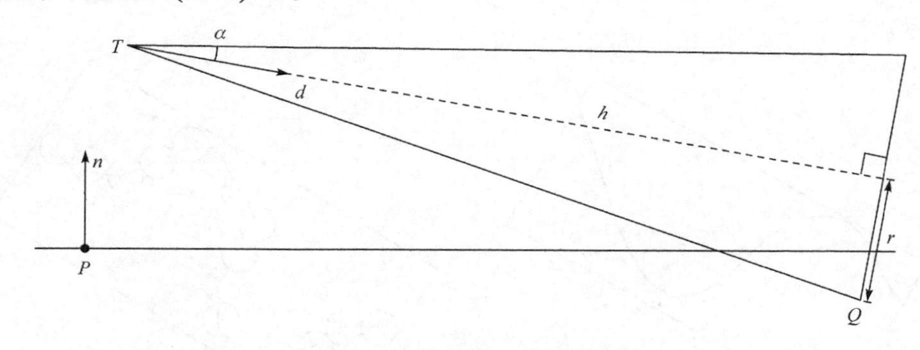

图 3.21　锥体与平面示意图

若 $n \times v$ 为零向量，则锥体轴平行于平面法线，且 $Q = T + hv$ 为半空间测试的最终点。在这种情况下，向量 m 也为零向量且无须进行额外处理。

有时，锥体采用锥顶半角 α 表示，而非底面半径 r。此时，$\tan\alpha = r/h$，则 $r = h\tan\alpha$。但在当前测试中，定义半径 r (而非半角 α)可以使计算表达更加清晰。如果仅对平面本身而非半空间执行相交测试，则当锥体顶点位于平面背面时，Q 改为计算沿 n 向的最远顶点。相交测试则转换为测试点 T 和 Q 是否位于平面的两侧，即计算 $(n \cdot T) - d$ 和 $(n \cdot Q) - d$ 之间是否异号。

3.3.3　纳米线与基底的碰撞检测

纳米线与基底的碰撞检测和探针与基底的碰撞检测不同，不能采用图元进行直接测试。因为在建模时考虑到了碰撞检测的设计问题，采用骨骼球方法将纳米线进行骨骼分割，在加入力学模型后使纳米线的每个关节相互之间存在平衡力键，当纳米线中的骨骼球被外在条件改变了位置时，平衡力键将不再平衡并根据力键关系将使骨骼球进行相对位移的改变，从而实现网格模型的形变。因此，纳米线的形状不能按原先的规则圆柱体作为碰撞几何图元，同时用层次包围盒法同样也不能精确地表现，甚至是有向包围盒或凸壳也不能实现。如图 3.22 所示，很明显看出有很多空白区域被认为是纳米线本体区域。那么此时应根据碰撞检测系统特性进行碰撞检测方法的选择和改进，显然骨骼球完全符合层次包围球的特性，在有向包围盒下判断层次包围球较为符合要求，如图 3.23 所示。

首先系统检测有向包围盒，判断是否发生了碰撞。有向包围盒与平面的碰撞检测与锥体的原理大致相同，这里不予详细讨论。层次包围球的碰撞检测与包围球相同，它运算简单、效率高。系统在遍历包围球后进入检测循环，逐个判断每个球与基底的碰撞关系，即 $d = L - R$。d、L、R 的关系如图 3.24 所示。

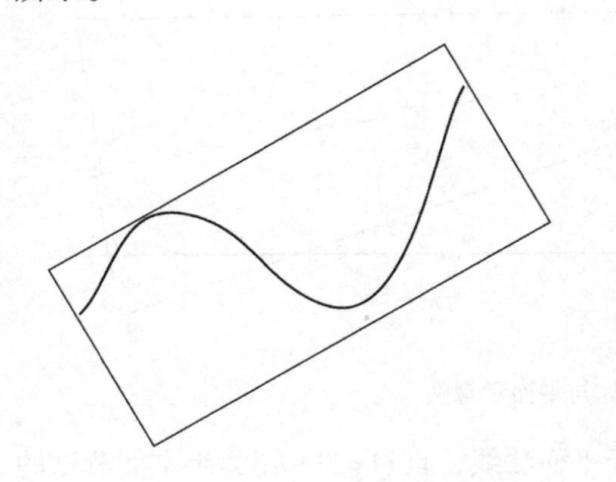

图 3.22　有向包围盒包围纳米线

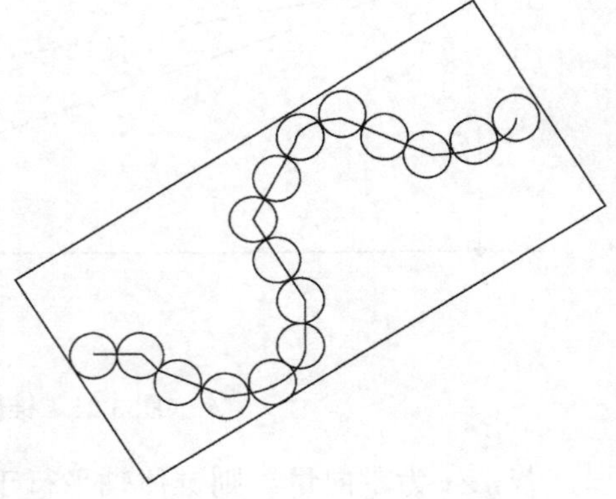

图 3.23　有向包围盒与层次包围球混合碰撞检测

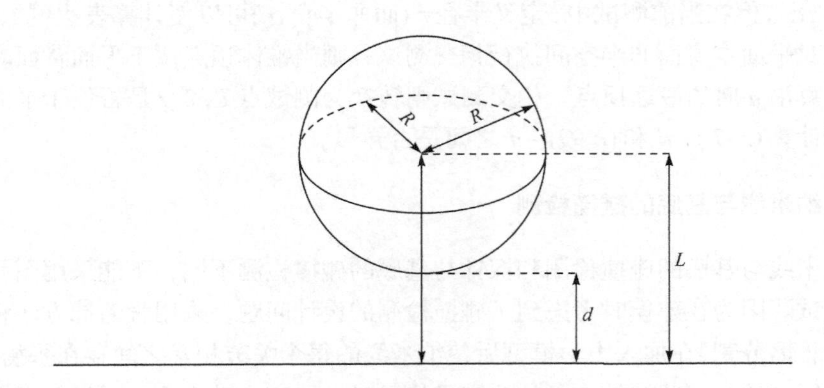

图 3.24　球体与平面关系图

这里要提到，可以把有向包围盒进行层次划分，减少循环判断，当然这都要根据实际的系统情况来判断，同时没有一种碰撞检测算法是最好的，都要充分考虑系统的性能。

3.3.4　探针与纳米线的碰撞检测

探针与纳米线的碰撞检测比它们各自与基底的判断要复杂得多，因为在判断它们与基底的碰撞检测时基底是静态的，而探针与纳米线的碰撞检测可能是对两个动态的物体进行判断，这样就大大增大了判断的难度。

由于前文已经将纳米线进行了有向包围盒及层次包围球的处理，所以找到一种适合探针的包围方法加载入判断循环序列中，是一个可行的方案。

探针的几何参数可以通过 SEM 获得，并且根据所需参数建好锥体模型，根据现有的数据填充适合锥体的包围球结构，可以完全实现探针与纳米线之间的相交测试。但如何合理地将包围球排列填充入锥体是需要重点讨论的内容。

任何直线可以划分为无数个点，任何平面由无数条线组成。若将无数个无限小的球排列于锥体将能组成完整的锥体，但系统的性能是有限的，甚至一旦超出了系统的运算能力，系统将无法正常工作。所以，如何既不影响系统效率，同时能满足更形象的填充要求是实现探针和纳米线碰撞检测的关键。

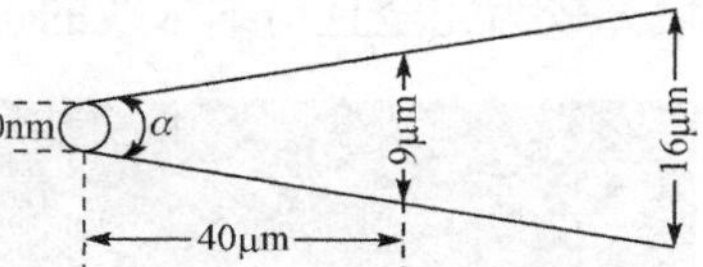

由探针参数可知，如图 3.25 所示探针的锥角为

$$\alpha = 2\arctan\frac{9}{2\times 40} = 13° \tag{3-43}$$

图 3.25　探针几何简图

由于锥角过小，若采用多列排列将使计算量十分庞大，所以采用变直径单列排列较为合理。如图 3.26 所示，锥体单列球排列方法一般可分为按直径依次排列、叠前球心排列和叠后球心排列。

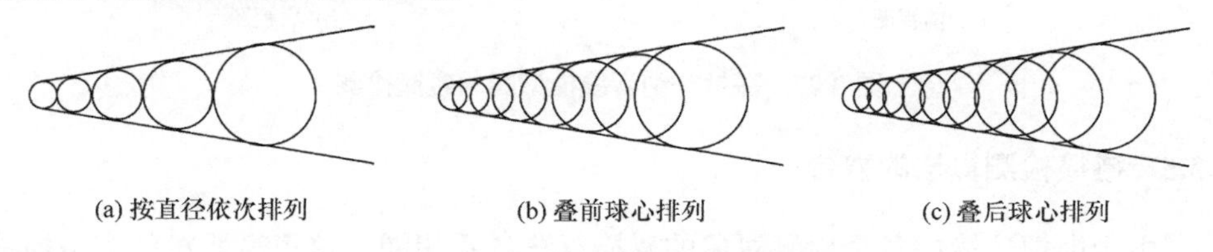

(a) 按直径依次排列　　(b) 叠前球心排列　　(c) 叠后球心排列

图 3.26　锥体单列球排列方法简图

按直径依次排列就是将球体按直径依次排列，半径递增值 $\Delta r = \tan\alpha \times (r + r')$，$r' = r + \Delta r$。其中，$r$ 为前一个球体的半径，r' 为后一个球体的半径。

叠前球心排列是将后一个球体在前一个球体的圆心处开始排列，半径递增值 $\Delta r = r' \tan\alpha$。

叠后球心排列是将前一个球体在后一个球体的圆心处开始排列，半径递增值 $\Delta r = r \tan\alpha$。

由半径递增值可知，填充同样长度的模型，三种方法中按直径依次排列所需的球数最少，叠前球心排列次之，叠后球心排列则最多。而由图 3.26 可知，按直径依次排列所填充的面积最小，即遗漏的填充面积最多；叠前球心排列次之；而叠后球心排列填充最为完全，即遗漏的填充面积最少。其中，叠后球心排列方法需要从后向前进行排列，并且椎体高度越高，其所承载的运算量越大。按直径依次排列在锥体的高度增高的同时，其遗漏体积会越来越大。

本书根据探针的具体情况(锥体高度较高)和自身系统性能，其探针与纳米线的碰撞一般集中在针尖前端，因此不需要过于紧密地包围球填充，但需满足一定的碰撞检测灵敏度。通过实验比较，最后采用叠前球心排列的方法，这种方法既不像按直径依次排列遗漏很多填充空间，也不像叠后球心排列较为麻烦的排列顺序和较大的运算量。图 3.27 为探针填充叠前球心排列包围球后与纳米线的包围球进行碰撞检测的测试图。从图中可以清楚看到，填充入透明探针内部的球体，其填充较为完全且与纳米线的包围球均检测出碰撞并阻止了穿透现象[5]。

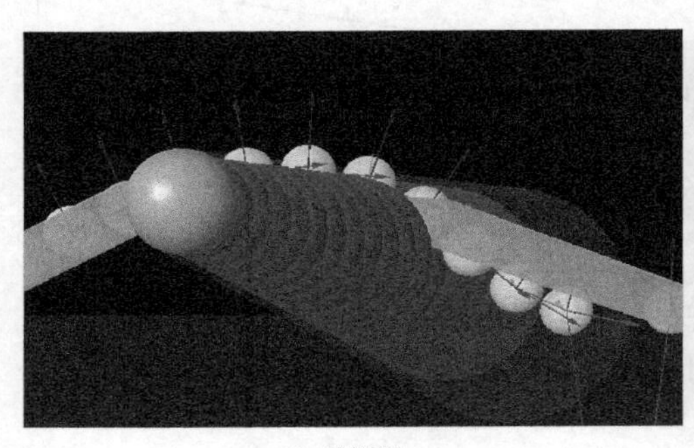

(a) 前视图　　　　(b) 后视图

图 3.27　探针与纳米线模型间的碰撞检测

3.3.5　碰撞检测算法的整合

由于虚拟环境中各个检测对象的碰撞算法各不相同，这里需要对整个碰撞检测模块中的不同碰撞检测算法进行整合。

首先将探针加入包围盒进行判断，若探针的包围盒未发生碰撞，则无任何深入判断；若判断出与基底(平面)或纳米线(有向包围盒)发生碰撞，则开始进入碰撞检测循环序列中。这时若检测到的是基底，则执行探针与基底的碰撞检测算法；若检测到的是纳米线，则探针将划分为叠前球心排列包围球结构与纳米线的包围球结构进行碰撞检测。由于纳米线的包围盒与基底的碰撞检测算法所占系统资源较少，它们始终在进行包围盒与平面的碰撞检测判断，但不做任何动作，仅当探针与纳米线发生了碰撞才更深入地检测纳米线的层次包围球与平面的碰撞检测，如图 3.28 所示。

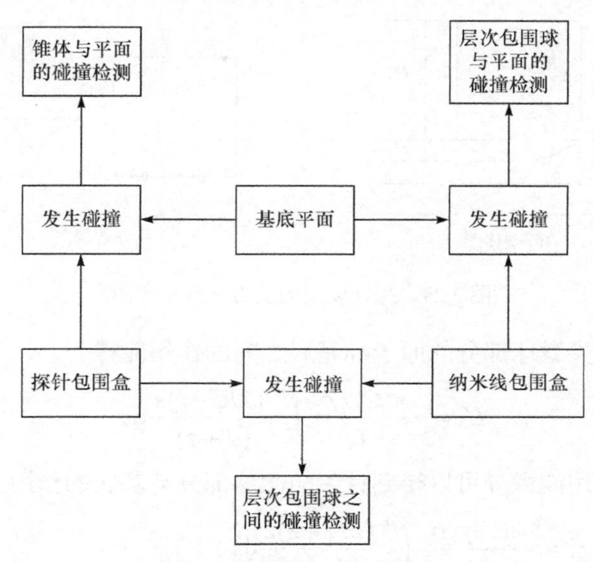

图 3.28　碰撞检测系统整体流程图

3.4　虚拟力觉渲染

力觉渲染是从模型间内部关系定义某种交互方式，通过这种方式告知操作者模型间产生了何种作用效果[26]。针对 SEM 真空环境中的构件，对操作过程起主导作用的是范德瓦耳斯力[27]，因此本书依据范德瓦耳斯力对虚拟模型进行力觉渲染。

3.4.1　探针与基底之间的力

由于虚拟探针模型的针尖前端为力觉感应端，所以首先分析其与基底之间的作用力。在 SEM 下进行操作时，探针为固定尺寸，依据文献[28]，可以将钨探针模型简化为具有球尖端的圆柱体，基底视为无限大的平面，纳米线视为实心圆柱体。为了计算具有球尖端的微圆柱体和半空间体之间的范德瓦耳斯力，将探针分为两部分(图 3.29)：第一部分为微球尖端，高度和半径分别为 H_1 和 R_1；第二部分为微圆柱体，高度和半径分别为 H_2 和 R_2。根据 Hamaker 假设，可以首先分别计算两部分和半空间体的作用力，然后进行叠加。

针尖微球部分的单个原子和基底作用能为

$$U=-\frac{\pi C\rho_1}{6d^3} \tag{3-44}$$

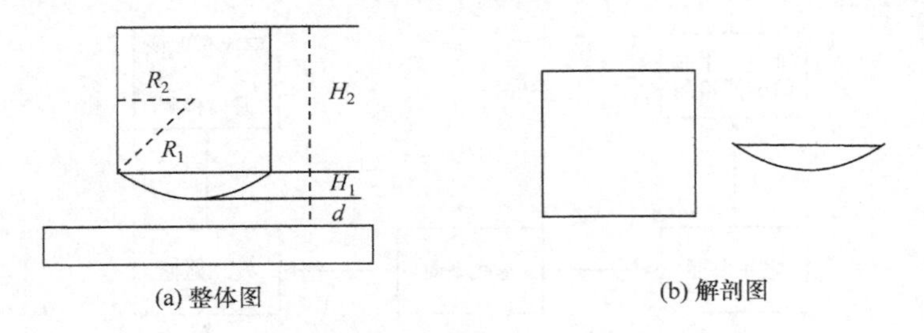

(a) 整体图　(b) 解剖图

图 3.29　探针模型的受力分解示意图

累加整个针尖微球部分的原子和基底之间的作用能得

$$U_1 = -\frac{\pi^2 C\rho_1\rho_2}{6}\int_0^{H_1}\frac{(2R_1 - z)z}{(d+z)^3}\mathrm{d}z \tag{3-45}$$

对原子间作用能微分可以得到针尖的微球部分与基底的作用力

$$\begin{aligned} F_1 &= -\frac{\pi^2 C\rho_1\rho_2}{2}\int_0^{H_1}\frac{(2R_1 - z)z}{(d+z)^4}\mathrm{d}z \\ &= -\frac{A}{2}\left[\frac{3(H_1 - R_1)(H_1 + d) + d(2R_1 + d)}{3(d+H_1)^3} - \frac{d - R_1}{3d^2}\right] \end{aligned} \tag{3-46}$$

式中，C 为范德瓦耳斯常量；ρ_1 为基底的原子体密度；ρ_2 为针尖的原子体密度；d 为针尖微球部分与基底之间的最小距离；H_1 为探针尖端的高度；R_1 为探针尖端的半径；$A = \pi^2 C\rho_1\rho_2$。

第二部分和基底之间的范德瓦耳斯力为

$$\begin{aligned} F_2 &= -\frac{\pi C\rho_1}{2}\int_0^{H_2}\frac{\pi R_2^2\rho_2}{(d+H_1+z)^4}\mathrm{d}z \\ &= \frac{AR_2^2}{6}\left[\frac{1}{(d+H_1+H_2)^3} - \frac{1}{(d+H_1)^3}\right] \end{aligned} \tag{3-47}$$

式中，H_2 为探针微圆柱体的高度；R_2 为探针微圆柱体的半径。

由于探针针尖与基底之间的作用力对探针和基底之间的作用力起主导作用，所以忽略探针其他部分与基底之间的作用力。而如何将探针作为原子来分析，需要将探针填充类原子球，具体的填充方法见 3.4.3 节。

3.4.2　纳米线与基底之间的力

纳米线与基底的作用力可以看成微粒子与无限大平面之间的作用力，将式(3-44)微分得到单个纳米线原子与无限大基底之间的范德瓦耳斯力：

$$F(a)=\frac{\pi\rho_1 C}{2a^4} \tag{3-48}$$

将纳米线上的分子所受的范德瓦耳斯力进行积分，可以获得单位长度纳米线和基底之间的作用力为

$$\begin{aligned}F_{\mathrm{V}}&=\int_a^{2R+a}\frac{\pi C\rho_1\rho_3}{r^4}\sqrt{{R_3}^2-(R_3+a-r)^2}\,\mathrm{d}r\\&=\int_a^{2R+a}\frac{A_{\mathrm{H}}}{r^4}\sqrt{{R_3}^2-(R_3+a-r)^2}\,\mathrm{d}r\end{aligned} \tag{3-49}$$

式中，a 为圆柱纳米线与基底平面的距离；R_3 为纳米线原子半径；ρ_3 为纳米线原子体密度；$A_{\mathrm{H}}=\pi C\rho_1\rho_3$。

但由于积分计算较为烦琐，纳米线与基底之间的力也将应用原子与基底的力来表达。将骨骼球填充的纳米线进行上述力觉设定，将骨骼球看成原子，完全满足上述要求。

3.4.3　探针与纳米线之间的力

由于在建模和碰撞检测时已将探针和纳米线进行了层次包围球处理，所以它们之间的力与它们之间的包围球相关。而包围球与包围球之间的力也可看成原子与原子之间的力。但是在探针包围球的结构中由于采用按直径依次排列法，而实际探针的原子定为固定的尺寸，所以将探针进行相同大小原子球填充可以较为真实地体现力的特性。在进行力觉渲染时，锥体填充原子球与圆柱体截面的填充结构相同，按直径依次排列法排列，将递增值 Δr 作为原子球的直径，按比例递增原子球，如图 3.30 所示。但无论是圆柱体填充还是锥体填充，原子球都面临着同样的问题，即大大增加了碰撞检测的运算量。但随着硬件运算速度的不断提升，运算将不会成为影响碰撞检测的主要问题。

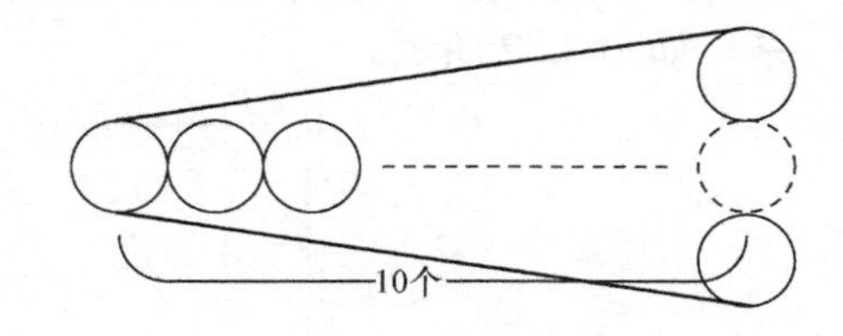

图 3.30　探针截面的填充结构图

通过上述三种力的分析，在进行虚拟模型的力觉渲染时，不同对象(纳米线、探针、基底)之间发生交互现象，可以根据上述力的表达式大致模拟出其间的力关系，通过 CHAI 3D 引擎将虚拟力输出到操作端，使操作者感受到力的效果。

分析完整体力觉关系，下面的问题就是纳米线形变的力键表达。纳米线内部的力键可看成弹簧，而力键的值相当于弹簧的弹性系数与拉伸关系的乘积。当力键平衡发生变化时，力键产生恢复平衡状态的能量，球体将受到力键的反作用力。由于其他外力，力键将再次达到平衡，形成固定形变效果。如图 3.31 所示，作用力 F 使中间的球体发生位置变化，其他球体受到摩擦力等外力 F' 而形成弯曲的力

键平衡状态。同时力键也有自身的承受限制，当力键的形变量大于某一限值时，力键将会发生断裂。

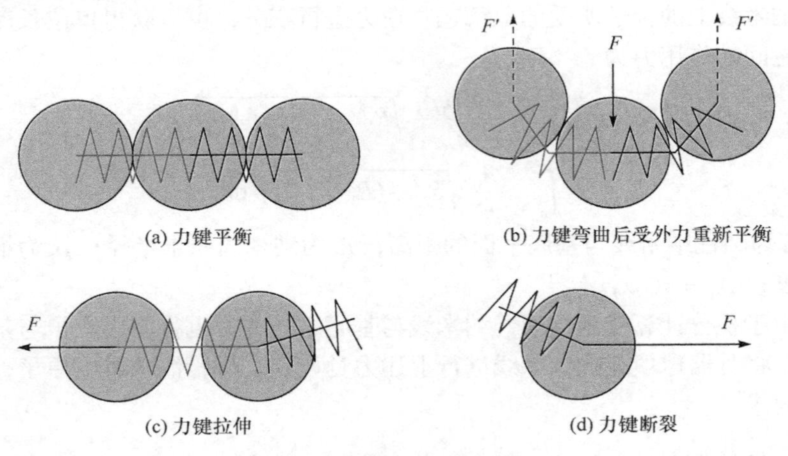

图 3.31　力键与形变的关系

3.5　虚拟力觉渲染模型的 MATLAB 仿真及分析

3.5.1　探针与基底之间的力

选取微圆柱体高度 H_2=80μm，H_1=50nm，R_1=100nm，Hamaker 常数 A=1.0×10^{-19}J，可得第一部分作用力 F_1 和探针与基底的距离 d 之间的函数关系，以及第二部分与基底进行操作时所受到的力 F_2 和探针与基底之间距离 d 之间的关系，如图 3.32 所示。

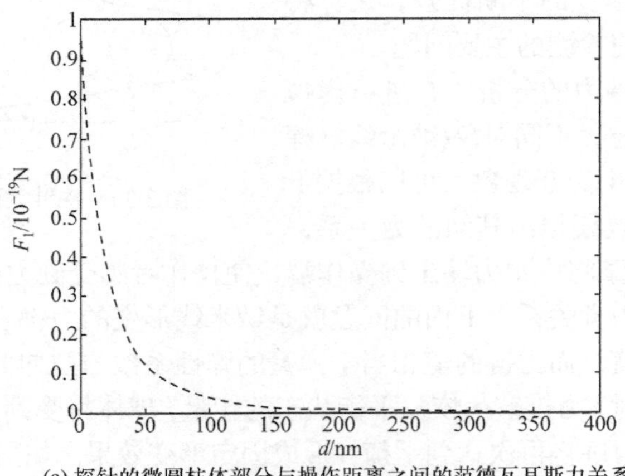

(a) 探针的微圆柱体部分与操作距离之间的范德瓦耳斯力关系

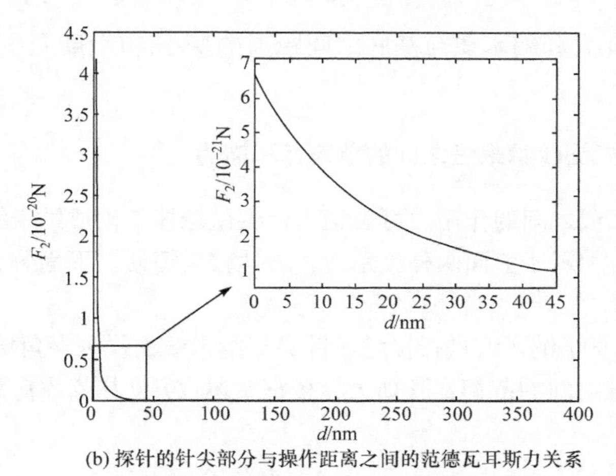

(b) 探针的针尖部分与操作距离之间的范德瓦耳斯力关系

图 3.32　探针与基底之间的范德瓦耳斯力曲线

由图 3.32 可以看出，探针的针尖部分受到的范德瓦耳斯力始终大于探针的微圆柱体部分和基底之间受到的范德瓦耳斯力；在操作距离小于 10nm 时作用力 F_2 对整体范德瓦耳斯力有一定的作用，而操作距离大于 10nm 时，探针的第一部分对整个操作过程受到的范德瓦耳斯力起主导作用；而此时，探针的第二部分产生的范德瓦耳斯力 F_2 较小。因此，在计算时，可用探针第一部分受到的作用力 F_1 来近似地表示整个探针在操作过程中受到的力。通过仿真可见，该部分仅采用 F_1 进行力觉渲染是合理的。

3.5.2　ZnO 纳米线与基底之间的力

根据纳米线与基底之间力觉渲染模型，对半径为 25～200nm 的 ZnO 纳米线与基底之间受力关系进行了仿真，结果如图 3.33 所示。从图中可以看出，随着

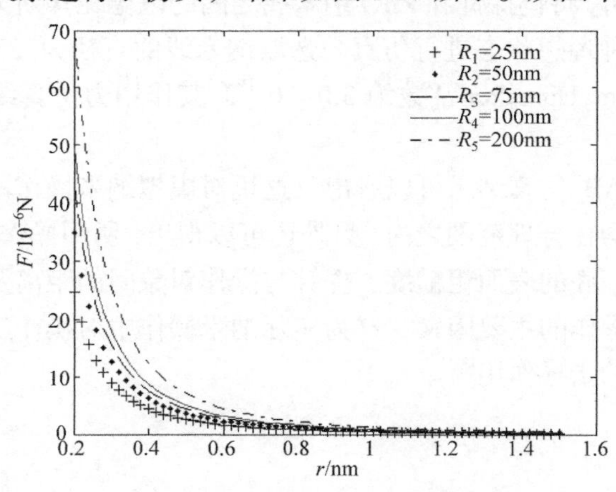

图 3.33　纳米线与基底之间的范德瓦耳斯力作用关系

纳米线半径的变大和纳米线与基底之间距离的变小(粗糙度变小)，这部分作用力逐渐变大。

3.5.3　钨探针与 ZnO 纳米线之间的范德瓦耳斯力

探针与纳米线之间的作用力可表达为针尖微球体与构成纳米线的分子之间的范德瓦耳斯力，相对于前面两种关系力，表达较为简便。下面分为两种情况进行讨论。

(1) 针尖垂直于纳米线进行接触或针尖与纳米线的锐角夹角接近 90°，这时可以看成两个微球之间的范德瓦耳斯力，依据文献[29]，其范德瓦耳斯作用能可表示为

$$E=-\frac{A_{\mathrm{H}}}{6d}\frac{R_1R_2}{R_1+R_2} \tag{3-50}$$

式中，A_{H} 为 Hamaker 常数；d 为两微球间的最小距离；R_1、R_2 为两微球的半径。

对式(3-50)微分可得两微球间的范德瓦耳斯力为

$$F_{\mathrm{V}}=\frac{A_{\mathrm{H}}}{6d^2}\frac{R_1R_2}{R_1+R_2} \tag{3-51}$$

(2) 针尖与纳米线平行接触或针尖与纳米线的锐角夹角接近 0°，可将两对象视为平行的圆柱体接触，其范德瓦耳斯力为

$$F_{\mathrm{V}}=-\frac{A_{\mathrm{H}}L}{8\sqrt{2}d^{5/2}}\sqrt{\frac{R_1R_2}{R_1+R_2}} \tag{3-52}$$

式中，L 为探针与纳米线接触的圆柱体长度。

根据上述分析，将钨探针和 ZnO 纳米线之间的范德瓦耳斯力分成探针与纳米线平行和相交两种理想状态进行仿真。选取纳米线的直径为 25nm，钨探针的针尖的直径为 100nm，Hamaker 常数为 3.0×10^{-19}J。其作用力仿真结果分别如图 3.34 和图 3.35 所示。

通过 MATLAB 仿真结果可以看出，这里对虚拟纳米操作不同部分的力觉渲染模型的数量级均在合理范围之内。另外还可以得出，所用操作探针的针尖形状、操作对象尺寸、基底的表面粗糙度、探针与操作对象间的距离及操作角度等是影响 SEM 下纳米操作的主要因素，这为实际纳米操作中对操作工具及操作方法的选择起到了很好的指导作用[30]。

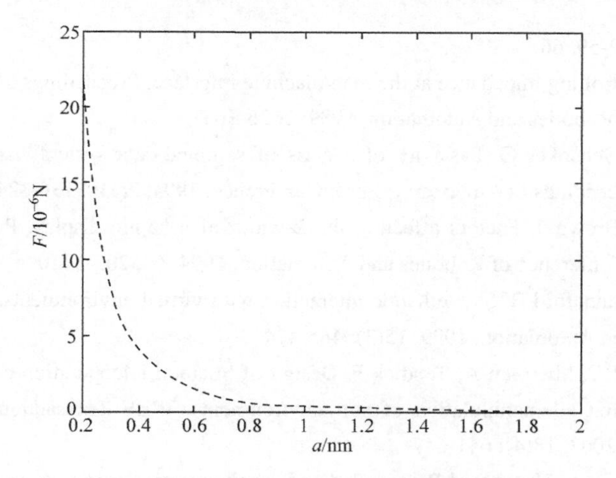

图 3.34　探针与纳米线交叉时受力曲线

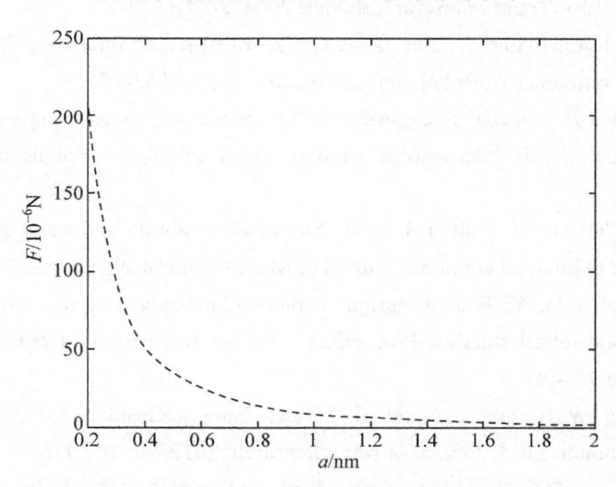

图 3.35　探针与纳米线平行时受力曲线

参考文献

[1] Sievers T, Fatikow S. Real-time object tracking for the robotbasednanohandling in a scanning electron microscope. Journal of Micromechatronics, 2006, 3(3): 267-284

[2] 化建宁，崔玉洁，李洪谊，等. 具有虚拟力觉导引功能的机器人网络遥操作系统. 机器人, 2010, 32(4): 522-528

[3] Kim S G, Sitti M. Task-based and stable telenanomanipulation in a nanoscale virtual environment. IEEE Transactions on Automation Science and Engineering, 2006, 3(3): 240-246

[4] Li D J, Rong W B, Sun L N, et al. Stability and performance of virtual reality-based telenanomanipulation system in SEM. Advanced Materials Research, 2011, 183-185: 1746-1751

[5] 李东洁，荣伟彬，孙立宁，等. 具有虚拟 3D 视觉和力觉交互的 SEM 遥纳操作系统. 机器人,

2013, 35(1): 52-59, 66

[6] Hogan N. Controlling impedance at the man/machine interface. Proceedings of IEEE International Conference of Robotics and Automation, 1989: 1626-1631

[7] Colgate J E, Schenkel G. Passivity of a class of sampled-data system: Application to haptic interfaces. Proceedings of American Control Conference, 1994, 3(1): 3236-3240

[8] Colgate J E, Brown J. Factors affecting the Z-width of a haptic display. Proceedings of IEEE International Conference of Robotics and Automation, 1994, 4: 3205-3210

[9] Adams R J, Hannaford B. Stable haptic interaction with virtual environments. IEEE Transactions on Robotics and Automation, 1999, 15(3): 465-474

[10] Cavusoglu M C, Sherman A, Tendick F. Design of bilateral teleoperation controllers for haptic exploration and telemanipulation of soft environments. IEEE Transactions on Robotics and Automation, 2002, 18(4): 641-647

[11] Ryu J H, Kim Y S, Hannaford B. Sampled and continuous time passivity and stability of virtual environments. IEEE Transactions on Robotics, 2004, 20(4): 772-776

[12] Hannaford B, Ryu J. Time-domain passivity control of haptic interfaces. Proceedings of IEEE International Conference of Robot and Automation, 2001: 1863-1869

[13] Cho H C, Park J H. Impedance controller design of internet-based teleoperation using absolute stability concept. IEEE International Conference of Intelligent Robots and Systems, 2002: 2256-2261

[14] Bolopion A, Cagneau B, Haliyo S, et al. Analysis of stability and transparency for nanoscale force feedback in bilateral coupling. Journal of Micro-Nano Mechatronics, 2009, 4(4): 145-158

[15] Eom K S, Suh I H, Yi B J. A design method of a haptic interface controller considering transparency and robust stability. Proceedings of IEEE International Conference of Robots and Systems, 2000: 961-966

[16] Li D J, Rong W B, Sun L N, et al. Virtual force feedback-based 3D master/slave tele-nanomanipulation in SEM. Journal of Nano Research, 2012, 20: 109-116

[17] 唐泽圣, 周嘉玉, 李新友. 计算机图形学基础. 北京: 清华大学出版社, 1996

[18] 崔泽. 基于虚拟现实的人机交互在机器人遥操作中的应用研究. 哈尔滨: 哈尔滨工业大学硕士学位论文, 2002

[19] 李会军. 空间遥操作机器人虚拟预测环境建模技术研究. 南京: 东南大学博士学位论文, 2005

[20] Dave S, 李军, 徐波. OpenGL 编程指南. 7 版. 北京: 机械工业出版社, 2009

[21] 庄小龙. 虚拟现实立体视觉信息采集与显示系统构建. 上海: 上海交通大学硕士学位论文, 2010

[22] 刘翼. 三维游戏中碰撞检测算法的研究与实现. 武汉: 武汉理工大学硕士学位论文, 2010

[23] Redon S, Kim Y J, Lin M C, et al. Interactive and continuous collision detection for avatars in virtual environments. IEEE Virtual Reality, 2004, 26(5): 117

[24] 周云波, 门清东, 李宏才. 虚拟环境中碰撞检测算法分析. 系统仿真学报, 2006, 18(S1):

103-107
[25] Christer E, 刘天慧. 实时碰撞检测算法技术. 北京: 清华大学出版社, 2010
[26] Spanlang B, Normand J, Giannopoulos E, et al. GPU based detection and mapping of collisions for haptic rendering in immersive virtual reality. IEEE International Symposium on Haptic Audio-Visual Environments and Games, 2010: 1-4
[27] Montgomery S W, Franchek M A, Goldschmidt V W. Analytical dispersion force calculations for nontraditional geometries. Journal of Colloid and Interface Science, 2000, 227: 567-584
[28] 王乐锋. 微构件粘着接触模型和基于粘着力的微操作方法研究. 哈尔滨: 哈尔滨工业大学博士学位论文, 2008
[29] Jahnisch M, Fatikow S. 3D vision feedback for nanohandling monitoring in a scanning electron microscope. International Journal of Optomechatronics, 2007, 1(1): 4-26
[30] Li D J, Wang J Y, You B, et al. Research on ZnO nanowire manipulation method in scanning electron microscope. ICIC Express Letters, Part B: Applications, 2012, 3(5): 1077-1084

第 4 章　压电陶瓷驱动器的纳米定位与跟踪控制

压电陶瓷驱动器由电压放大器驱动执行时，会展现出严重的迟滞特性与蠕变特性。这些非线性特性使压电陶瓷驱动器不能达到预期的高精度定位与跟踪，甚至导致系统的不稳定性[1, 2]。为了提高驱动器的纳米定位与跟踪精度，本章对压电陶瓷的非线性特性进行分析并给出其二阶系统辨识模型，然后给出以滑模控制理论为基础的两种控制方法，验证压电陶瓷驱动器纳米定位与跟踪控制的有效性。

4.1　压电陶瓷的非线性分析及其二阶模型的系统辨识

压电陶瓷驱动器是利用压电陶瓷的逆压电效应或电致伸缩效应，把电场能转换成机械能，产生微位移量的一种驱动器。压电陶瓷驱动器具有结构简单、体积小、位移分辨率高、响应速度快、发热少、位移重复性好等优点。但是，由于压电陶瓷的固有特性，在实现微纳米定位时，会出现迟滞等非线性特性，所以需要采用相应的控制方法。本节从压电陶瓷的基本原理出发，以微观角度深入分析压电陶瓷的极化机理，从电畴转向能量损耗的角度揭示其迟滞现象的本质。

4.1.1　压电陶瓷驱动器理论基础

1. 压电陶瓷概述

压电晶体可分为两类：单晶体和多晶体。单晶体存在压电性的基础是它具有非对称的晶体结构。有 20 种点群晶体具有压电效应，这 20 种点群晶体都具有非对称的结构(即不具有对称中心)。有的点群是有极性的，该压电晶体处于自发极化状态[3]。

在某个温度范围内，晶体具有自发极化强度，而且受外电场作用，该自发极化强度的方向可以重新取向，这类晶体称为铁电体，晶体的这种性质称为铁电性。大量实验表明，描述铁电体物理性质的奇次张量，如压电常数、极化强度、热释电系数等与外电场之间均存在滞回关系。其中极化强度与外电场之间的滞回关系为电滞回线。具体表现为电压变化一个周期，极化强度和外电场之间形成一条电滞回线，该现象表明，铁电体的极化强度与外电场之间是非线性关系，而且极化强度随外电场变化。极化强度反向是晶体内部的电畴反转的结果，所以电滞回线还表明铁电体内部存在电畴。

具有铁电相的铁电陶瓷通过外加直流电场使自发极化方向重新取向，从而使铁电陶瓷内各晶粒的自发极化轴沿外电场取向，因此使原来各晶粒相互抵消的自发极化对外表现出宏观的剩余极化。如图 4.1 所示，在未加外电场时，晶体中的电畴自发极化方向呈无序化排列[4]。

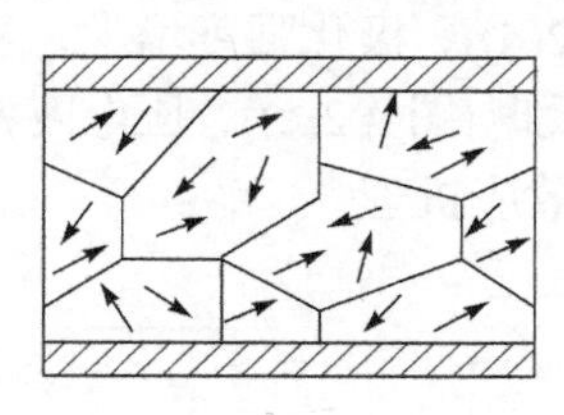
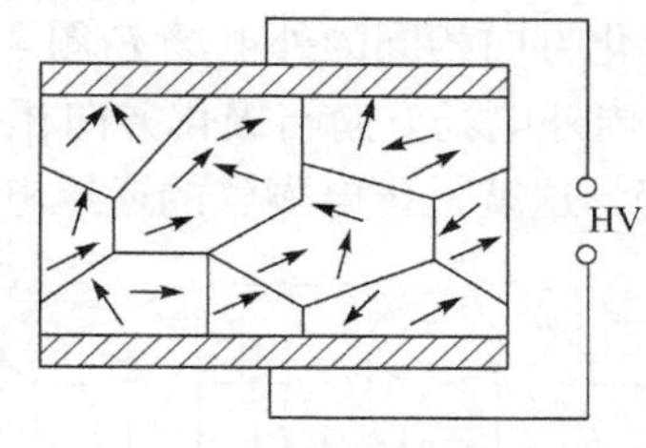

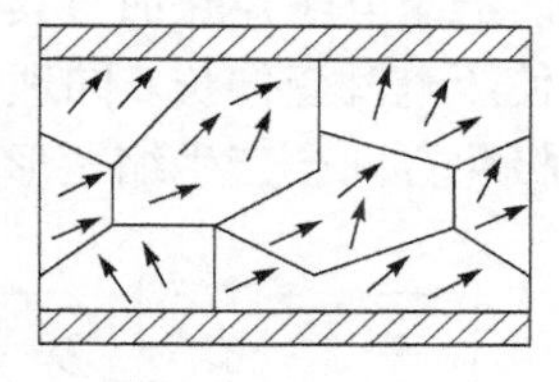

图 4.1　压电陶瓷极化示意图

多晶体陶瓷是目前应用比较多的压电陶瓷，通过在基本的压电陶瓷材料锆钛酸铅(PZT)和铌镁酸铅(PMN)中添加一些成分，可以使这类陶瓷的性能得到优化[5]，如日本研制的铌镁-锆-钛酸铅($Pb(Mg_{1/3}Nb_{2/3})O_3$ 加入 PZT，代号 PCM)等。

2. 压电效应

1880 年居里兄弟在研究热释电现象和晶体对称性时，在 α 石英晶体的研究中发现当压电晶体受到张应力、压应力或剪应力作用发生形变时，晶体的表面会显示出极化或产生电场，这种由外力的作用使晶体表面出现极化电荷的现象称为正压电效应。反之，给压电晶体加电场引起极化时，压电晶体会产生形变，该形变与外电场的场强成正比，这种因所加外电场作用而使晶体产生形变的现象称为逆压电效应[6]。1881 年，Lippman 根据热力学原理、能量守恒定律和电荷守恒定律预言了逆压电效应的存在；同年，居里兄弟用实验证实了压电晶体在外加电场作用下会出现应变或应力。逆压电效应的产生是由于压电晶体受到电场的作用时，在晶体内部产生应力，这个应力称为压电应力。通过压电应力的作用，产生压电形变。

在外电场的诱导极化作用下，电介质产生形变的现象称为电致伸缩效应。该作用产生的形变与外电场的方向无关,产生的形变大小与外加电场的平方成正比。电致伸缩效应与压电效应的区别在于：前者是二次效应，在任何电介质中均存在；后者是一次效应，只可能出现在没有中心对称的电介质中。也就是说，在所有的电介质晶体中都存在电致伸缩效应，但是一般电致伸缩效应都很微弱[7]。一般压电单晶的电致伸缩效应要比压电效应小几个数量级，因此外电场较小时，可忽略其电致伸缩效应。预极化后压电陶瓷的电极表面会吸附一层外界的自由电荷，这些电荷称为剩余极化电荷，相应地，在压电陶瓷内部的两端分别出现正负电荷，而且剩余极化电荷与束缚电荷数量相等但符号相反，因此可以抵消内部极化强度对外界的影响，如图 4.2(a)所示。给压电陶瓷施加压力 F，当该压力的方向与极化方向相反时，压电陶瓷产生压缩，极化强度变小，使得原来电极表面的一部分极化电荷被释放，如图 4.2(b)所示；反之，如图 4.2(c)所示，压电陶瓷伸长，极化强度增大，又有一部分电荷吸附到电极表面，这就是压电陶瓷正压电效应的微观机理。给压电陶瓷施加与其极化方向相同的外电场 E(图 4.2(d))，极化强度增大，从而使压电陶瓷伸长。同理，当外电场方向与极化方向相反时(图 4.2(e))，压电陶瓷在极化方向会产生缩短形变，这就是压电陶瓷的逆压电效应机理[4]。

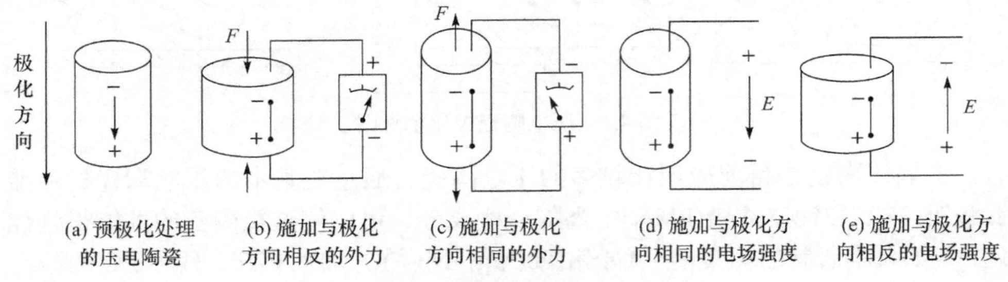

图 4.2　压电陶瓷压电效应示意图

在外加电场的作用下，电介质材料(弛豫型铁电陶瓷除外)都具有电致伸缩效应，对于压电陶瓷，其电致伸缩效应极其微弱，均可忽略[7]。弛豫型铁电陶瓷具有较强的电致伸缩效应。电致伸缩陶瓷是开发出的无自发极化现象的弛豫型铁电陶瓷。

3. 压电陶瓷驱动器

单层陶瓷片的变形量比较小，可以通过增加陶瓷片的厚度和提高外加电压来提高陶瓷片的变形量。对于外加控制电压，每个压电陶瓷片就相当于一个平行板电容，在过高的电场下应用压电陶瓷片会被击穿；另外，压电陶瓷驱动器的应用往往要求其结构尺寸尽可能小。在实际应用中，为了在较低工作电压下获得较大的变形位移量，通常采用多层压电陶瓷片堆叠结构，如图 4.3 所示。

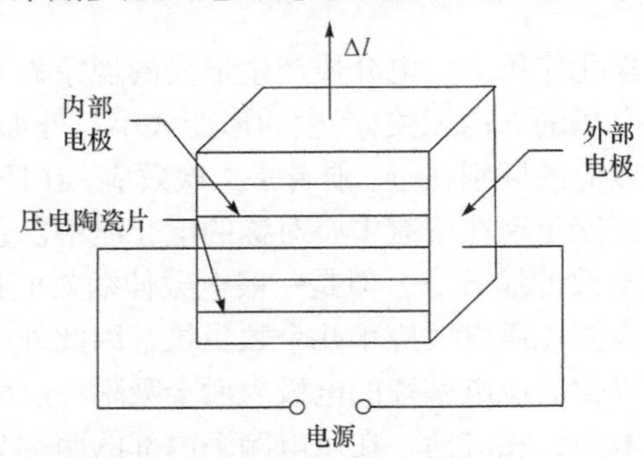

图 4.3　压电陶瓷片堆叠结构

压电陶瓷片堆叠结构中，每片陶瓷片埋入电极形成机械上串联、电路上并联的叠层结构。压电陶瓷片堆叠的伸长量与所加电压的关系为

$$\Delta l = ndu + nmu^2 / t \tag{4-1}$$

式中，Δl 为压电陶瓷的总伸长量；n 为压电陶瓷片数；t 为每片陶瓷的厚度；u 为驱动电压；d 为压电系数；m 为电致伸缩系数。

对于采用逆压电效应的压电陶瓷驱动器，在外加电场作用下，伸长量与电压的关系为

$$\Delta l = ndu \tag{4-2}$$

对于采用电致伸缩效应的压电陶瓷驱动器，在外加电场作用下，伸长量与电压的关系为

$$\Delta l = nmu^2 / t \tag{4-3}$$

压电陶瓷驱动器与电动机的有效工作范围如图 4.4 所示，并且在图中与电动机的执行工作范围进行了比较。所以，压电陶瓷驱动器最适合在 1μm 以下的亚纳米范围的定位中应用。

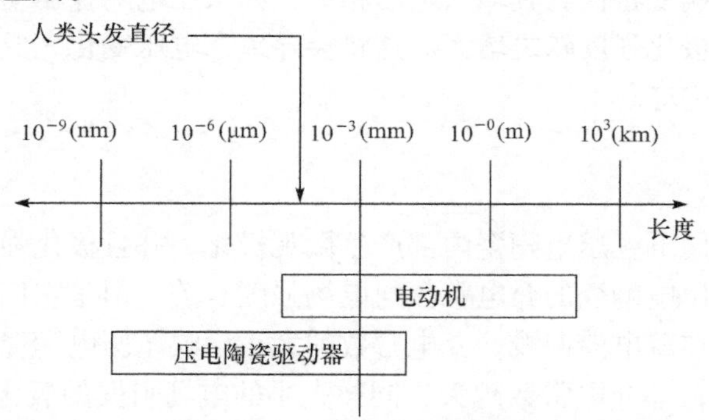

图 4.4 压电陶瓷驱动器与电动机的有效工作范围

4.1.2 压电陶瓷的非线性特性

受微观极化机理和机电耦合效应两方面的影响，压电陶瓷存在蠕变、迟滞等非线性特性。接下来介绍蠕变、迟滞等非线性特性产生的原因。

1. 蠕变特性

压电陶瓷驱动器的输出位移对时间的迟滞效应称为蠕变特性，蠕变特性具体表现为在一定的输入电压下，压电陶瓷的输出位移达到一定值后随时间缓慢地变化，在较长时间内会降低输出位移的精确度，如图 4.5 所示。产生蠕变是因为在给压电陶瓷施加电压后，由于晶格之间相互摩擦，压电陶瓷不能立即完成形变，此时形变过程包含两部分，第一部分一般在施加输入电压的几毫秒内即可完成，

第二部分则要在之后的较长时间内才能完成。特别地，在缓慢操作扫描探针显微镜等设备时，蠕变特性会导致产生的图像出现严重的畸变[8]。

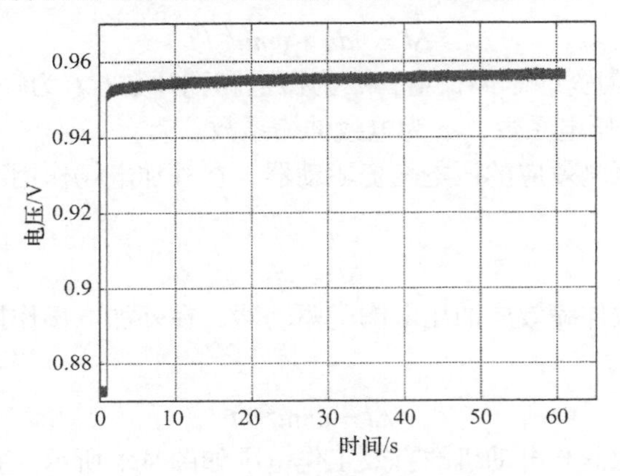

图 4.5 压电陶瓷蠕变曲线

压电陶瓷的蠕变特性与其输入电压相关，如果压电陶瓷驱动器的工作电压增大，则其剩余的极化强度随之增大。这将会导致在电压变化完成后出现一个缓慢的爬坡现象，反之亦然。

2. 迟滞特性

在外电场作用下，压电陶瓷内部产生微观极化，并且极化强度是电场方向的极化电荷密度。压电陶瓷的介电常数与电场强度有关，但是它们之间并不是严格的线性关系，存在着电滞回线。介电常数的大小反映了压电陶瓷的极化强度对外电场的响应大小，即介电常数越大，同样大小的电场引发的极化强度越大[5]。从电畴角度来讲，当场强大于临界场强时，压电陶瓷的应变产生因素为逆压电效应和非 180°电畴的转向两个因素，而且非 180°电畴的转向逐渐成为主要因素，非 180°电畴转向是不完全可逆的，这就是压电陶瓷迟滞产生的原因。

压电陶瓷的迟滞特性是指压电陶瓷升压曲线和降压曲线不重合，它们之间存在位移差，表现为多对多的映射，如图 4.6 所示。图 4.6(a)中给出输入信号，它是一个振幅按照一定规律衰减的正弦信号，根据期望的位移值，按照实验设备中电容传感器自带的电压与位移之间的比例系数计算得到相应的电压值输入压电陶瓷驱动器上。图 4.6(b)给出了输入与输出之间的非线性关系，其中输出位移是由电容传感器测得的电压按照电容传感器自带的电压与位移之间的比例系数计算得到的，而电压转换到位移引起的非线性已经通过电容传感器内部进行了自校正。迟滞特性描述为系统的输出不仅取决于当前的输入，而且取决于前一时刻的输入和输出，并且和先前的极值有关。迟滞的多值性和记忆性使得常用的经典控制理论和现代控制理论都难以对其实施有效的控制。压电陶瓷在无控制的开环情况下，其迟滞非线性最高产生的跟踪误差可达 15%。

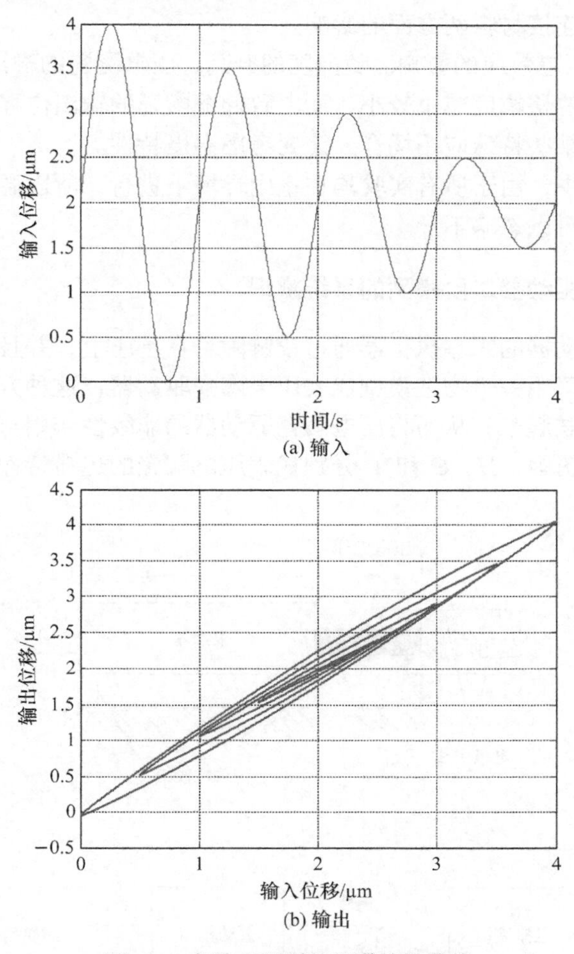

图 4.6　实验观测到的迟滞特性曲线

在理想情况下，压电陶瓷的输出位移与驱动电压为线性关系，但实际中由于压电陶瓷中的非 180° 电畴转向，压电陶瓷的伸缩长度与其内部电偶极子转向角的余弦呈比例关系，从而导致压电陶瓷的输出位移和驱动电压之间存在着迟滞非线性关系。

3. 温度特性

压电陶瓷除了迟滞、蠕变特性之外，还具有温度特性，压电陶瓷的温度特性主要表现在如下两个方面[9]。

(1) 线膨胀。线膨胀是指压电陶瓷随着温度的变化而伸长的特性，常用的叠堆型压电陶瓷是由多片压电陶瓷片黏结而成的，因而其线膨胀系数受压电陶瓷片以及陶瓷片之间连接材料两方面的影响。

(2) 温度对压电效应的影响。随温度的升高，压电陶瓷的输出位移逐渐减小，压电陶瓷的输出位移幅度减小较小，而电致伸缩陶瓷的输出位移减小幅度较大。在高定位精度及某些特殊应用场合，需要考虑温度特性。

在本书研究中，由于所有实验均在室内环境下进行，所以温度特性对压电陶瓷驱动器的影响可以忽略不计。

4.1.3 压电陶瓷驱动器二阶模型的系统辨识

压电陶瓷驱动器的末端执行器通过铰链附着在基座上，并且由一个压电陶瓷单元驱动。本章采用一个物理模型代表压电陶瓷驱动器，这种方法通过将每一个单独的子模型串联起来，从而将压电陶瓷驱动器的非线性作用与线性作用解耦，如图 4.7 所示。图中，H、C 和 V 分别代表压电陶瓷的迟滞特性、蠕变特性和振动动态特性。

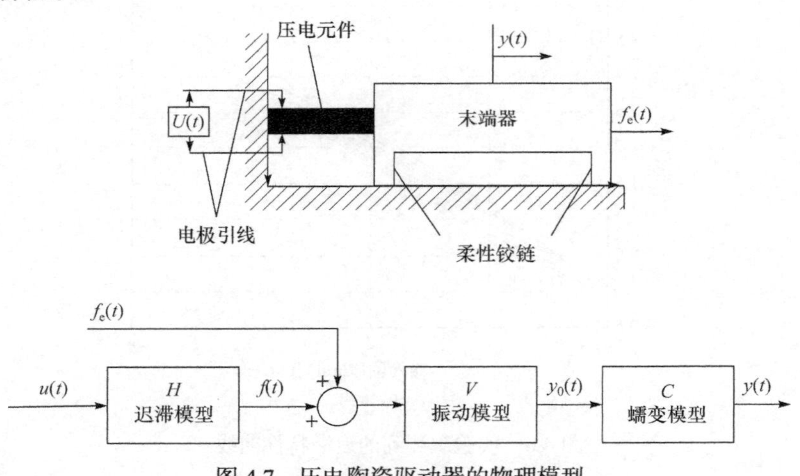

图 4.7 压电陶瓷驱动器的物理模型

1. 压电陶瓷驱动器实验设备描述

压电陶瓷驱动器纳米定位系统实验设备如图 4.8 所示。本章所用的压电陶瓷驱动器是 Physik Instrumente 公司生产的压电平台和 E-625.CR 功率放大器，它的运动行程是 12μm(−1～11μm)。其用来测量输出位移的嵌入式电容传感器的精度在 0.05nm 之内。实时控制在 MATLAB 实时工作空间和使用一个主机-目标机配置的 xPC Target 环境中实现。压电陶瓷驱动器和传感器通过接口连接在一台主机上，控制算法在主机上编译，然后下载到目标进行实时操作。目标机配备了美国国家仪器公司的一个数据采集卡和一个 PCI-6289 控制卡，并且具有 18 位 A/D 通道和 16 位 D/A 通道。所有实验均在 xPC 实时环境下运行，并且使用 100kHz 采样频率。

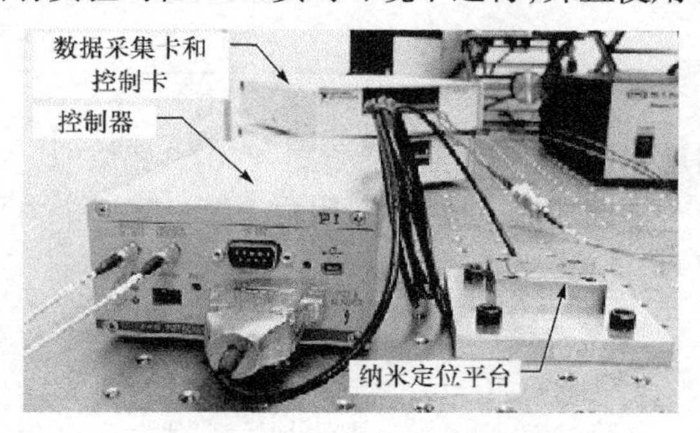

图 4.8　压电陶瓷驱动器纳米定位系统实验设备

2. 压电陶瓷二阶系统建模方法

1) 振动动态特性和蠕变特性

当电压应用在一个压电陶瓷驱动器时，它会呈现出迟滞、蠕变和振动的综合作用。这三个作用之间是耦合的，并且它们某个作用输出响应的强度由输入频率及运动量程决定。这三个特性的建模方法就是将它们解耦成两个主要部分：迟滞单元(输入非线性)级联一个线性动态单元，这个线性动态单元包括蠕变特性和振动动态两部分。频域中解耦模型的控制框图如图 4.9(a)所示。

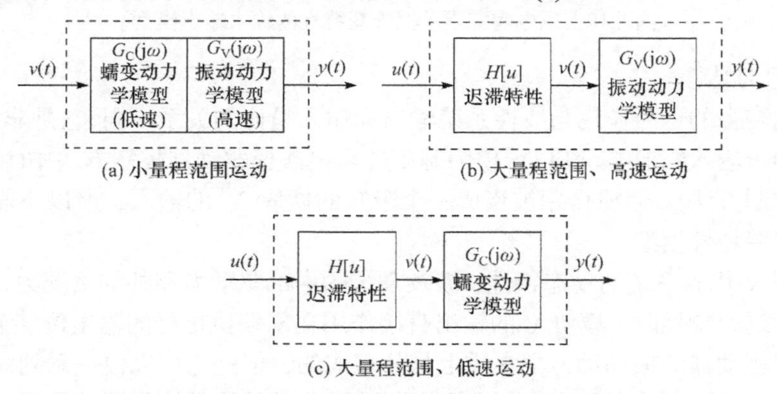

图 4.9　压电陶瓷驱动器的蠕变、迟滞、振动级联模型

当压电陶瓷驱动器的运动范围很大时，迟滞现象是非常严重的。在高执行速度下，振动动态特性变得显著，压电陶瓷的共振现象产生。相反，当压电陶瓷在一段时间内进行低速操作时，蠕变特性会变严重。这些现象的多种组合与讨论如图 4.9 所示。

蠕变特性与振动动态特性使用集总参数方法和传递函数方法建模。蠕变特性和振动动态特性可以建模成一个质量-弹簧-阻尼系统。同样，质量-弹簧-阻尼系统的表现与机械系统的振动相联系[10]。蠕变特性的传递函数为

$$G_{\text{creep}}(s)=\frac{y(s)}{v(s)}=\frac{1}{k_0}+\sum_{i=1}^{N}\frac{1}{c_i s+k_i} \tag{4-4}$$

式中，k_i 和 c_i 分别是弹簧系数和阻尼系数(图 4.10)。相似地，一个简单的振动动态特性模型通过在一个标准的质量-弹簧-阻尼系统上架一个力平衡得到。振动动态特性的传递函数为

$$G_{\text{vib}}(s)=\frac{y(s)}{v(s)}=\frac{\dfrac{\alpha}{m}}{s^2+\left(\dfrac{c}{m}\right)s+\dfrac{k}{m}} \tag{4-5}$$

式中，m、c 和 k 分别为有效质量、阻尼系数和弹簧系数，α 为与应用输入电压和压电陶瓷驱动器产生的力相关的常数。

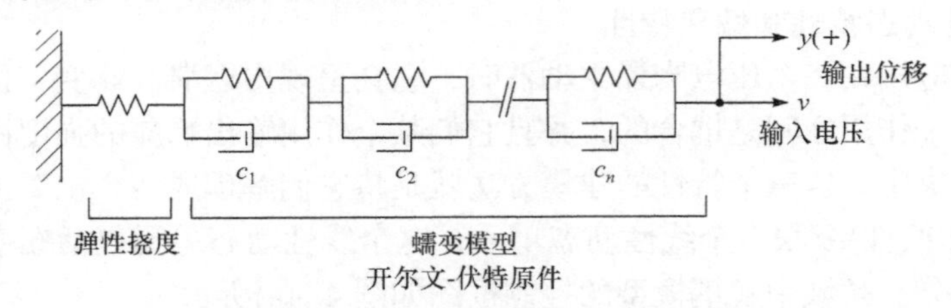

图 4.10　压电陶瓷驱动器蠕变特性的输入输出模型

2) 迟滞特性

压电陶瓷的迟滞作用与线性系统输出和输入呈比例关系不同，它是非线性的，并且依赖于输入幅值[11]。在以滑模为基础的压电陶瓷驱动器控制方法中(后文将会介绍的控制方法)，迟滞作用被当成一个未知的模块 V 的输入，所以不需要一个精确的迟滞特性模型。

模块 V 代表系统的动态特性，涉及系统的内部驱动力和外加负载力，在不考虑系统的蠕变特性时，模块 V 的输出直接作用在末端执行器的输出位移上。虽然压电陶瓷驱动器的振动动力学本质上是分布式的，但是它可以由一系列线性的二阶系统来估计[12]，或者如果由压电陶瓷驱动器驱动的终端执行器的质量远远大于压电陶瓷驱动器，则可以由一个二阶系统来表示[13]。鉴于本章中实验使用的压电陶瓷驱动器纳米定位平台，给出压电陶瓷驱动器的二阶模型为

$$\ddot{x}+2\xi\omega_n\dot{x}+\omega_n^2 x+f(x,\dot{x})=k\omega_n^2 u \tag{4-6}$$

式中，x 为输出状态变量，u 为控制输入变量，ξ 、ω_n 和 k 分别为二阶系统的阻

尼系数、自然频率和系统增益。这些系数将会在后文中通过模型识别实验得到。$f(x,\dot{x})$ 是系统中未知的非线性部分，包括模型的不确定性及系统的扰动。

3. 压电陶瓷二阶模型系统辨识

在此实验中，将压电陶瓷驱动器近似为一个线性的二阶系统，二阶弹簧-阻尼系统的传递函数如下：

$$G(s)=\frac{X(s)}{U(s)}=\frac{k\omega_n^2}{s^2+2\xi\omega_n s+\omega_n^2} \tag{4-7}$$

然后采用正弦扫频的方法进行模型识别(图 4.11)，这里数据采集卡与 MATLAB 软件用来记录与处理测量到的数据。在得到系统的 ξ 、ω_n 和 k 参数后，与实验设备实际的模型进行比较验证。

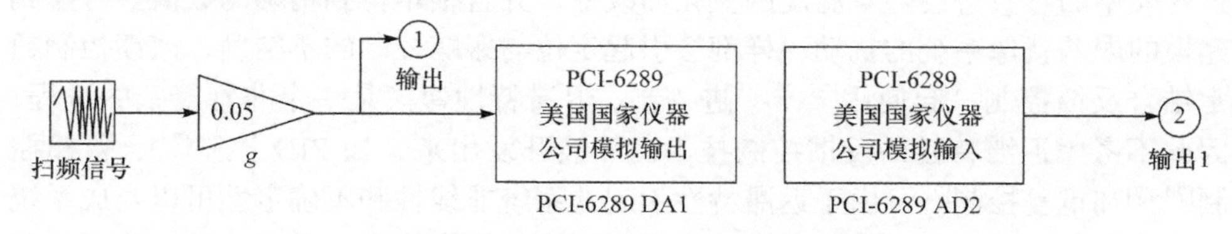

图 4.11　正弦扫频方法的 MATLAB-Simulink 框图

图 4.12 为近似的二阶系统线性模型与实际压电陶瓷驱动器的频率响应特性比较。从图中可以看出，识别出的二阶模型可以用来近似实际系统模型。实验所得出的系统参数如表 4.1 所示。

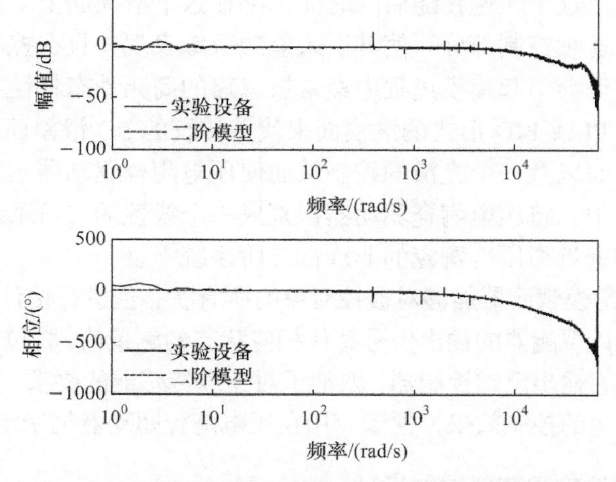

图 4.12　压电陶瓷驱动器识别模型与实际设备的频率响应比较

表 4.1 压电陶瓷驱动器二阶模型参数

ξ	ω_n/(rad/s)	k/(μm/V)
0.95	27640.9	27640.9

4.2 压电陶瓷驱动器的输出反馈滑模观测器控制方法研究

在压电陶瓷驱动器的控制中通常有两类控制方法来减少迟滞作用。一种是基于逆模型的前馈补偿控制，另一种是反馈控制。在前馈补偿控制中，迟滞特性由一个迟滞逆模型进行补偿，这个迟滞经常由 Preisach 模型[14,15]、Prandtl-Ishlinskii 模型[16,17]、麦克斯韦电阻电容模型[18,19]以及 Bouc-Wen 模型[20]进行建模。但是，这些模型的参数将会随着温度的变化而改变，并且很难得到精确的数值。考虑到建模的误差就像系统的扰动一样都会引起定位与跟踪控制的不精确，前馈控制通常结合反馈控制一起使用[21,22]。进一步，迟滞特性建模是一个非常复杂的过程，因此不考虑迟滞特性的反馈控制技术已经被开发出来，如 PID 控制[23]、鲁棒控制[24-27]和重复控制[28]。由于迟滞特性引起的系统非线性和不确定性可以当成系统扰动来抑制，所以滑模控制方法因处理非线性系统中模型不准确性及不确定性的有效性而被广泛采用[29-31]。

4.2.1 压电陶瓷驱动器的滑模控制

滑模控制方法是一种非线性控制方法，它驱使系统的状态轨迹在一个指定的滑模面上并且保持这个轨迹在随后的时间内都在这个滑模面上。但是，传统滑模控制方法中的不连续控制部分，使其引入差的跟踪表现并且在控制信号中造成不期望的振荡，甚至会引起建模过程中经常被忽略的高频动态特性。为了克服这项缺点，通常使用 PI 或 PID 形式的滑模面来代替传统的 PD 滑模面。积分项提供了一个光滑的滑模面以及一个光滑的控制从而使压电陶瓷驱动器达到零稳态误差。在控制器的设计中，将压电陶瓷驱动器识别成一个线性的二阶系统，它在控制系统设计中常被用来近似压电陶瓷的非线性二阶系统[32]。

此外，由于滑模观测器能够对被控对象的所有状态值进行估计，所以本节所提出的方法使用设计观测器的输出信号替代相应状态的测量值，将位置信息反馈的滑模控制器改进成为输出反馈控制器，取消了对速度传感器的要求，仅使用位置测量信号即可实现期望的控制效果，便于应用在压电陶瓷驱动器纳米定位系统中[33]。

4.2.2 输出反馈滑模观测器控制设计

由文献[2]和[3]可知，压电陶瓷驱动器可以看成一个二阶系统，即

$$\ddot{x}(t)+2\xi\omega_n\dot{x}(t)+\omega_n^2x(t)=k\omega_n^2u(t)+f(t) \tag{4-8}$$

式中，x 为输出状态；u 为控制输入；ξ、ω_n 和 k 分别为阻尼系数、自然频率和二阶系统的增益，这些参数由前面的系统识别得到；$f(t)$ 是系统的不确定性，它代表了模型误差和系统扰动。

为了帮助接下来的观测器设计，压电陶瓷驱动器可以表示为

$$\begin{bmatrix}\dot{x}_1\\ \dot{x}_2\end{bmatrix}=\begin{bmatrix}x_2\\ h(x)+g(x)u+f\end{bmatrix} \tag{4-9}$$

式中，$h(x)=-2\xi\omega_n x_2-\omega_n^2x_1$，$g(x)=k\omega_n^2$。

假设 4.1　系统的未知部分 $f(t)$代表式(4-8)中的不确定性，并且它是一直有界的。

假设 4.2　由式(4-1)描述的压电陶瓷驱动器系统没有一个有限的逃逸时间。

假设 4.3　控制输入 $u(t)$属于延伸的 L_{p} 空间，可以表示成 L_{pe} [34]。

假设 4.4　定义一个参考跟踪信号 x_{d}，连续可微至其二阶导数且可在线获取。

定义一个误差信号 $e(t)$如下：

$$e(t)=x-x_{\mathrm{d}} \tag{4-10}$$

本节控制方法的目标是设计一个控制策略 $u(t)$使得在系统中存在非线性特性以及未知扰动，当 $t\to\infty$时，$e(t)\to 0$。在这里只有一个输出反馈的滑模控制器，只有 $x(t)$是可以测量的。

在设计控制器之前，首先滑模面被设计成如下形式：

$$s=\dot{e}+k_1e+k_2\int_0^t e\,\mathrm{d}\tau \tag{4-11}$$

式中，k_1 和 k_2 是正的参数。这里要注意的是，控制增益 k_1 和 k_2 是被挑选出来的，使得特征多项式 $s^2+k_1s+k_2=0$(s 代表一个复杂变量)是严格 Hurwitz 的。

但是，因为只有压电陶瓷驱动器的所有状态都被估计出来，下面的滑模面才可以真正地用在控制器中：

$$\hat{s}=\dot{\hat{e}}+k_1\hat{e}+k_2\int_0^t \hat{e}\,\mathrm{d}\tau \tag{4-12}$$

式中，$\hat{e}=\hat{x}_1-x_{\mathrm{d}}$，$\dot{\hat{e}}=\hat{x}_2-\dot{x}_{\mathrm{d}}$。

接下来可以设计控制率的数学表达形式如下：

$$u=\frac{1}{k\omega_n^2}\left[(\ddot{x}_{\mathrm{d}}+k_1\dot{x}_{\mathrm{d}}+k_2x_{\mathrm{d}})+(2\xi\omega_n-k_1)\hat{x}_2+(\omega_n^2-k_2)\hat{x}_1-\hat{f}\right]-k_{\mathrm{g}}\mathrm{sgn}(\hat{s}) \tag{4-13}$$

式中，k_{g} 是滑模控制器中的切换增益，而切换增益的选择条件将会在稳定性分析中给出。$\hat{f}$ 是式(4-8)中 f 的估计，估计的误差可以由式(4-14)表达：

$$\tilde{f} = f - \hat{f} \tag{4-14}$$

为了估计压电陶瓷驱动器的所有状态，采用下面的观测器可以在有限的时间内重建系统的所有状态：

$$\begin{bmatrix} \dot{\hat{x}}_1 \\ \dot{\hat{x}}_2 \end{bmatrix} = \begin{bmatrix} \hat{x}_2 + \lambda_1 \mathrm{sgn}(x_1 - \hat{x}_1) \\ h(\hat{x}) + g(\hat{x})u + E\left[\lambda_2 \mathrm{sgn}(\tilde{x}_2 - \hat{x}_2)\right] \end{bmatrix} \tag{4-15}$$

式中，$\tilde{x}_2 = \hat{x}_2 + \left[\lambda_1 \mathrm{sgn}(x_1 - \hat{x}_1)\right]_{\mathrm{eq}}$，其中$\left[\lambda_1 \mathrm{sgn}(x_1 - \hat{x}_1)\right]_{\mathrm{eq}}$可以通过将控制器中的$\lambda_1 \mathrm{sgn}(x_1 - \hat{x}_1)$部分通过一个低通滤波器得到[34]，并且：

$$\begin{cases} E = 0, & x_1 - \hat{x}_1 \neq 0 \\ E = 1, & x_1 - \hat{x}_1 = 0 \end{cases} \tag{4-16}$$

这个观测器可以将一个系统状态估计在有限时间内的某一时刻收敛在这个状态，直到最终得到整个系统状态估计。完整的闭环系统控制框图如图 4.13 所示。

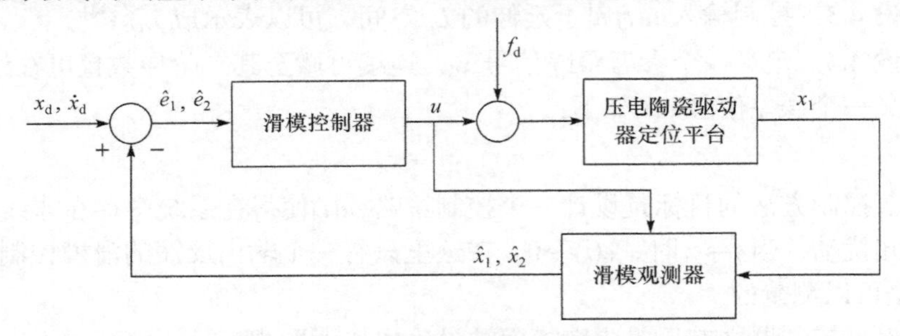

图 4.13　滑模控制器与滑模观测器闭环系统控制框图

4.2.3　稳定性分析

稳定性分析的主要结果可以描述如下。

定理 4.1　对于系统(4-8)及其由式(4-11)定义的滑模面，考虑到控制率(4-13)和给出的观测器(4-15)，合理地选择控制增益 k_g、λ_1、λ_2 参数，能够使观测到的状态 $\hat{x}$ 在有限的时间内收敛到其相应状态的收敛值 x，并且能够最终使得所有的系统状态连到滑模面上，系统的输出 x 可以跟踪上参考信号 x_d。

证明　如下所示的观测器误差系统动态特性被用来研究系统状态估计的收敛性：

$$\begin{bmatrix} \dot{e}_1 \\ \dot{e}_2 \end{bmatrix} = \begin{bmatrix} e_2 - \lambda_1 \mathrm{sgn}(e_1) \\ \Delta h(x, \hat{x}) + \Delta g(x, \hat{x})u + \hat{f} - E\left[\lambda_2 \mathrm{sgn}(\tilde{x}_2 - \hat{x}_2)\right] \end{bmatrix} \tag{4-17}$$

式中，观测器的误差定义为$e_i = x - \hat{x}(i = 1, 2)$，$\Delta h(x, \hat{x}) = h(x) - h(\hat{x})$，$\Delta g(x, \hat{x}) = g(x) - g(\hat{x}) = 0$。

在开始时，假设最初的状态估计并不等于最初的系统实际状态，即 $\hat{x}(t_0) \neq x(t_0)$，然后令观测器的误差动态特性(4-17)中的 $E = 0$。

因为被控对象并没有一个有限的逃逸时间，正如在假设 4.1～4.3 中所描述的，所以估计误差也没有一个有限的逃逸时间，这样就不能保证估计误差在 L_{pe} 空间内。对于估计误差 e_1，考虑如下李雅普诺夫函数：

$$V_1 = \frac{1}{2}e_1^2 \tag{4-18}$$

接下来它可以被很容易地微分成

$$\begin{aligned}\dot{V}_1 &= e_1\dot{e}_1 = -\lambda_1|e_1| + e_1e_2 \\ &\leqslant -\lambda_1|e_1| + |e_1||e_2| \\ &= -|e_1|(\lambda_1 - |e_2|)\end{aligned} \tag{4-19}$$

因此，通过合理选择参数 $\lambda_1 > |e_2|_{\max}$ 可以保证估计误差 e_1 在有限的时间内于 T_1 时刻到达零。接下来，当时间 $t = T_1$ 时，估计误差 e_1 将会收敛到滑模面 $e_1 = 0$，并且在 T_1 后一直保持在此滑模面上。在滑模面上给出 $e_1 = \dot{e}_1 = 0$，按照文献[35]所述，将信号 $\lambda_1\mathrm{sgn}(e_1)$ 通过一个低通滤波器，使得 $[\lambda_1\mathrm{sgn}(e_1)]_{\mathrm{eq}} = e_2$，这样可以使得 $\tilde{x}_2 = x_2$ 到达滑模面上。

在时间 T_1 之后，观测器的动力学方程可用如下形式表达：

$$\begin{bmatrix}\dot{e}_1 \\ \dot{e}_2\end{bmatrix} = \begin{bmatrix} e_2 - \lambda_1\mathrm{sgn}(e_1) = 0 \\ \Delta h(x,\hat{x}) + \hat{f} - E[\lambda_2\mathrm{sgn}(e_2)]\end{bmatrix} \tag{4-20}$$

由于 $e_1 = 0$，所以 $E = 1$。现在考虑如下李雅普诺夫方程：

$$V_2 = \frac{1}{2}e_1^2 + \frac{1}{2}e_2^2 = \frac{1}{2}e_2^2 \tag{4-21}$$

在时间 $t \geqslant T_1$，这个方程将会保持。接下来会有

$$\begin{aligned}\dot{V}_2 &= e_2\dot{e}_2 = e_2(\Delta h(x,\hat{x}) + \hat{f} - \lambda_2\mathrm{sgn}(e_2)) \\ &= -\lambda_2|e_2| + e_2(\Delta h(x,\hat{x}) + \hat{f}) \\ &\leqslant -\lambda_2|e_2| + |e_2|(|\Delta h(x,\hat{x}) + \hat{f}|) \\ &= -|e_2|(\lambda_2 - |\Delta h(x,\hat{x}) + \hat{f}|)\end{aligned} \tag{4-22}$$

因此，通过合理选择参数 $\lambda_2 > |\Delta h(x,\hat{x}) + \hat{f}|_{\max}$，可以保证系统状态 e_2 在有限的时间内于 T_2 时刻收敛到滑模面 $e_2 = 0$。

最终，在时间 T_2 之后，观测器误差将会保持在滑模面 $e_1 = e_2 = 0$ 上。给出 $e_2 = \dot{e}_2 = 0$，可以很容易推断得到 $[\lambda_2\mathrm{sgn}(e_2)]_{\mathrm{eq}} = \hat{f}$。因此，系统的未知不确定性

f可以被估计成 $\hat{f} = [\lambda_2 \text{sgn}(e_2)]_{\text{eq}}$。

如上面所描述的，在系统中存在未知的不确定性项的情况下，观测器误差可以在有限的时间内收敛至零，如 $x_1 = \hat{x}_1$、$x_2 = \hat{x}_2$，这表明系统稳定及跟踪收敛。考虑如下李雅普诺夫方程：

$$V = \frac{1}{2}s^2 \tag{4-23}$$

对式(4-23)取时间的导数，并将控制率(4-13)代入求导后的方程，得到如下结果：

$$\begin{aligned}
\dot{V} &= s\dot{s} = s(\ddot{e} + k_1\dot{e} + k_2 e) \\
&= s(-2\xi\omega_n\dot{x} - \omega^2 x + k\omega^2 u + f - \ddot{x}_d + k_1\dot{x} - k_1\dot{x}_d + k_2 x - k_2 x_d) \\
&= s[f - \hat{f} - k\omega^2 k_{\text{g}}\text{sgn}(s)] \\
&= -s[k\omega^2 k_{\text{g}}\text{sgn}(s) - \tilde{f}] \\
&= -(k\omega^2 k_{\text{g}} |s| - \tilde{f}s)
\end{aligned} \tag{4-24}$$

如果设计的控制器的切换增益 k_{g} 满足如下条件：

$$k_{\text{g}} > \frac{|\tilde{f}|}{k\omega^2} + \frac{\epsilon}{k\omega^2} \tag{4-25}$$

式中，ϵ 是一个正常数。可以推断出 $\dot{V} < -\epsilon|s|$，这说明系统状态可以在有限的时间内到达切换滑模面 $s = 0$[36]。因此，当 $t \to \infty$ 时，滑模变量 $s \to \infty$。根据式(4-12)的定义，如果 $s \to 0$，则 $e \to 0$，且 $\dot{e} \to 0$。由此可得，当 $t \to \infty$ 时，$x \to x_{\text{d}}$，且 $\dot{x} \to \dot{x}_{\text{d}}$。因此，本节提出的控制率保证了系统的稳定性以及跟踪控制的收敛性。

注解 4.1 由于控制器设计中符号函数 $\text{sgn}(x)$ 的不连续性，振荡现象将会在控制输入中发生。因此，为了得到更好的控制效果，应该减轻振荡现象。为了解决这个问题，在这里采用了边界层技术[37]。这种方法将式(4-13)中的符号函数用如下饱和函数来代替：

$$\text{sat}(x/\phi) = \begin{cases} x, & |x/\phi| < 1 \\ \text{sgn}(x/\phi), & |x/\phi| \geqslant 1 \end{cases} \tag{4-26}$$

式中，正常数 ϕ 为边界层的厚度，它保证 x 一直在边界 ϕ 中。在选择参数 ϕ 时，需要权衡振荡现象与跟踪误差。

4.2.4 实验及分析

本节设计的控制器通过压电陶瓷驱动器纳米定位系统进行实验验证，压电陶瓷驱动器的模型使用由第 2 章系统识别出的二阶线性模型。

1. 阶跃响应

这里用一个 1.5μm 的阶跃信号来检测控制器的瞬时响应能力。控制器的控制效果如图 4.14 所示。从图中可以看出，所提出的控制器可以给出一个光滑的控制，它减小了振荡现象并提供了更好的收敛效果。特别地，它可以产生一个非常快速的响应，响应时间只有 7.4ms(1%稳定时间)。控制器的绝对偏差一直保持在 0.0015μm 以内，这个偏差在压电陶瓷驱动器纳米定位系统的噪声级内。

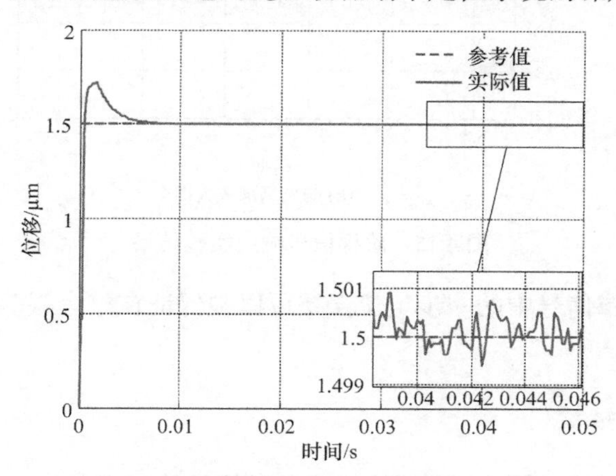

图 4.14　阶跃响应实验结果

2. 阶梯信号响应

这里将一个阶梯信号应用在压电陶瓷驱动器纳米定位实验中，控制器的参数选取与阶跃信号响应实验相同。图 4.15 显示了参考信号为量程 0.5μm、共有 100 步的阶梯信号的响应曲线，此阶梯信号的每一步持续时间为 0.1s。从局部放大图

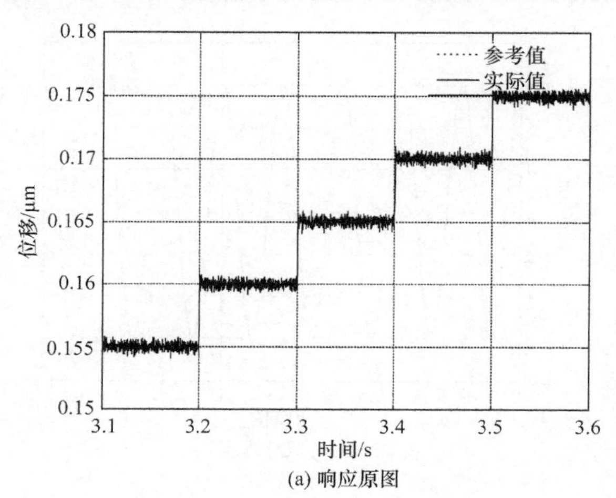

(a) 响应原图

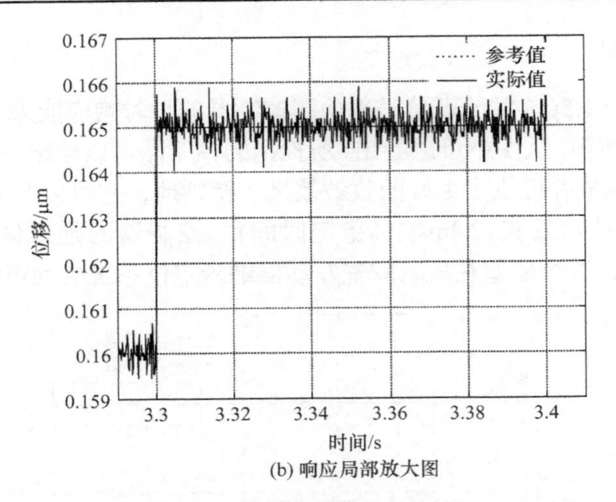

(b) 响应局部放大图

图 4.15　阶梯信号响应实验结果

中可以看出，阶梯信号中的一步定位误差可以被保证在整个跟踪过程中，误差保持在±1nm之内。

3. 正弦信号跟踪

跟踪一个峰到峰幅值为 6μm 的正弦参考信号的响应曲线如图 4.16～图 4.18 所示。从图 4.16 中的跟踪轨迹与跟踪误差可以看出，压电陶瓷驱动器可以精确地跟踪上参考信号，并且跟踪误差小，小于最大参考位移(±3μm)的 1.2%。从图 4.17 和图 4.18 中可以观察到，与可以真实测出的输出位移相比，估计状态 $\hat{x}_1$ 能够以很小的估计误差收敛到真实状态 x_1。此外，与参考速度信号相比，本节设计的观测器可以相对准确地预测出更高阶的系统状态(速度)。

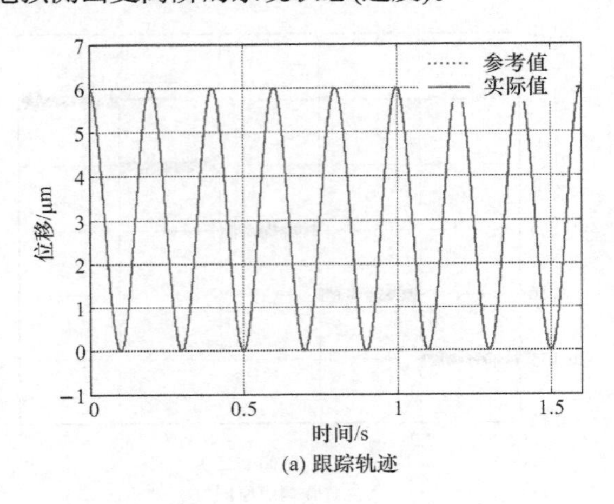

(a) 跟踪轨迹

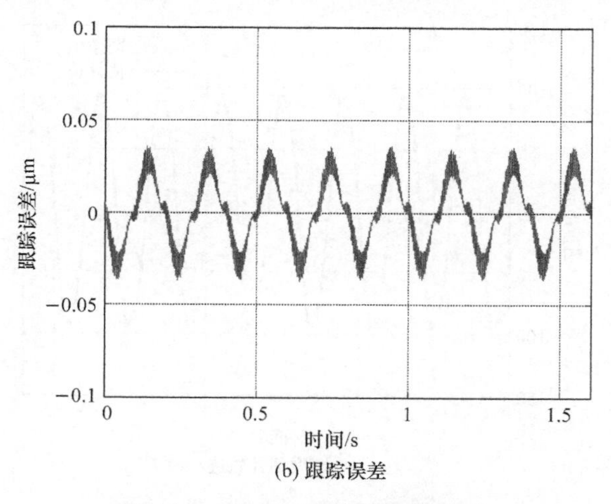

(b) 跟踪误差

图 4.16　5Hz 的正弦信号跟踪响应

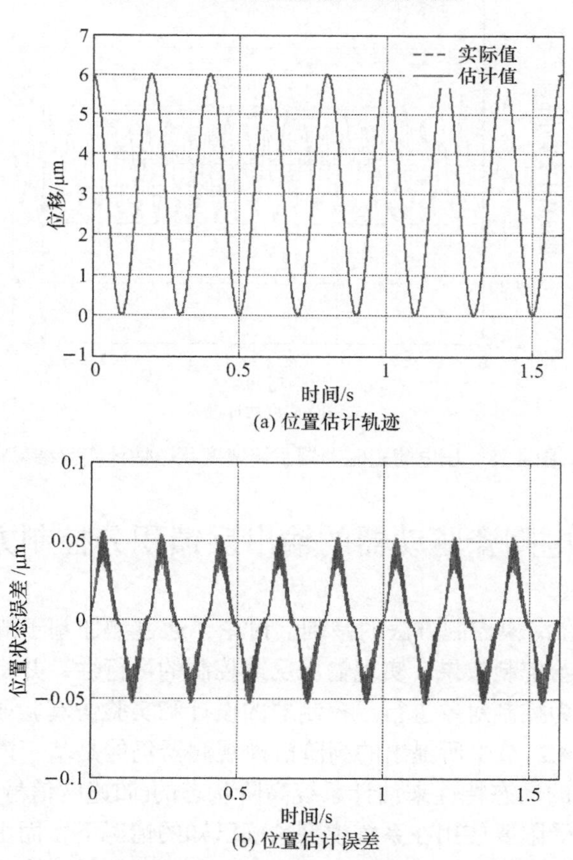

(a) 位置估计轨迹

(b) 位置估计误差

图 4.17　压电陶瓷驱动器系统位置状态估计实验结果

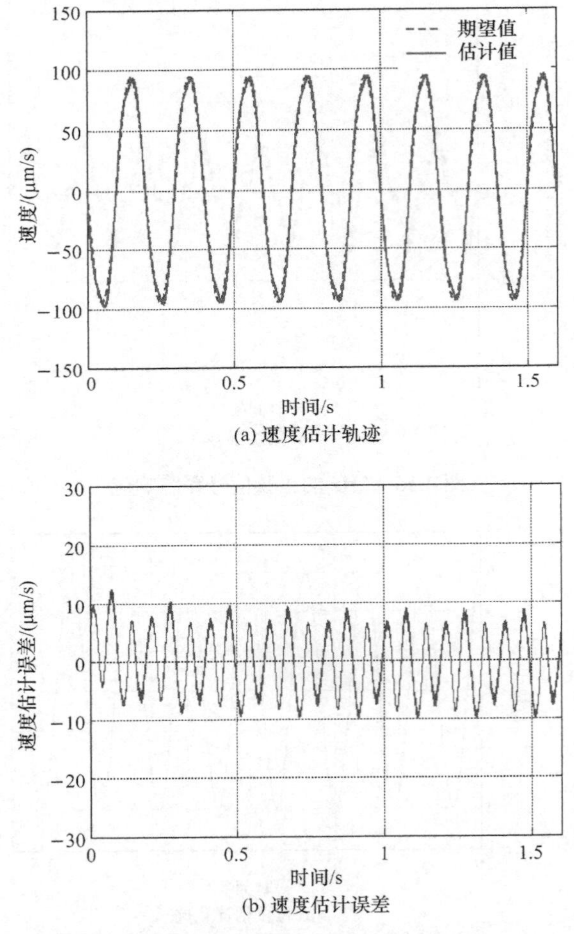

(a) 速度估计轨迹

(b) 速度估计误差

图 4.18　压电陶瓷驱动器系统速度状态估计实验结果

4.3　压电陶瓷驱动器的输出反馈积分控制方法研究

4.2 节主要在滑模控制方法的基础上讨论了通过增加基于滑模观测器的新型鲁棒补偿器来改善控制效果、实现输出反馈控制的可行性，并将压电陶瓷驱动器纳米定位系统作为控制对象进行了控制器的设计和实验仿真验证，得到了有益的结论[38]。然而，4.2 节中所提出的高阶滑模观测器仍然是基于模型而设计的，它是通过模仿系统的动态特性来估计系统高阶状态的(如速度信号)。此外，基于模型的观测器通常受限要使用在系统模型精确已知的情况下，而由于各种未知的未建模动态和非线性特性难以通过数值模拟的方法进行精确的模拟，所以最终会降低定位与跟踪控制的精度。并且许多定位系统，如微纳米定位系统通常是不配备速度传感器的，只存在位置传感器。因此，对于纳米定位系统控制，输出反馈控制策略一直具有很大的吸引力。本节将介绍一种在较宽范围内均具有良好控制性能的非线性鲁棒控制方法。

4.3.1　基于滑模的输出反馈积分控制器设计

考虑本节用到的压电陶瓷驱动器系统，给出如下二阶系统模型：

$$\ddot{x} + 2\xi\omega_n\dot{x} + \omega_n^2 x + f(x,\dot{x}) = k\omega_n^2 u \tag{4-27}$$

式中，x 为输出状态；u 为控制输入；ξ、ω_n 和 k 分别为阻尼系数、自然频率和二阶系统的增益，这些参数由 4.1 节得到；$f(x,\dot{x})$ 是一个未知的非线性函数，代表模型的不确定性和系统的扰动。它满足如下假设。

假设 4.5　函数 $f(x,\dot{x})$ 及一阶导数 $\dot{f}(x,\dot{x})$ 是 L 函数。

假设 4.6　定义一个参考跟踪信号 x_{d}，连续可微及其二阶导数且可在线获取，如下所示：

$$\frac{\mathrm{d}^i x_{\mathrm{d}}(t)}{\mathrm{d}t^i} \in L_\infty, \quad i = 0,1,2,3 \tag{4-28}$$

定义一个新的误差信号 $e(t)$，它可描述成如下形式：

$$e = \dot{e}_0 + k_{\mathrm{i}} e_0 \tag{4-29}$$

$$\dot{e}_0 = x_{\mathrm{d}} - x \tag{4-30}$$

式中，$\dot{e}_0$ 为跟踪误差，在这里引进 $\dot{e}_0$ 来消除系统的稳态误差；k_{i} 是正的积分增益。

本节的目的是设计一个控制输入 $u(t)$，使得当只存在输出反馈时，如只有 $x(t)$ 是可测的，当 $t\to\infty$ 时，$e(t)\to 0$，$e_0(t)\to 0$。

首先定义下面的辅助系统以便于接下来的控制器设计与分析：

$$\begin{cases} \dot{x}_1 = -x_1 + \alpha_2 x_2 + \beta_1 e \\ \dot{x}_2 = \alpha_3 x_1 - \alpha_4 x_2 + \beta_2 e \end{cases} \tag{4-31}$$

式中，x_1、x_2 为辅助系统的状态变量，它们的初始条件被设置为零；$\alpha_i\,(i = 2, 3, 4)$ 和 $\beta_i\,(i = 1, 2)$ 作为辅助系统的参数，满足 $\alpha_4 > 0$ 以及 $\alpha_2\alpha_3 < \alpha_4$。

接下来滤波后的信号 q_{f} 和 q 相应地定义为

$$q_{\mathrm{f}} = \dot{x}_1 + k_0 x_1 \tag{4-32}$$

$$q = \dot{e} + k_0 e + q_{\mathrm{f}} \tag{4-33}$$

其中，k_0 表示一个正常数。值得注意的是，q 是不可测量的，因为它在式(4-33)的表达是依赖于 $\dot{x}$ 的。

将式(4-32)两边同时求导并且将式(4-33)代入，可以得到

$$\begin{aligned}\dot{q}_{\mathrm{f}} =& -q_{\mathrm{f}} + \beta_1 q - [(k_0 - 1)\beta_1 - \alpha_2\alpha_3]x_1 \\ &+ [(k_0 - \beta_1)\alpha_2 - \alpha_2\alpha_4]x_2 + (\alpha_2\beta_2 - \beta_1^2)e\end{aligned} \tag{4-34}$$

将式(4-33)对时间微分并且使用式(4-34)，可以得到

$$\begin{aligned}\dot{q} =& -[-(k_{\mathrm{i}} + k_0 + \beta_1)]q - (k_{\mathrm{i}} + k_0 + 1)q_{\mathrm{f}} \\ &- [(k_0 - 1)\beta_1 - \alpha_2\alpha_3]x_1 + [(k_0 - \beta_1)\alpha_2 - \alpha_2\alpha_4]x_2 \\ &+ (\alpha_2\beta_2 - \beta_1^2 - k_0^2 - k_{\mathrm{i}}k_0)e - k_{\mathrm{i}}^2(x_{\mathrm{d}} - x) + \ddot{x}_{\mathrm{d}} - \ddot{x}\end{aligned} \tag{4-35}$$

本节假设辅助系统的输出变量只有 $\dot{x}_1$ 和 x_1，这使得 q_{f} 和 q 可以在接下来的控制率设计中使用。然后可以得到下面的等式：

$$(k_0 - \beta_1)\alpha_2 - \alpha_2\alpha_4 = 0 \tag{4-36}$$

另外一个正参数 k_1 代表式(4-35)中 q 前的求和项，它可以写为

$$k_1 = -(k_{\mathrm{i}} + k_0 + \beta_1) \tag{4-37}$$

所以，式(4-34)和式(4-35)可以重写为

$$\dot{q}_{\mathrm{f}} = -q_{\mathrm{f}} + \beta_1 q - [(k_0 - 1)\beta_1 - \alpha_2\alpha_3]x_1 + (\alpha_2\beta_2 - \beta_1^2)e \tag{4-38}$$

$$\begin{aligned}\dot{q} =& -k_1 q - (k_{\mathrm{i}} + k_0 + 1)q_{\mathrm{f}} - [(k_0 - 1)\beta_1 - \alpha_2\alpha_3]x_1 \\ &+ (\alpha_2\beta_2 - \beta_1^2 - k_0^2 - k_{\mathrm{i}}k_0)e - k_{\mathrm{i}}^2(x_{\mathrm{d}} - x) + \ddot{x}_{\mathrm{d}} - \ddot{x}\end{aligned} \tag{4-39}$$

最终可以得到如下控制率数学表达形式：

$$\begin{aligned}u =& \frac{1}{k\omega_n^2}\{-(k_{\mathrm{i}} + k_0 + 1 - 2\xi\omega_n)q_{\mathrm{f}} - [(k_0 - 1)\beta_1 - \alpha_2\alpha_3]x_1 \\ &+ (\alpha_2\beta_2 - \beta_1^2 - k_0^2 - k_{\mathrm{i}}k_0 + 2k_0\xi\omega_n)e \\ &- (k_{\mathrm{i}}^2 - 2k_{\mathrm{i}}\xi\omega_n + \omega_n^2)(x_{\mathrm{d}} - x) + \ddot{x}_{\mathrm{d}} + 2\xi\omega_n\dot{x}_{\mathrm{d}} + \omega_n^2 x_{\mathrm{d}} + \hat{f}\}\end{aligned} \tag{4-40}$$

式中，$\hat{f}$ 定义为

$$\hat{f} = k_2\mathrm{sgn}(e + x_1) + (\alpha_2\beta_2 - \beta_1^2)e + \beta_1 q_{\mathrm{f}} \tag{4-41}$$

其中，$\mathrm{sgn}(\cdot)$代表符号函数，k_2 是一个正切换增益，$\hat{f}$ 代表压电陶瓷驱动器系统(4-27)中的未知非线性函数 $f(x,\dot{x})$ 的估计。

完整的输出反馈控制器闭环系统控制框图如图 4.19 所示。

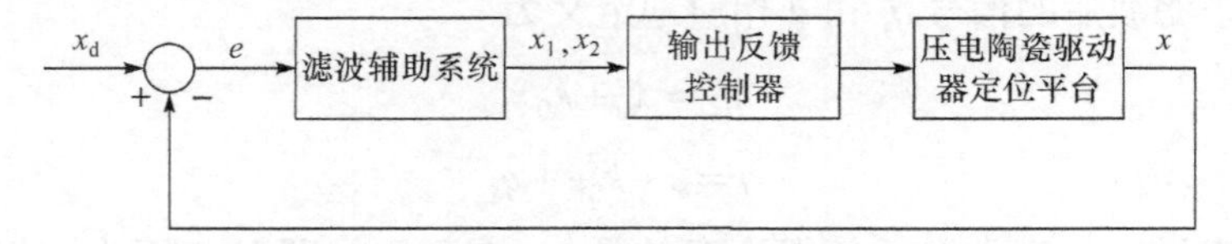

图 4.19 完整的输出反馈控制器闭环控制框图

4.3.2 稳定性分析

稳定性分析的主要结果可以被下面定理描述。

定理 4.2 对于系统中的压电陶瓷驱动器系统(4-40)及其辅助系统(4-41)，给出控制率(5-14)和(5-15)，存在合理的充分条件(4-42)和(4-43)：

$$\alpha_2\beta_2 - \beta_1^2 = 1 \tag{4-42}$$

$$(k_0 - 1)\beta_1 - \alpha_2\alpha_3 = 1 \tag{4-43}$$

则能够使式(4-30)中定义的跟踪误差信号 $e(t)$满足：当 $t\to\infty$时，$e(t)\dot{e}(t)\to 0$。所设计的控制器也保证了系统中的不确定性和扰动可以被识别，在某种意义上也可以说成当 $t\to\infty$时，$f(x,\dot{x}) - \hat{f}(t)\to 0$。

证明 将式(4-40)和式(4-41)代入式(4-39)中，从而得到

$$\dot{q} = -k_1 q + f(q,\dot{q}) - k_2 \mathrm{sgn}(e + x_1) - (\alpha_2\beta_2 - \beta_1^2)e - \beta_1 q_{\mathrm{f}} \tag{4-44}$$

接下来，定义一个辅助函数 $L(t)\in\mathbf{R}$，形式如下：

$$L(t) = q[f - k_2 \mathrm{sgn}(e + x_1)] \tag{4-45}$$

根据文献[39]中的引理 1，可以获得下面的不等式：

$$\int_0^t L(\tau)\mathrm{d}\tau \leqslant \zeta_{\mathrm{b}} \tag{4-46}$$

并且满足下面的充分条件：

$$k_2 > \|f(t)\|_\infty + \|\dot{f}(t)\|_\infty \tag{4-47}$$

式中，ζ_{b}是正常数，$\|\cdot\|_\infty$代表无穷范数。

定义一个域 $D\in\mathbf{R}^6$ 以便于接下来的证明，其中包含的 $y(t)$定义为 $y(t)\in\mathbf{R}^6 = [g^{\mathrm{T}}(t)\quad \sqrt{P(t)}]^{\mathrm{T}}$，其中 $g^{\mathrm{T}}(t)$ 定义为 $g(t)\in\mathbf{R}^5 = [e_0^{\mathrm{T}}\ e^{\mathrm{T}}\ x_1^{\mathrm{T}}\ r_{\mathrm{f}}^{\mathrm{T}}\ r^{\mathrm{T}}]^{\mathrm{T}}$ 且 $P(t)\in\mathbf{R}$ 是一个正函数，可以定义为

$$P(t) = \zeta_{\mathrm{b}} - \int_0^t L(\tau)\mathrm{d}\tau \tag{4-48}$$

在将式(4-48)求导后，可以得到

$$\dot{P}(t) = -L(t) = -q[f - k_2 \mathrm{sgn}(e + x_1)] \tag{4-49}$$

令函数 $V(t,y):\mathbf{R}_+\times D\to\mathbf{R}_+$ 为一个连续可微的正定函数，其定义为

$$V = \frac{1}{2}e_0^2 + \frac{1}{2}e^2 + \frac{1}{2}x_1^2 + \frac{1}{2}q_{\mathrm{f}}^2 + \frac{1}{2}q^2 + P \tag{4-50}$$

且该函数具有如下边界：

$$\frac{1}{2}\|y\|^2 \leqslant V \leqslant \|y\|^2 \tag{4-51}$$

式中，$\|\cdot\|$表示欧几里得范数。

然后将函数 V 求导得

$$\dot{V} = e_0\dot{e}_0 + e\dot{e} + x_1\dot{x}_1 + q_{\mathrm{f}}\dot{q}_{\mathrm{f}} + q\dot{q} + \dot{P} \tag{4-52}$$

通过使用式(4-29)、式(4-32)、式(4-33)、式(4-38)、式(4-39)和式(4-48)，可以得到下面简化的 $\dot{V}$ 函数：

$$\begin{aligned}\dot{V} = &-k_{\mathrm{i}}e_0^2 - k_0(\alpha_2\beta_2 - \beta_1^2)e^2 - k_0[(k_0-1)\beta_1 - \alpha_2\alpha_3]x_1^2 \\ &- q_{\mathrm{f}}^2 - k_1q^2 + e\dot{e} - (\alpha_2\beta_2 - \beta_1^2)e\dot{e} + x_1\dot{x}_1 \\ &- [(k_0-1)\beta_1 - \alpha_2\alpha_3]x_1\dot{x}_1 + e_0e\end{aligned} \tag{4-53}$$

再通过使用定理 4.2 中的充分条件(4-42)和(4-43)，$\dot{V}$ 的表达式可以重写为

$$\dot{V} = -k_{\mathrm{i}}e_0^2 - k_0e^2 - k_0x_1^2 - q_{\mathrm{f}}^2 - k_1q^2 + e_0e \tag{4-54}$$

因为 e_0e 的上边界可表示为

$$e_0e \leqslant \frac{1}{2}|e_0|^2 + \frac{1}{2}|e|^2 \tag{4-55}$$

所以，可以获得如下不等式：

$$\begin{aligned}\dot{V} \leqslant &-|k_1|q^2 - \left(|k_{\mathrm{i}}| - \frac{1}{2}\right)|e_0|^2 - \left(|k_0| - \frac{1}{2}\right)|e|^2 \\ &-|k_0||x_1|^2 - |q_{\mathrm{f}}|^2 \leqslant -\lambda\|g\|^2\end{aligned} \tag{4-56}$$

式中，$\lambda = \min\{|k_{\mathrm{i}}| - 1/2, |k_0| - 1/2, |k_0|, |k_1|\}$。所以，$k_{\mathrm{i}}$、$k_0$必须按照以下条件来选取，以保证 λ 是一个正常数：

$$|k_{\mathrm{i}}| > \frac{1}{2}，\quad |k_0| > \frac{1}{2} \tag{4-57}$$

对式(4-50)和式(4-51)重新整理后可得式(4-49)的下界和上界可写为

$$W_1(y) = \frac{1}{2}^2\|y\|^2，\quad W_2(y) = \|y\|^2 \tag{4-58}$$

而式(4-49)一阶导数的上界可写为

$$W(y) = \lambda\|g\|^2 \tag{4-59}$$

式中，$W_1(y)$ 和 $W_2(y)$ 是连续的正定函数，并且 $W(y)$是一个定义在 $y \in \mathbf{R}^6$ 上的连续的半正定函数。

从式(4-57)和式(4-58)的界可以推断出函数$V \in L_\infty$。因此，$e_0, e, x_1, q_f, q \in L_\infty$。从式(4-29)、式(4-32)和式(4-33)可以很容易地证明$\dot{e}_0, e, x_1 \in L_\infty$。由假设 4.6 及式(4-29)和式(4-30)，可以进一步得到$x, \dot{x} \in L_\infty$。因此，对于给出的假设 4.5 及式(4-27)，推断得出$\ddot{x} \in L_\infty$。而如果$e, x_1, q_f, q, x, \ddot{x} \in L_\infty$，则可以通过式(4-38)和式(4-39)得$q_f, q \in L_\infty$。

因为$e_0, e, x_1, q_f, q \in L_\infty$，并且$\dot{e}_0$，$\dot{e}$，$\dot{x}_1$，$\dot{q}_f$，$\dot{q} \in L_\infty$，再由$W(y)$和$g$的表达式，可知$W(y)$为一致连续的。此外，将式(4-27)两边同时求导，结合假设 4.5 和假设 4.6，可以推断出$\dddot{x} \in L_\infty$，并且可以根据式(4-39)进一步推断得到$\ddot{q} \in L_\infty$。

这时，即可引用文献[37]中的定理 8.4，从而推出

$$\lambda\|g\|^2 \to 0, \text{ 当 } t \to \infty \text{ 时}, \quad \forall y(0) \in \mathbf{R}^6 \tag{4-60}$$

接下来，根据g的定义，可知对于所有的$y(0) \in \mathbf{R}^6$，当$t \to \infty$时，$e_0(t), e(t), x_1(t), q_f(t), q(t) \to 0$。由式(4-33)可以进一步得到，对于所有的$y(0) \in \mathbf{R}^6$，随着$t \to \infty$，$\dot{e}(t) \to 0$。

此外，基于上述有界性分析结果，引用文献[40]的引理 1.6(Barbalat 引理)可以推出对于所有的$y(0) \in \mathbf{R}^6$，随着$t \to \infty$，$\dot{q}(t) \to 0$。最终，由式(4-43)可推出：

$$f(x,\dot{x}) - \hat{f}(t) \to 0, \text{ 当 } t \to \infty \text{ 时}, \quad \forall y(0) \in \mathbf{R}^6 \tag{4-61}$$

以上即完成了定理 4.2 的证明。

注解 4.2　由式(4-36)、式(4-37)、式(4-42)和式(4-43)可知，辅助系统(4-31)的参数选择可以根据下面的等式得到：

$$\alpha_2 = \frac{1}{\beta_2}[(k_i + k_0 + k_1)^2 + 1] \tag{4-62}$$

$$\alpha_3 = -\frac{\beta_2[(k_0 - 1)(k_i + k_0 + k_1) + 1]}{(k_i + k_0 + k_1)^2 + 1} \tag{4-63}$$

$$\alpha_4 = k_i + 2k_0 + k_1 \tag{4-64}$$

$$\beta_1 = -(k_i + k_0 + k_1) \tag{4-65}$$

因此，辅助系统的参数是不需要调节的，即对于任意一组控制器增益，辅助系统可由这些增益值确定。此外，在本节中仍然采用注解 4.1 中的边界层技术进行实验仿真。

4.3.3　实验及分析

本节所设计的控制器通过压电陶瓷驱动器纳米定位系统进行实验验证，实验中所使用的采样频率为 10kHz。其中，压电陶瓷驱动器系统使用由前面系统识别

出的二阶线性模型进行控制器效果的实验验证。

1. 阶跃信号响应

这里用一个 2μm 的阶跃定位实验检测控制器的瞬间响应能力，其中不同的 k_i 值用来说明控制器中积分作用的效果。所得的实验结果在图 4.20 中给出了清晰的表达。

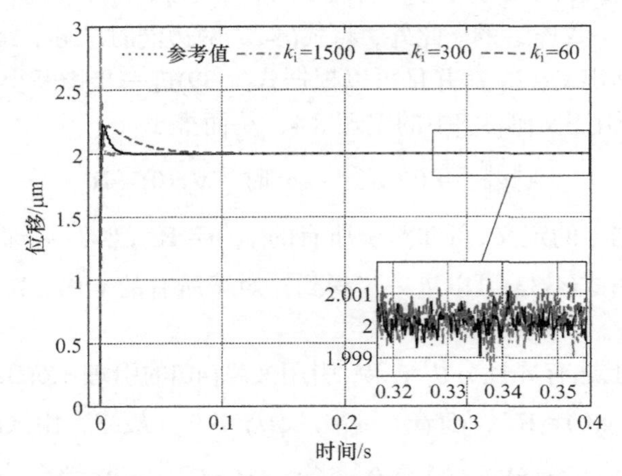

图 4.20　不同 k_i 值下的阶跃响应实验结果

从图 4.20 的结果可以观察到，当积分作用增加时，瞬时响应速度变快，但同时超调量也变大。从阶跃响应曲线的放大图可以看出，当取积分增益较小的值时 $(k_i = 60)$，系统输出不能在短的时间内 $(t = 0.3\text{s})$ 达到平衡位置。因此，为了在响应速度与超调量之间做出一个折中的选择，在置位点定位实验中取积分增益 $k_i = 300$。从图 4.20 中也可以看出使用积分增益 $k_i = 300$ 的控制器的绝对偏差保持在 0.0015μm 之内，这在压电陶瓷驱动器纳米定位系统的噪声级别内。

2. 阶梯信号响应

采用阶梯信号定位实验验证控制器的控制效果。图 4.21(b)给出了参考信号为量程 0.5μm、共有 100 步的阶梯信号的响应曲线，此阶梯信号的每一步持续时间为 0.1s。本节所提出的控制器可以保证在阶跃信号的每一步中约 90%的持续时间内误差保持在±1.2nm。因此，从结果可以看出，阶跃信号中的每一步可以都可以被清晰地识别出来，这说明系统定位的分辨率是小于 1.2nm 的。事实上，定位的分辨率主要受传感器噪声的制约。

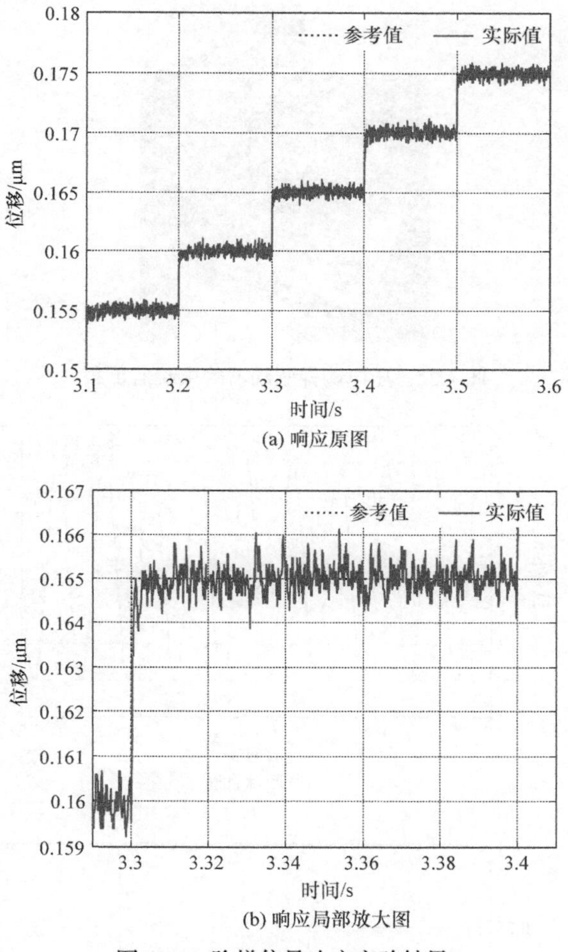

图 4.21　阶梯信号响应实验结果

3. 正弦信号跟踪

在一个峰到峰幅值为 6μm 的正弦参考信号跟踪实验中，对有负载和无负载的两种情况进行比较。在无负载的情况下，压电陶瓷驱动器的末端器是没有外力的，并且系统中的不确定性主要来自模型的不精确误差。而在有负载的情况下，一个 279.4g 的质量块安装在压电陶瓷驱动器的末端器上方(图 4.22)，所得到的末端器的质量大概是原来的 3 倍(末端器的原质量是 150g)，这将导致系统的不确定性发生变化。为了得到一个满意的结果，改变边界层的厚度和积分增益进行实验验证。5Hz 参考信号跟踪结果与跟踪误差如图 4.23 和图 4.24 所示。

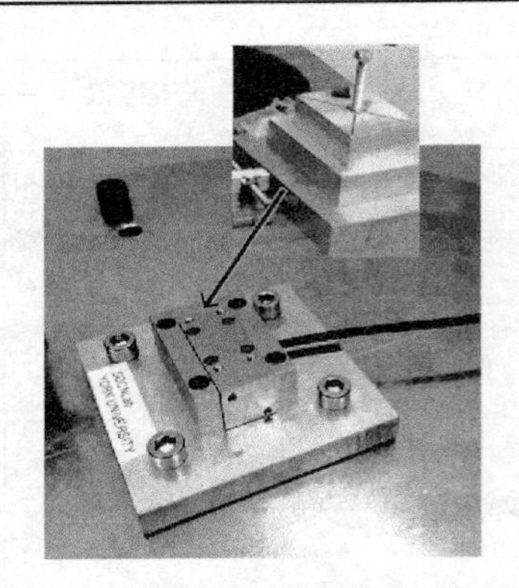

图 4.22　压电陶瓷驱动器的末端器负载

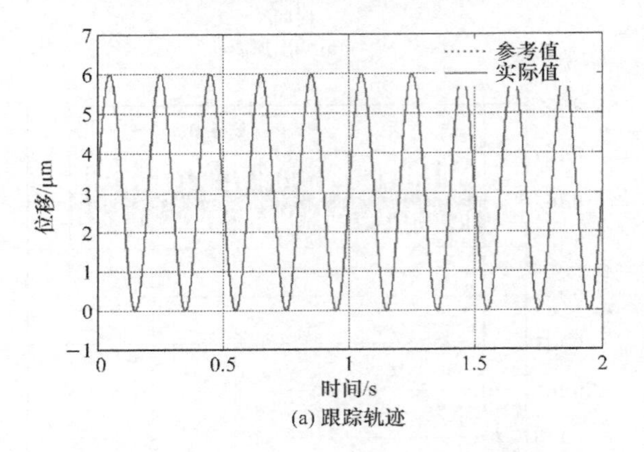

(a) 跟踪轨迹

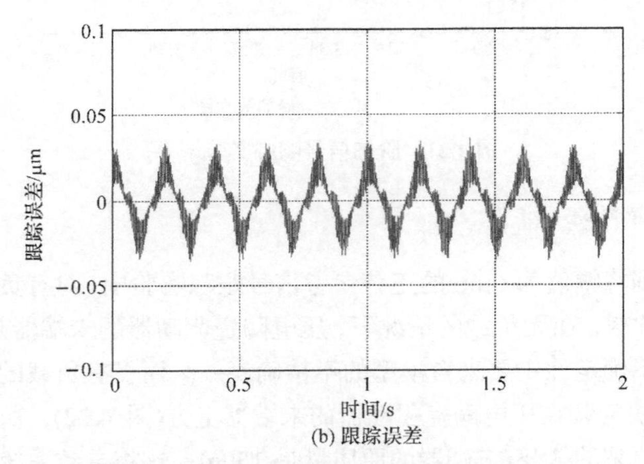

(b) 跟踪误差

图 4.23　无负载情况下 5Hz 正弦信号的跟踪响应

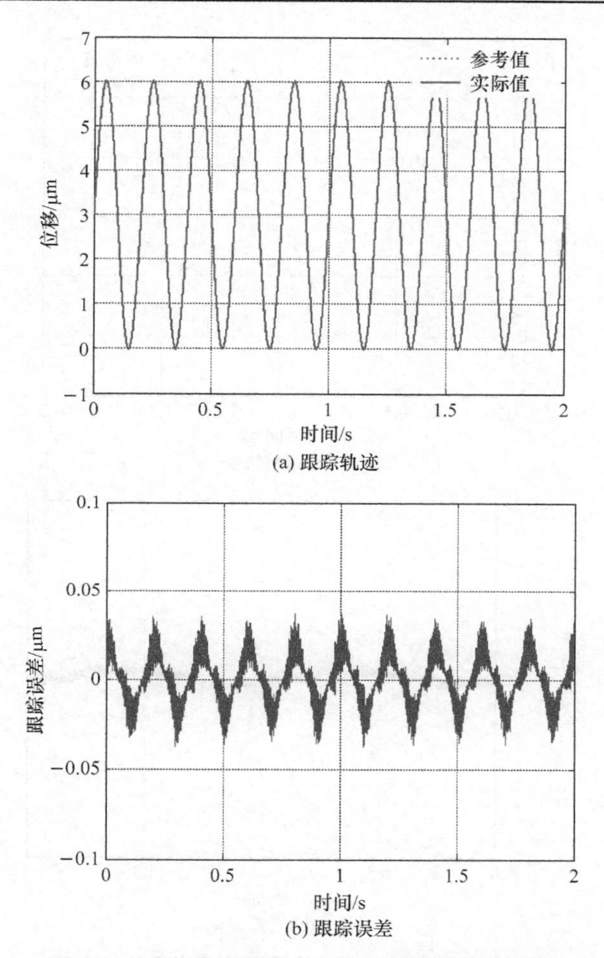

(a) 跟踪轨迹

(b) 跟踪误差

图 4.24　有负载情况下 5Hz 正弦信号的跟踪响应

从图 4.23 和图 4.24 可以看出，无论是在有负载还是无负载的情况下，压电陶瓷驱动器都可以精确地跟踪参考轨迹。从图中还可以看出，应用额外负载后跟踪误差也随之增加。这主要是由于负载的增加，压电陶瓷驱动器阻尼系数和自然频率衰减。这种改变导致被控对象更加严重的模型不准确性，但是在有负载的情况下，跟踪误差仍然较小，如小于最大参考位移的 5%(±3μm)。

4. 三角波信号跟踪

图 4.25 和图 4.26 分别给出了 1Hz 和 10Hz 的三角波跟踪实验结果。从图中可以看出，响应跟踪曲线并没有稳态误差。过渡段的保持时间和最大误差对应 1Hz

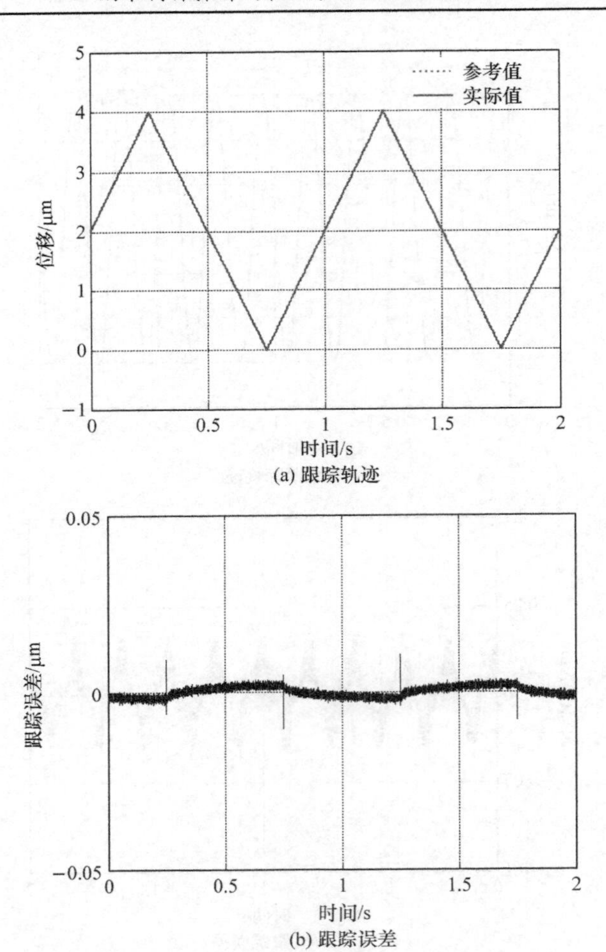

(a) 跟踪轨迹

(b) 跟踪误差

图 4.25 1Hz 三角波信号跟踪响应实验结果

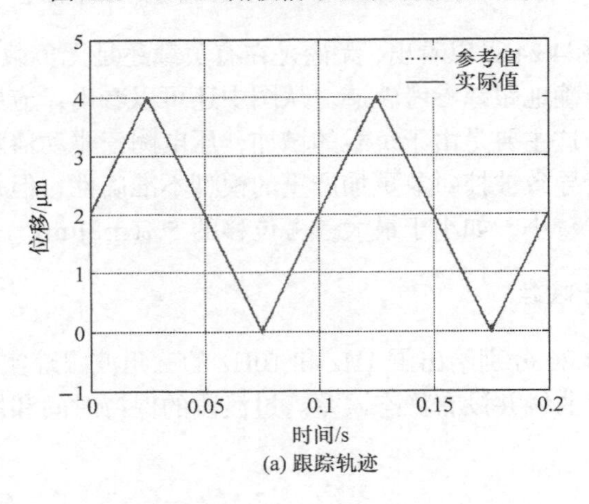

(a) 跟踪轨迹

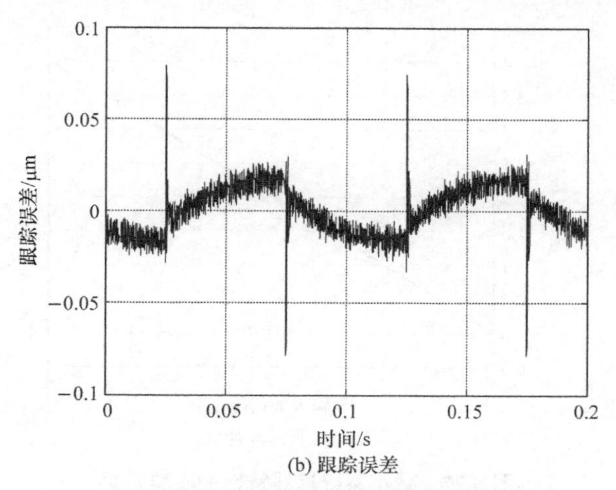

(b) 跟踪误差

图 4.26　10Hz 三角波信号跟踪响应实验结果

的三角波和 10Hz 三角波的两种不同情况下分别为 1.5ms(半周期的 0.3%)和 10nm，0.5ms(半周期的 1%)和 80nm。因此，所设计的控制器可以在三角波信号跟踪控制实验中取得很好的控制效果。

5. 迟滞特性补偿

这里用实验来说明所提出的控制器对压电陶瓷驱动器迟滞特性补偿的有效性。使用正弦信号跟踪实验中的控制器参数，以及一个逐步减小振幅的正弦信号(与图 4.6 中所用输入信号相同)进行跟踪控制实验。输出位移跟踪实验结果与迟滞环的补偿作用实验曲线如图 4.27 所示。与图 4.6 相比可以看出，所设计的控制器可以很成功地补偿压电陶瓷驱动器系统的迟滞特性带来的影响。

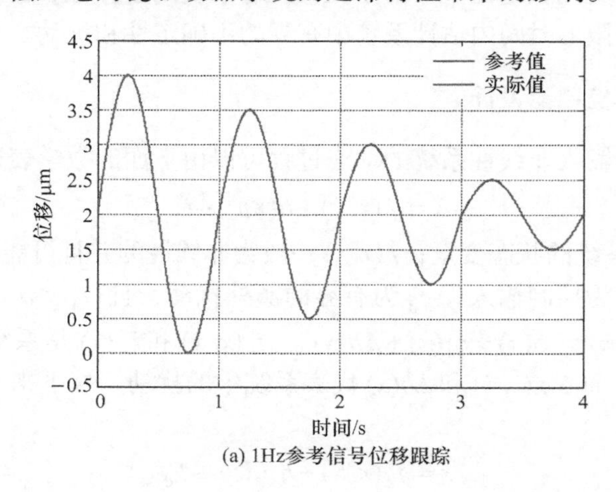

(a) 1Hz参考信号位移跟踪

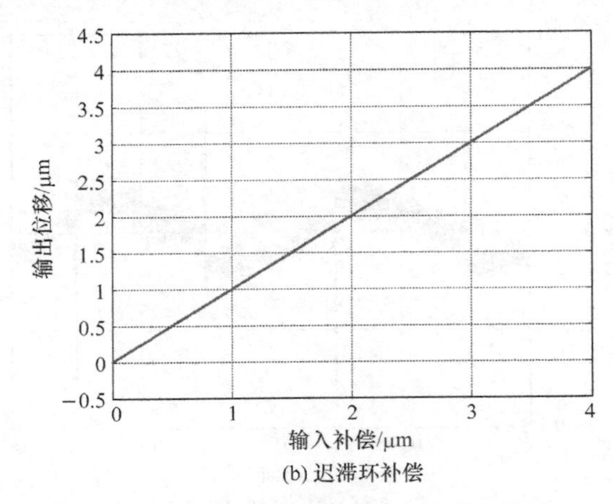

(b) 迟滞环补偿

图 4.27　减小系统迟滞特性的实验效果

4.4　压电陶瓷驱动器的有限时间终端滑模控制方法研究

前面介绍的基于滑模控制理论的所有控制方法的稳定性都是渐进稳定的，渐进稳定性意味着系统运动轨迹在时间趋于无穷时将会收敛至平衡位置。而终端滑模(TSM)控制方法是一种变化的滑模控制方法，它可以实现有限时间内的稳定性。目前已知的是动态系统的有限时间稳定性会提高系统的定位与跟踪精度，加快收敛速度，并且对系统中的不确定性与额外扰动不灵敏[41, 42]。由于它的这些优点，终端滑模控制方法特别适合应用在压电陶瓷驱动器纳米定位系统中来达到高精度的跟踪控制效果。本节提出一种新的连续型有限时间终端滑模控制(TSMC)方法，它拥有全局有限时间稳定性[43]。为了提高控制系统的鲁棒性，这里采用一个滑模扰动观测器在有限的时间内估计系统中有界的不确定性和扰动。

4.4.1　终端滑模控制器设计

一类二阶单输入非线性系统的动态过程可以由下面的数学表达式描述：

$$\ddot{x} = f(x, \dot{x}) + b(x)u + f_{\mathrm{d}} \tag{4-66}$$

式中，x 和 $\dot{x}$ 为系统的状态变量；$f(x, \dot{x})$ 一般为非线性的并且可能是时变的；$b(x)$ 为控制增益；u 为控制输入；f_{d} 为有界的额外扰动，且 $|f_{\mathrm{d}}| \leqslant d$ 。这里 $f(x, \dot{x}) = f_n(x, \dot{x}) + \Delta f(x, \dot{x})$ ，$b(x) = b_n(x) + \Delta b(x)$ 。$f_n(x, \dot{x})$ 和 $b_n(x)$ 是系统中对应其相应部分的标称值，而 $\Delta f(x, \dot{x})$ 和 $\Delta b(x)$ 代表系统中的扰动。接下来二阶系统可以改写为

$$\ddot{x} = f_n(x, \dot{x}) + b_n(x)u + F_{\mathrm{d}} \tag{4-67}$$

式中，$F_{\mathrm{d}} = \Delta f(x,\dot{x}) + b_n(x)u + f_{\mathrm{d}}$ 是集总系统中的不确定性，它被假定有界且 $F_{\mathrm{d}} \leqslant D$，其中 D 是一个正常数。将压电陶瓷驱动器系统看成一个二阶系统[44]，可以用下面的数学表达式描述：

$$\ddot{x} + 2\xi\omega_n\dot{x} + \omega_n^2 x = k\omega_n^2 u(t) + F_{\mathrm{d}} \tag{4-68}$$

式中，ξ、ω_n 和 k 分别为阻尼系数、自然频率和二阶系统的增益。

为了表达简洁以及在终端滑模控制器的分析与设计中更为方便，在本节中引入文献[45]中的概念：

$$\mathrm{sig}(x)^{\lambda} = |x|^{\lambda}\,\mathrm{sgn}(x) \tag{4-69}$$

式中，$0.5 < \lambda < 1$。

注解 4.3　一个终端滑模控制器和一个快速终端滑模控制器可以分别被如下一阶非线性微分方程表示[46]：

$$s = \dot{x} + \mu\,\mathrm{sig}(x)^{\lambda} = 0 \tag{4-70}$$

$$s = \dot{x} + ax + \mu\,\mathrm{sig}(x)^{\lambda} = 0 \tag{4-71}$$

式中，$x \in \mathbf{R}$，$a, \mu > 0$，$0.5 < \lambda < 1$。

注解 4.4　根据有限时间的稳定性定义[47]可知，微分方程(4-70)和(4-71)的平衡位置 $x = 0$ 是全局有限时间稳定的，例如，对于任何初始条件 $x(0) = x_0$，系统状态 x 将会分别在有限时间内收敛至零，并且永远停留在此位置，如对于 $t > T$，$x = 0$。

$$T = \frac{1}{\mu(1-\lambda)}|x_0|^{1-\lambda} \tag{4-72}$$

$$T = \frac{1}{a(1-\lambda)}\ln\frac{a|x_0|^{1-\lambda} + \mu}{\mu} \tag{4-73}$$

定义跟踪误差如下：

$$e_0 = x - x_{\mathrm{d}} \tag{4-74}$$

式中，x_{d} 为目标跟踪轨迹，为了完成跟踪任务使用一个反馈控制输入 u 以便于压电陶瓷驱动器的输出 x 可以在有限时间内跟踪目标轨迹 x_{d}。

接下来引入三个辅助变量 e_{01}、e_{02} 和 e，其中 $\dot{e}_{01} = e_0$、$\dot{e}_{02} = e_{01}$，并且

$$e = \dot{e}_{01} + k_0 e_{02} \tag{4-75}$$

式中，k_0 是一个正常数。

因此，一个终端滑模的滑模面被定义为如下形式：

$$s = \dot{e} + \mu\,\mathrm{sig}(e)^{\lambda} \tag{4-76}$$

式中，$\mu > 0$，$0.5 < \lambda < 1$。选择一个连续的快速终端滑模形式的趋近率来达到连续控制：

$$\dot{s} = -k_1 s - k_2 \mathrm{sig}(s)^{\rho} \tag{4-77}$$

式中，$k_1, k_2 > 0$，$0 < \rho < 1$。

将滑模变量 s 进行关于时间的微分，可以得到

$$\dot{s} = -2\xi\omega_n \dot{x} - \omega_n^2 x + k\omega_n^2 u + F_{\mathrm{d}} - \ddot{x}_{\mathrm{d}} + \mu\lambda |e|^{\lambda-1} \dot{e} \tag{4-78}$$

然后将式(4-77)代入式(4-78)中，可以得到有限时间终端滑模控制器的控制率数学表达式：

$$u = B^{-1}(-A - k_1 s - k_2 \mathrm{sig}(s)^{\rho} - F_{\mathrm{d}}) \tag{4-79}$$

式中，$A = -2\xi\omega_n \dot{x} - \omega_n^2 x + \mu\lambda |e|^{\lambda-1} \dot{e} - \ddot{x}_{\mathrm{d}}$，$B = k\omega_n^2$。

从式(4-78)可以看出，控制率 u 中包含 $|e|^{\lambda-1} \dot{e}$ 项，此项含有负分数幂 $\lambda - 1$，这是因为 $0.5 < \lambda < 1$。所以，当 $e = 0$ 且 $\dot{e} \neq 0$ 时，奇异将会发生。为了避免这个奇异问题，文献[48]中所提出的方法用在了本节中。定义一个新的辅助变量 $\overline{e}$ 来代替原有的 e，则可以写为

$$\overline{e} = \begin{cases} |e|^{\lambda-1} \dot{e}, & e \neq 0, \dot{e} \neq 0 \\ |\varDelta|^{\lambda-1} \dot{e}, & e = 0, \dot{e} \neq 0 \\ 0, & e = 0, \dot{e} = 0 \end{cases} \tag{4-80}$$

式中，$\varDelta > 0$ 是一个小的正常数。

值得注意的是，有界系统的不确定项 F_{d} 一直是未知的，并且通常不能得到。所以，为了提高控制器的鲁棒性以及增强控制效果，这里将合并一个滑模扰动观测器来估计系统中的不确定项。

4.4.2　滑模扰动观测器设计

控制系统中引入滑模扰动观测器是一个有效的方法，用来提高具有额外扰动和建模误差系统的鲁棒性，滑模扰动观测器(SMDO)可以在有限的时间内完成估计[49]。为了设计一个滑模扰动观测器来估计有界系统的不确定项 F_{d}，这里引入一个辅助系统如下：

$$\begin{cases} \sigma = s + z \\ \dot{z} = -A - Bu - v \end{cases} \tag{4-81}$$

式中，σ 和 z 分别是辅助滑模变量和中间变量，v 是辅助的传统滑块控制。

将 σ 对时间求导数，推断出其动态过程：

$$\dot{\sigma} = \dot{s} + \dot{z} = F_{\mathrm{d}} - v \tag{4-82}$$

然后辅助的传统滑模控制 v 将变量 σ 在有限的时间内稳定在零点：

$$v=(D+\varepsilon)\operatorname{sgn}(\sigma) \tag{4-83}$$

式中，$\varepsilon>0$。引入一个李雅普诺夫方程 $V=\dfrac{1}{2}\sigma^2$ 驱使变量 σ 在有限的时间内到达零，然后计算它的导数，有

$$V=\sigma\dot{\sigma}=\sigma(F_{\mathrm{d}}-v)\leqslant|\sigma|D-|\sigma|(D+\varepsilon)=-\varepsilon|\sigma| \tag{4-84}$$

使用式(4-83)可以推断出 σ 在有限时间 t_{f} 内收敛至零[49]，表示如下：

$$t_{\mathrm{f}}\leqslant|\sigma(0)|/\varepsilon \tag{4-85}$$

因此，辅助系统的动态特性可以由等效控制 v_{eq} 来管理。v_{eq} 通过高频切换控制 v 并使用一个低通滤波器进行滤波来得到，表示如下：

$$v_{\mathrm{eq}}=\frac{1}{\tau s+1}v \tag{4-86}$$

式中，$\tau>0$。对于满足 $t>t_{\mathrm{f}}$ 的任何 t，系统的不确定项 F_{d} 通过使用等效控制 v_{eq} 在有效的时间内进行估计，可以写为如下形式：

$$\hat{F}_{\mathrm{d}}=v_{\mathrm{eq}} \tag{4-87}$$

式中，$\hat{F}_{\mathrm{d}}$ 是对 F_{d} 的估计。最终将得到连续的终端滑模控制合并一个滑模扰动观测器，表示如下：

$$u=B^{-1}(-A-k_1 s-k_2\operatorname{sig}(s)^{\rho}-\hat{F}_{\mathrm{d}}) \tag{4-88}$$

完整的闭环系统控制框图如图 4.28 所示。

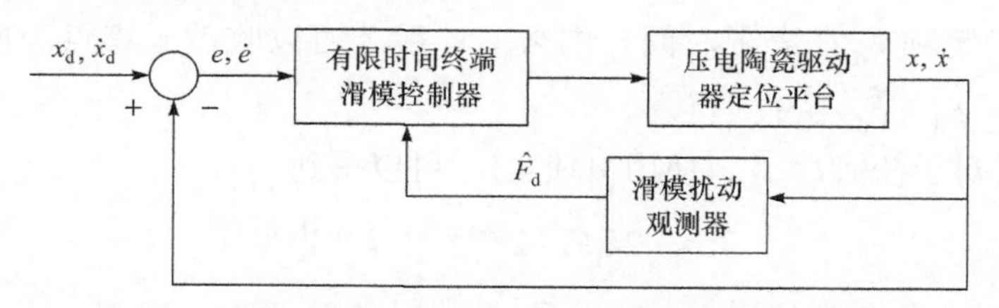

图 4.28　终端滑模控制器与滑模扰动观测器闭环系统控制框图

注解 4.5　辅助滑模变量 σ 的收敛速度一定要比变量 s 的收敛速度快，以此来保证终端滑模变量只有在系统不确定项被估计后才稳定在零点。

4.4.3　稳定性分析

引理 4.1　假设 $c_1, c_2, \cdots, c_n$ 和 $0<p<2$ 都是正数，有如下不等式：

$$(c_1^2+c_2^2+\cdots+c_n^2)^p\leqslant(c_1^p+c_2^p+\cdots+c_n^p)^2 \tag{4-89}$$

引理 4.2 一个扩充的有限时间稳定性的李雅普诺夫描述可以由下面的快速终端滑模形式(4-90)来表达[46]:

$$\dot{V}(x)+aV(x)+\mu V(\lambda)\leqslant 0 \tag{4-90}$$

并且稳定时间可以由式(4-91)给出:

$$T\leqslant\frac{1}{a(1-\lambda)}\ln\frac{aV^{1-\lambda(x_0)+\mu}}{\mu} \tag{4-91}$$

很明显，由以上分析可以看出，不等式(4-90)和(4-91)是与快速有限时间稳定性一样的指数稳定性。

定理 4.3 对于一个可以由式(4-68)表达的单输入二阶非线性系统，拥有由式(4-76)定义的终端滑模面和由式(4-77)给出的到达率，如果其控制率(4-88)是基于终端滑模控制与滑模扰动观测器相结合，则系统的鲁棒稳定性和跟踪收敛性可以在有限的时间内得到保证。

证明 考虑一个正定的李雅普诺夫函数$V=\frac{1}{2}s^2$，将 V 取其对时间的导数，可以得到

$$\begin{aligned}\dot{V}&=s\dot{s}\\&=s(A+F_{\mathrm{d}}+Bu)\\&=s\{A+F_{\mathrm{d}}+B[B^{-1}(-A-k_1s-k_2\mathrm{sig}(s)^{\rho}-\hat{F}_{\mathrm{d}})]\}\\&=-k_1s^2-sk_2\mathrm{sig}(s)^{\rho}+s\tilde{F}_{\mathrm{d}}\end{aligned} \tag{4-92}$$

式中，$A=-2\xi\omega_n\dot{x}-\omega_n^2x+\mu\lambda|\overline{e}|^{\lambda-1}\dot{e}-\ddot{x}_{\mathrm{d}}$。$\tilde{F}_{\mathrm{d}}=F_{\mathrm{d}}-\hat{F}_{\mathrm{d}}$，因为滑模变量 s 只有当系统的不确定项 F_{d} 在有限时间 t_{f} 内被估计后才可以收敛至零点。所以，如果$t>t_{\mathrm{f}}$，$\tilde{F}_{\mathrm{d}}=F_{\mathrm{d}}-\hat{F}_{\mathrm{d}}\to 0$。

所以，对于任何$t>t_{\mathrm{f}}$，使用引理 4.1，可以得到

$$\dot{V}\leqslant -2k_1V-2^{(\rho+1)/2}k_2V^{(\rho+1)/2} \tag{4-93}$$

式中，$\frac{1}{2}<\rho<1$。根据引理 4.2，上面所提出的终端滑模面(4-76)将会在有限的时间内到达，如下所示:

$$T\leqslant\frac{1}{k_1(1-\rho)}\ln\frac{k_1V^{(1-\rho)/2}+2^{(\rho-1)/2}k_2}{2^{(\rho-1)/2}k_2} \tag{4-94}$$

因此，根据式(4-74)～式(4-76)的定义，如果有在有限时间 T 内 $s\to 0$，则 $e\to 0$ 及 $\dot{e}\to 0$ 在有限时间 T 内，从而有 $e_0\to 0$ 及 $\dot{e}_0\to 0$ 在有限时间 T 内，所以 $x\to x_{\mathrm{d}}$ 且 $\dot{x}\to\dot{x}_{\mathrm{d}}$ 在有限时间 T 内。以上说明本节所提出的结合滑模扰动观测器的终端滑

模控制器保证了系统的鲁棒稳定性及轨迹跟踪的收敛性。

4.4.4　仿真及分析

为了仿真验证，使用 Bouc-Wen 模型描述压电陶瓷驱动器系统中的迟滞特性。考虑到迟滞特性是系统中最主要的非线性特性，并且它可以当做压电陶瓷驱动器中的不确定性来处理。因此，迟滞特性可以被建模整合在二阶压电陶瓷驱动器模型中，从而达到精确的仿真效果。Bouc-Wen 模型已经被证实是自适应地来描述压电陶瓷中的迟滞环[50]。用来仿真的含有迟滞环节的压电陶瓷驱动器模型可以用如下数学表达式表示：

$$\ddot{x}+2\xi\omega_n\dot{x}+\omega_n^2x=\omega_n^2(Ku-h) \tag{4-95}$$

$$\dot{h}=\alpha d\dot{u}-\beta|\dot{u}|h|h|^{n-1}-\gamma\dot{u}|h|^n \tag{4-96}$$

式中，h 为非线性迟滞特性，代表依照输入给出的迟滞环，而迟滞环的大小与形状又是由参数α、β和γ来决定的；d 为压电系数；u 为输入电压；阶数 n 负责控制从弹性到塑性转变过程响应的光滑度。考虑到压电陶瓷的弹性结构和材料特点，通常选择式(4-96)中的参数 $n=1$。结合 4.1.1 节～4.4.3 节中所用到的实验设备选择迟滞环的参数，如表 4.2 所示。实验得到的迟滞环与本节采用的迟滞环模型比较如图 4.29 所示。

表 4.2　含有 Bouc-Wen 模型的压电陶瓷驱动器参数

参数	n	ξ	ω_n	K	α	β	γ
数值	1	1.2315×10^4	1.2225×10^6	1.7339×10^{-6}	0.3575	0.0364	0.0272

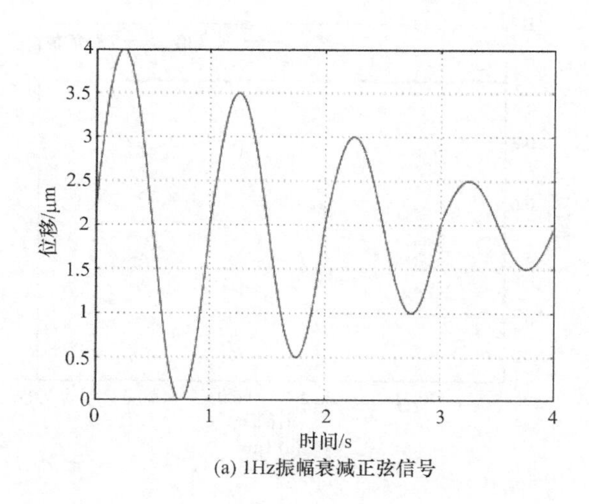

(a) 1Hz振幅衰减正弦信号

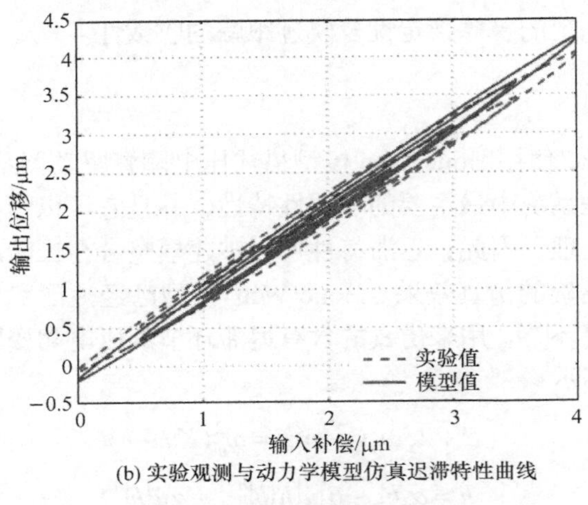

(b) 实验观测与动力学模型仿真迟滞特性曲线

图 4.29　迟滞特性曲线比较

1. 阶跃响应

不同幅值下的终端滑模控制器阶跃信号响应结果如表 4.3 和图 4.30 所示。

表 4.3　阶跃跟踪控制效果

实验结果	TSMC			
	1μm	2μm	3μm	4μm
1%超调时间/ms	1.40	1.27	1.16	0.87
超调量/%	0.50	0.55	0.67	0.72

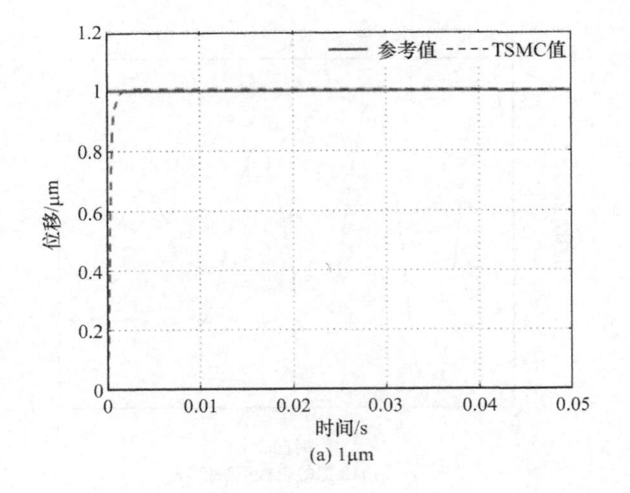

(a) 1μm

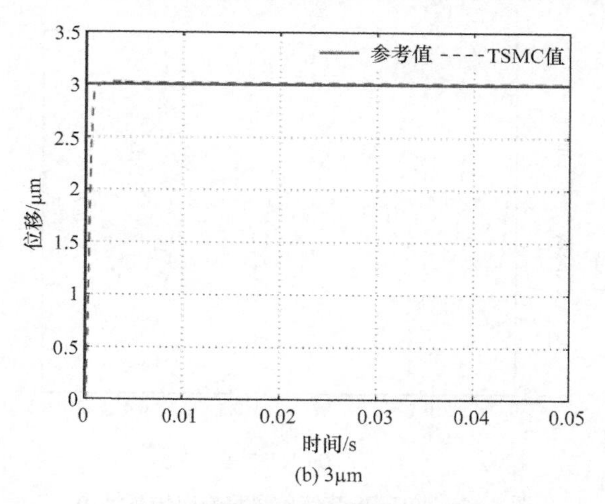

(b) 3μm

图 4.30　不同幅值下的阶跃响应仿真结果

从仿真结果可以看出，此控制器可以给出一个没有震颤效果的光滑的控制结果，并且在有限的时间内快速地收敛至平衡位置。特别地，所提出的控制器产生了一个快速的响应但伴随着很小的超调量。

2. 正弦信号跟踪

跟踪一个在不同频率下幅值为 4μm 的正弦信号，终端滑模控制器的跟踪结果如图 4.31 和图 4.32 所示，并且在表 4.4 中给出详细的表达。从图表中可以看出，无论是跟踪轨迹还是跟踪误差，都说明所设计的控制器可以精确地跟踪正弦信号而不产生震颤效果。它只是在 20Hz 和 50Hz 的信号频率下分别产生了 ±0.0019μm 和 0.0130μm 的最大误差。

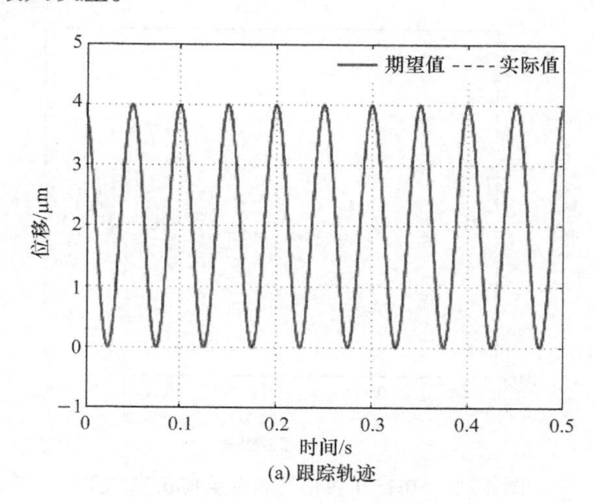

(a) 跟踪轨迹

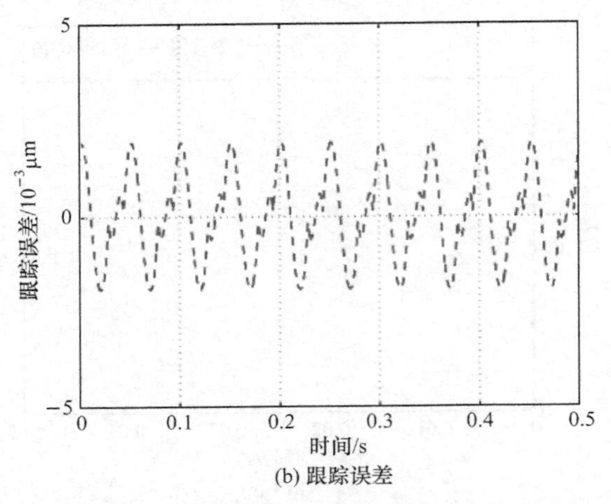

(b) 跟踪误差

图 4.31 20Hz 正弦信号跟踪响应仿真结果

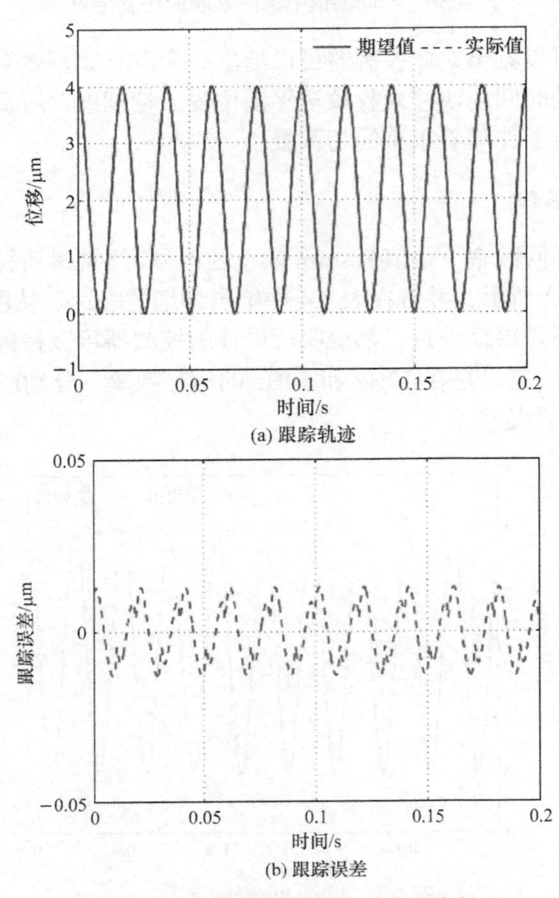

(b) 跟踪误差

图 4.32 50Hz 正弦信号跟踪响应仿真结果

表 4.4　正弦信号跟踪控制效果

实验结果	TSMC	
	均方根误差/μm	最大误差/μm
5Hz	1.3791×10^{-8}	-2.1021×10^{-4}
10Hz	1.0575×10^{-7}	-5.0864×10^{-4}
20Hz	1.4110×10^{-6}	±0.0019
50Hz	6.8825×10^{-5}	0.0130
100Hz	0.0012	0.0515

3. 阶梯信号跟踪

图 4.33 是一个参考信号量程为 1μm、共有 100 步的阶梯信号的响应曲线，此阶梯信号的每一步持续时间为 0.1s。此控制器可以保证在阶梯信号的每一步中约

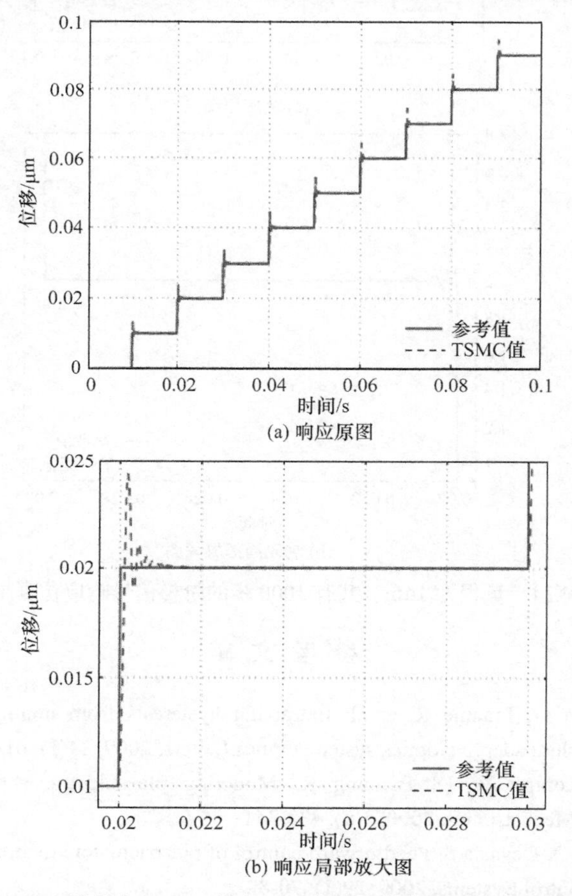

(a) 响应原图

(b) 响应局部放大图

图 4.33　量程为 1μm、共有 100 步的阶梯信号响应仿真结果

80%的持续时间内稳态误差为零。更短距离的定位响应曲线如图 4.34 所示，其中每一步阶梯信号的幅值为 1nm。此时本节提出的控制器可以实现在阶梯信号的每一步中约 85%的持续时间内稳态误差为±0.5nm。因此，阶梯信号中的每一步都可以被清晰地识别出来，这说明所设计的控制器的定位分辨率是小于 1nm 的。

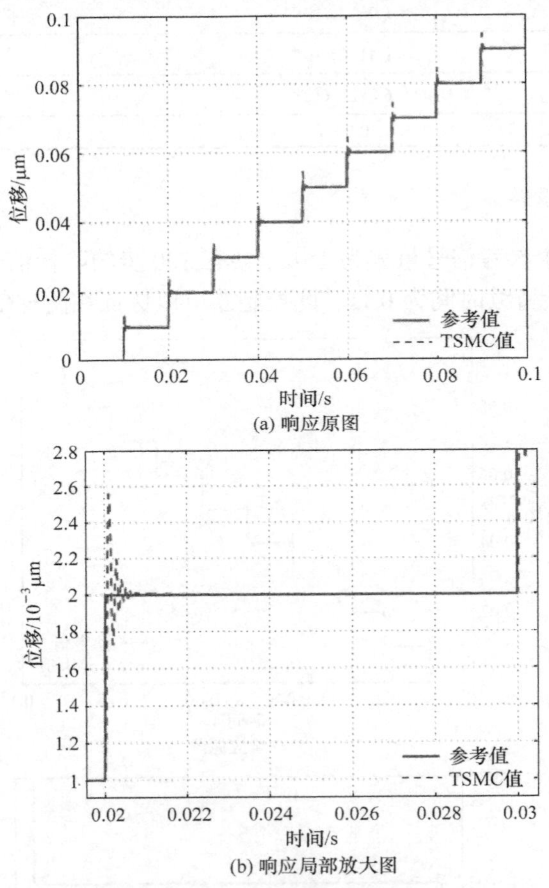

图 4.34　量程为 1μm、共有 1000 步的阶梯信号响应仿真结果

参 考 文 献

[1] Song H, Vdovin G, Fraanje R, et al. Extracting hysteresis from nonlinear measurement of wavefront-sensorless adaptive optics system. Optics Letters, 2009, 34(1): 61-63

[2] Adriaens H, Koning W D, Banning R. Modeling piezoelectric actuators. IEEE/ASME Transactions on Mechatronics, 2000, 5(4): 331-341

[3] Leang K K, Zou Q, Devasia S. Feedforward control of piezoactuators in atomic force microscope system. IEEE Control Systems, 2009, 29(1): 70-82

[4] 张福学. 现代压电学(中册). 北京: 科学出版社, 2002
[5] 王春雷, 李吉超, 赵明磊. 压电铁电物理. 北京: 科学出版社, 2009
[6] 殷之文. 电解质物理学. 2 版. 北京: 科学出版社, 2003
[7] 钟维烈. 铁电体物理学. 北京: 科学出版社, 1996
[8] Robinson R. Interactive computer correction of piezoelectric creep in scanning tunneling microscopy images. Journal of Computer-assist Microscopy, 1996, 2(2): 53-58
[9] Jayawardhana B, Ouyang R, Andrieu V. Stability of systems with the duhem hysteresis operator: The dissipativity approach. Automatica, 2012, 48(10): 2657-2662
[10] Ogata K. System Dynamics. 4th ed. Upper Saddle River: Prentice Hall, 2004
[11] Ge P, Jouaneh M. Generalized Preisach model for hysteresis nonlinearity of piezoceramic actuators. Precision Engineering, 1997, 20(2): 99-111
[12] Li J, Chen X, Zhang W. A new approach to modeling system dynamics—In the case of a piezoelectric actuator with a Host System. IEEE/ASME Transactions on Mechatronics, 2010, 15(3): 371-380
[13] Chen X, Zhang Q, Kang D, et al. On the dynamics of piezoactuated positioning systems. Review of Scientific Instruments, 2008, 79(11): 116101
[14] Jang M J, Chen C L, Lee J R. Modeling and control of a piezoelectric actuator driven system with asymmetric hysteresis. Journal of the Franklin Institute, 2009, 346(1): 17-32
[15] Liu L, Tan K K, Chen S, et al. Discrete composite control of piezoelectric actuators for high-speed and precision scanning. IEEE Transactions on Industrial Informatics, 2013, 9(2): 859-868
[16] Pesotski D, Janocha H, Kuhnen K. Adaptive compensation of hysteretic and creep non-linearities in solid-state actuators. Journal of Intelligent Material Systems & Structures, 2010, 21: 1437-1446
[17] Mokaberi B, Requicha A A. Compensation of scanner creep and hysteresis for AFM nanomanipulation. IEEE Transactions on Automation Science and Engineering, 2008, 5(2): 197-206
[18] Yeh T J, Ruo F H, Shin L W. An integrated physical model that characterizes creep and hysteresis in piezoelectric actuators. Simulation Modelling Practice and Theory, 2008, 16(1): 93-110
[19] Juhasz L, Maas J, Borovac B. Parameter identification and hysteresis compensation of embedded piezoelectric stack actuators. Mechatronics, 2011, 21(1): 329-338
[20] Huang Y C, Lin D Y. Ultra-fine tracking control on piezoelectric actuated motion stage using piezoelectric hysteretic model. Asian Journal of Control, 2004, 6(2): 208-216
[21] Song G, Zhao J, Zhou X, et al. Tracking control of a piezoceramic actuator with hysteresis compensation using inverse Preisach model. IEEE/ASME Transactions on Mechatronics, 2005, 10(2): 198-209
[22] Lin C J, Yang S R. Precise positioning of piezo-actuated stages using hysteresis-observer based control. Mechatronics, 2006, 16(7): 417-426
[23] Xu H, Ono T, Esashi M. Precise motion control of a nanopositioning PZT microstage using integrated capacitive displacement sensors. Journal of Micromechanics and Microengineering,

2006, 16(12): 2747
[24] Sebastian A, Salapaka S M. Design methodologies for robust nano-positioning. IEEE Transactions on Control Systems Technology, 2005, 13(6): 868-876
[25] Dong J, Salapaka S M, Ferreira P M. Robust control of a parallel-kinematic nanopositioner. Journal of Dynamic Systems, Measurement, and Control, 2008, 130(4): 041007
[26] Boukhnifer M, Ferreira A. H_∞ loop shaping bilateral controller for a two-fingered tele-micromanipulation system. IEEE Transactions on Control Systems Technology, 2007, 15(5): 891-905
[27] Seo T W, Kim H S, Kang D S, et al. Gain-scheduled robust control of a novel 3-DOF micro parallel positioning platform via a dual stage servo system. Mechatronics, 2008, 18(9): 495-505
[28] Lin C Y, Chen P Y. Precision tracking control of a biaxial piezo stage using repetitive control and double-feedforward compensation. Mechatronics, 2011, 21(1): 239-249
[29] Shen J C, Jywe W Y, Liu C H, et al. Sliding-mode control of a three-degrees-of-freedom nanopositioner. Asian Journal of Control, 2008, 10(3): 267-276
[30] Liaw H C, Shirinzadeh B, Smith J. Sliding-mode enhanced adaptive motion tracking control of piezoelectric actuation systems for micro/nano manipulation. IEEE Transactions on Control Systems Technology, 2008, 16(4): 826-833
[31] Liaw H C, Shirinzadeh B, Smith J. Enhanced sliding mode motion tracking control of piezoelectric actuators. Sensors and Actuators A: Physical, 2007, 138(1): 194-202
[32] Li J, Yang L. Adaptive PI-based sliding mode control for nanopositioning of piezoelectric actuators. Mathematical Problems in Engineering, 2014, (1): 1-10
[33] Yang L, Li J. Robust output feedback control with disturbance estimation for piezoelectric actuators. Neurocomputing, 2016, 173: 2129-2135
[34] Daly J M, Wang D W. Output feedback sliding mode control in the presence of unknown disturbances. Systems and Control Letters, 2009, 58(3): 188-193
[35] Haskara I. On sliding mode observers via equivalent control approach. International Journal of Control, 1998, 71(6): 1051-1067
[36] Khalil H K, Grizzle J. Nonlinear Systems. 3rd ed. Upper Saddle River: Prentice Hall, 2001
[37] Slotine J E, Li W, et al. Applied Nonlinear Control. Upper Saddle River: Prentice Hall, 1991
[38] Shan J J, Yang L, Li Z. Output feedback integral control for nanopositioning using piezoelectric actuators. Smart Materials and Structures, 2015, 24(4): 045001
[39] Xian B, Queiroz M S, Dawson D M, et al. A discontinuous output feedback controller and velocity observer for nonlinear mechanical systems. Automatica, 2004, 40(4): 695-700
[40] Dawson D M, Hu J, Burg T C. Nonlinear Control of Electric Machinery. New York: Marcel Dekker Inc., 1998
[41] Feng Y, Yu X, Man Z. Non-singular terminal sliding mode control of rigid manipulators. Automatica, 2002, 38(12): 2159-2167
[42] Feng Y, Han X, Wang Y, et al. Second-order terminal sliding mode control of uncertain multivariable systems. International Journal of Control, 2007, 80(6): 856-862
[43] Li J, Yang L. Finite-time terminal sliding mode tracking control for piezoelectric actuators.

Abstract and Applied Analysis, 2014, (2): 760937

[44] Peng J Y, Chen X B. Integrated PID-based sliding mode state estimation and control for piezoelectric actuators. IEEE/ASME Transactions on Mechatronics, 2014, 19(1): 88-99

[45] Haimo V T. Finite time controllers. SIAM Journal on Control and Optimization, 1986, 24(4): 760-770

[46] Yu S, Yu X, Shirinzadeh B, et al. Continuous finite-time control for robotic manipulators with terminal sliding mode. Automatica, 2005, 41(11): 1957-1964

[47] Hong Y, Huang J, Xu Y. On an output feedback finite-time stabilization problem. IEEE Transactions on Automatic Control, 2001, 46(2): 305-309

[48] Zhao D, Li S, Gao F. A new terminal sliding mode control for robotic manipulators. International Journal of Control, 2009, 82(10): 1804-1813

[49] Hall C E, Shtessel Y B. Sliding mode disturbance observer-based control for a reusable launch vehicle. Journal of Guidance, Control, and Dynamics, 2006, 29(6): 1315-1328

[50] Low T, Guo W. Modeling of a three-layer piezoelectric bimorph beam with hysteresis. Journal of Microelectromechanical Systems, 1995, 4(4): 230-237

第 5 章　基于单视角 SEM 图像的目标识别与定位

在自动纳米操作系统中，探针和操作对象位置信息获取精确与否将决定自动纳米操作的成败[1]。本章以探针操控纳米线为例，旨在分析从单视角 SEM 图像精确获取探针和操作对象位置信息的方法。基于 SEM 的纳米操作系统的特点，本书采用粗定位与精确定位相结合的方法，实现对探针快速而准确的定位。对于精确定位中的平面精确定位，采用亚像素边缘检测的原理，提取探针的准确边缘，实现探针平面精确定位。而对于垂直精确定位，本书引入相似度原理，实现对探针深度信息的提取。在纳米操作过程中，操作对象往往是比较小的物体(如纳米线)，因此利用核密度估计原理，提出适应 SEM 图像的小物体识别方案，再根据亚像素的精确定位原理，进一步实现小目标物体定位，以及单纳米线的精确定位。

5.1　探针的识别及精确定位

5.1.1　亚像素边缘检测概述

经典的像素级别的边缘检测方法，由于它们的处理精度有限，最小的误差为一个像素(即使能准确检测出边缘点在哪个像素点内，也不能进一步精确定位)。因此，像素级别的边缘检测与实际的边缘相差很大，因为实际的边缘可能存在于整个像素点内的任何位置。

为了提升定位的精度，在图像的边缘检测研究中，亚像素边缘检测技术应运而生。亚像素边缘检测通过软件处理的方法来提升定位精度。其实现原理在于：首先用经典边缘像素检测方法处理图像，获取大致的像素边缘图像；然后提取边缘像素中各点周围的像素，并记录周围像素的灰度值；最后从中寻找规律，识别精确的边缘像素值，通过软件处理的方法，获取边缘精确像素所在的位置(即在一个像素内进行精确定位)。根据处理软件的不同，亚像素边缘检测可分为基于插值的亚像素边缘检测、基于矩的亚像素边缘检测和基于拟合的亚像素边缘检测。其中，基于插值的亚像素边缘检测是凭借实际图像中边缘像素点附近的灰度分布，对边缘附近的像素进行插值处理，通过计算实现亚像素边缘的精确定位，此方法虽然耗时少，但是对噪声过于敏感。经典的基于插值的亚像素边缘检测在插值处理过程中运用的是二维插值或二维曲面拟合。基于矩的亚像素边缘检测利用积分原理实现边缘检测，虽然可降低噪声的干扰，但是运算速度非常慢[2]。基于拟合的亚像素边缘检测很好地利用了给定的边缘模型,首先对图像进行灰度等级量化，然后对量化后的图像进行拟合，最后通过计算获取亚像素边缘的位置。此方法虽然定位精确度高，但运算速度适中。经典的基于拟合的亚像素边缘检测在对图像进行拟合时，也是运用二维插值或二维曲面拟合，如基于高斯曲面拟合的亚像素边缘检测算法。下面详细介绍以上三种常见的亚像素边缘检测方法。

1. 基于插值的亚像素边缘检测

基于插值的亚像素边缘检测在图像处理中得到普遍的应用，其实现的主要任务是寻找最佳的插值函数，通过对插值函数具体分析，得到亚像素边缘的精确位置，这是一种易于理解且计算简单的亚像素定位方法。插值函数是符合边缘灰度值变化的一种近似函数。首先，对图像进行预处理，并用普通像素边缘检测处理图像，获取边缘像素的大体位置；其次，在边缘像素点两侧的小范围内获取像素的灰度值，并拟合实际的距离与灰度值之间的函数，即插值函数；再次，根据实际边缘像素的灰度值为插值函数的二阶导数值为零的特点，计算实际边缘像素点对应的灰度值(所求的零点对应实际边缘像素点的精确灰度值)；最后，将所求的灰度值代入插值函数，求取实际边缘的实际位置。常用的插值方法有多项式插值、样条插值、线性插值等。下面以多项式插值和三次样条函数插值为例，进行详细的介绍[3]。

1) 多项式插值

根据多项式理论，有如下形式：

$$F(x)=\sum_{k=0}^{n}\frac{(x-x_0)\cdots(x-x_{k-1})\cdots(x-x_n)}{(x_k-x_0)\cdots(x_k-x_{k-1})\cdots(x_k-x_n)}y_k =\sum_{k=0}^{n}\prod_{\substack{i=0\\i\neq k}}^{n}\frac{x-x_i}{x_k-x_i}y_k \tag{5-1}$$

式中，x_i 为待插值点，y_k 为离散函数 x_k 点，$F(x)$ 为插值函数。(x_i,y_i) 为经典算子获取的边缘位置信息，在梯度图像 $R_{(i,j)}$ 的 x 方向上取三点 $R_{(i-1,j)}$、$R_{(i,j)}$ 和 $R_{(i+1,j)}$，并计算它们的梯度幅值，将它们代入式(5-1)后对 $F(x)$ 求导，令 $\frac{\mathrm{d}F(x)}{\mathrm{d}x}=0$，便可得到实际边缘的亚像素坐标 x：

$$x=x_i+\frac{R_{(i-1,j)}-R_{(i+1,j)}}{R_{(i-1,j)}-2R_{(i,j)}+R_{(i+1,j)}}\times\frac{h}{2} \tag{5-2}$$

同理，在梯度图像 $R_{(i,j)}$ 的 y 方向上选取 $R_{(i,j-1)}$、$R_{(i,j)}$ 和 $R_{(i,j+1)}$，可以得到 y

方向的实际边缘坐标为

$$y = y_i + \frac{R_{(i,j-1)} - R_{(i,j+1)}}{R_{(i,j-1)} - 2R_{(i,j)} + R_{(i,j+1)}} \times \frac{h}{2} \tag{5-3}$$

2) 三次样条函数插值

样条插值是一种改进的分段插值，其插值节点越多、越密集，误差越小，将被插值函数的插值节点由小到大排序，然后以相邻的两个节点为端点，在小区间上用 m 次多项式拟合准确的插值函数。三次样条的具体定义是：假设实验中，在区间 $[a,b]$ 上获取 n 个采样点 $x_i(i=1,2,\cdots,n-1)$，所有采样点满足 $a = x_0 < x_1 < \cdots < x_{n-1} = b$ 的条件，且对应的灰度值为 $y_i(i=1,2,\cdots,n-1)$。对于构造的插值函数 $F(x)$：

(1) $F(x)$、$F'(x)$、$F''(x)$ 在区间 $[a,b]$ 上是不间断的；

(2) 在区间 $[x_{i-1}, x_i]$ 上，构造出的插值函数不高于三次多项式；

(3) 在 x_i 处，满足 $F(x_i) = y_i(i=0,1,\cdots,n-1)$。

如果满足条件(1)和(2)，则仅在采样点处满足三次样条函数。但是如果满足(1)、(2)和(3)，则处处满足三次样条插值函数。

根据定义，假设 $F'(x) = m_i(i=0,1,\cdots,n-1)$，在每个采样区间 $[x_i, x_{i+1}]$ 上运用 Hermite 插值公式，有

$$F(x) = a_i(x)y_i + a_{i+1}(x)y_{i+1} + b_i(x)m_i + b_{i+1}(x)m_{i+1}, \quad x \in [x_i, x_{i+1}] \tag{5-4}$$

由式(5-4)可知，如果想求函数 $F(x)$ 的表达式，需要求出 x_i 处的导数值 $F'(x) = m_i$。

将式(5-4)展开，即可以得到

$$F(x) = \left(1 + 2\times\frac{x - x_i}{x_{i+1} - x_i}\right)\left(\frac{x - x_{i+1}}{x_i - x_{i+1}}\right)^2 y_i + \left(1 + 2\times\frac{x - x_{i+1}}{x_i - x_{i+1}}\right)\left(\frac{x - x_i}{x_{i+1} - x_i}\right)^2 y_{i+1}$$
$$+ (x - x_i)\left(\frac{x - x_{i+1}}{x_i - x_{i+1}}\right)^2 m_i + (x - x_{i+1})\left(\frac{x - x_i}{x_{i+1} - x_i}\right)^2 m_{i+1}, \quad x \in [x_i, x_{i+1}] \tag{5-5}$$

令 $h_i = x_{i+1} - x_i$，可以得到

$$F(x) = \frac{(x - x_{i+1})^2[h_i - 2(x - x_i)]}{h_i^3} y_i + \frac{(x - x_i)^2[h_{i+1} - 2(x_{i+1} - x)]}{h_i^3} y_{i+1}$$
$$+ \frac{(x - x_{i+1})^2(x - x_i)}{h_i^2} m_i + \frac{(x - x_i)^2(x - x_{i+1})}{h_i^2} m_{i+1}, \quad x \in [x_i, x_{i+1}] \tag{5-6}$$

对 $F(x)$ 求两次微分，并整理得

$$\lambda_i m_{i-1} + 2m_i + \lambda_i m_{i+1} = g_i, \quad i = 1,2,\cdots,n-1 \tag{5-7}$$

式中，$\lambda_i = \dfrac{h_i}{h_{i-1} + h_i}$，$\mu_i = 1 - \lambda_i = \dfrac{h_{i-1}}{h_{i-1} + h_i}$，$g_i = 3[\lambda_i f(x_i, x_{i-1}) + \mu_i f(x_i, x_{i-1})](i = 1, 2, \cdots, n-1)$。

取 $s''(x_0) = y_0''$，$s''(x_n) = y_n''$，则有

$$s''(x_0) = -\frac{4}{h_0} m_0 - \frac{2}{h_0} m_i - \frac{6}{{h_0}^2}(y_i - y_0) = y_n'' \tag{5-8}$$

$$2m_0 + m_i = 3\frac{y_i - y_0}{h_0} - \frac{h_i}{2} y_0'' = g_0 \tag{5-9}$$

同理可得

$$2m_n + m_{n-1} = 3\frac{y_n - y_{n-1}}{h_{n-1}} - \frac{h_n}{2} y_n'' = g_n \tag{5-10}$$

2. 基于矩的亚像素边缘检测

在机器视觉和模式识别中，基于矩的亚像素边缘检测已得到广泛的应用，图像边缘模型的所有参数都包含在图像的矩特征中，因此图像中的边缘信息可由局部的矩特征求出来。基于矩的亚像素边缘检测方法是根据矩不变的原理，认为实际图像与理想图像中边缘的矩特征是相同的。Tabatabai 等[4]在 1984 年利用灰度矩不变的原理对图像进行边缘处理，并实现边缘的亚像素定位，他们依据的原理是实际图像边缘数据的前三阶灰度矩特征和理想直线边缘模型的灰度矩特征保持一致，从而获取边缘模型参数，实现图像边缘的亚像素定位。

基于矩的亚像素边缘检测因其较强的抗噪特性，可以降低噪声对检测结果的影响，尤其是对图像中的加性噪声和乘性噪声，其抗噪特性更强。但是由于该方法的计算方式为模板卷积运算方式，在图像处理中计算量非常大，所以耗时长，无法达到实时操作的要求。

在一维连续函数 $f(x)$ 中，它的 p 阶空间矩和灰度矩可分别表示为

$$m_p = \int x_p f(x) \mathrm{d}x \tag{5-11}$$

$$\overline{m}_p = \int f^p(x) \mathrm{d}x \tag{5-12}$$

而延伸到二维连续函数 $f(x, y)$ 时，它的 $p+q$ 阶空间矩和 p 阶灰度矩可分别表示为

$$m_{p+q} = \iint x_p y_q f(x, y) \mathrm{d}x\mathrm{d}y \tag{5-13}$$

$$\overline{m}_p = \iint f^p(x, y) \mathrm{d}x\mathrm{d}y \tag{5-14}$$

在转化到图像领域时，其图像 $I(i,j)$ 处的目标区域的 $p+q$ 阶空间矩和 p 阶灰度矩可分别表示为

$$m_{p+q}=\sum_{(i,j)\in S} i_p j_q I(i,j) \tag{5-15}$$

$$\overline{m}_p=\frac{1}{n}\sum_{(i,j)\in S} I^p(i,j) \tag{5-16}$$

式中，n 表示区域 S 中的像素点数。

根据矩特征保持一致的原则，在基于灰度矩的亚像素边缘检测中，实际图像与理想图像中的边缘灰度矩特征是一样的。利用它们的边缘灰度矩特征保持一致的原则，实现亚像素边缘的精确定位。一阶理想图像中的边缘模型有三个基本参数：阶跃高度 k、边缘两边灰度值 h_1 和 h_2。假设 $u(x)$ 为理想图像中的边缘函数，则一阶理想图像中的边缘函数可表示为

$$E_i(x,y)=(h_2-h_1)u(x-k)+h_i \tag{5-17}$$

设 p_1 为灰度值为 h_1 的像素在整个边缘区域中所占的比值，p_2 为灰度值为 h_2 的像素在整个边缘中所占的比值，则一阶理想图像中的边缘的前三阶灰度矩应满足：

$$m_i=\frac{1}{n}\sum_{i=1}^{n} p_i h_i \tag{5-18}$$

则边缘位置为

$$k=\frac{n\overline{s}}{2}\sqrt{\frac{1}{4+\overline{s}^2}}+\frac{n-1}{2} \tag{5-19}$$

式中，n 为实际图像中整个边缘区域中所有的像素个数。

3. 基于拟合的亚像素边缘检测

基于拟合的亚像素边缘检测有两种方法，第一种方法为从处理的图像中获取采样点(即离散的边缘点的位置和灰度值)，选取合适的核函数，再对采样数据进行曲线拟合，通过拟合获取连续的边缘函数，则边缘函数的二阶导数为零的点便是边缘的亚像素位置；另一种方法则是先对图像进行普通的像素边缘检测，实现边缘的粗定位，然后在粗定位结果两侧的某一小范围进行采样，对采样的数据进行曲线拟合，获取小范围的边缘函数，对拟合出的边缘函数进行求导，一阶导数值为零的点就是边缘的实际位置。

通过拟合获取的采样数据，获取边缘的连续函数，进而实现对图像亚像素边缘的精确定位。因此，曲线拟合必须要知道图像边缘的特性和拟合函数形式。下面以最小二乘回归直线拟合法和离散的 Chebyshev 多项式拟合法为例[5]，对基于

拟合的亚像素边缘检测进行详细介绍。

1) 最小二乘回归直线拟合法

最小二乘拟合算法是一种应用广泛的数学工具。它主要是对直线性的目标进行线性拟合，在图像领域中，首先对图像进行普通的边缘提取处理，获取边缘图像，再从边缘图像中提取像素边缘的坐标点(x_i, y_i)，然后对这些坐标点进行最小二乘直线拟合。定义直线方程：

$$\hat{y} = c_0 + c_1 x \tag{5-20}$$

式中，c_0和c_1为方程的未知参数。

根据最小二乘法原理，为获取完美的拟合直线(即拟合直线与实际边缘点最接近)，在此要求y_i与$\hat{y}_i$的偏离度s最小，即

$$s = \sum_{i=0}^{n-1}(y_i - \hat{y}_i) = \sum_{i=0}^{n-1}[y_i - (c_0 + c_1 x_i)]^2, \quad i = 1, 2, \cdots, n \tag{5-21}$$

根据获取极值的条件，有

$$\begin{aligned} \frac{\partial s}{\partial c_0} &= -2\sum_{i=0}^{n-1}(y_i - c_0 + c_1 x_i) = 0 \\ \frac{\partial s}{\partial c_1} &= -2\sum_{i=0}^{n-1}(y_i - c_0 + c_1 x_i)x_i = 0 \end{aligned} \tag{5-22}$$

在求得拟合函数后，可以根据函数求取图像中的直线特征，因为此特征可以通过直线之间的距离求得。通过最小二乘回归直线拟合法的转化，精确地从直线中求取实际图像中离散的边缘点，从而实现边缘的亚像素精度定位。

2) 离散的 Chebyshev 多项式拟合法

在实际获取的图像中，边缘点附近边缘函数是一个渐进变化，并非在一条直线中有规律的变化，因此运用低阶多项式拟合边缘函数会更接近实际，由此实现的定位也会更加精确。设拟合区间为

$$I = \{i-4, i-3, i-2, i-1, i, i+1, i+2, i+3, i+4\} \tag{5-23}$$

i为边缘中一个像素点的位置，$f(x)$为集合区间I上的灰度函数，则 Chebyshev 正交多项式为

$$p(x) = 1, \quad p_1(x) = x, \quad p_2(x) = x - \frac{20}{3}, \quad p_3(x) = x - \frac{59x}{5} \tag{5-24}$$

利用式(5-24)，对图像的边缘函数进行拟合，再对边缘函数求导，则一阶导数极大值处或边缘函数的二阶导数为零处，便是当前图像边缘的亚像素位置。边缘的亚像素位置x_i的表示如下：

$$x_i = -\frac{-\sum_{x\in I} p_2(x) f(x) \sum_{x\in I} p_3^2(x)}{3\sum_{x\in I} p_3(x) f(x) \sum_{x\in I} p_2^2(x)} \tag{5-25}$$

同理，也可以获取不同方向的亚像素位置。

最小二乘回归直线拟合法通过最小化误差的平方和寻找数据的最佳函数匹配，实现图像中所有边缘直线的拟合，虽然它的定位速度比较快，但是容错率低，因为它需要事先确定图像中边缘像素点符合的函数表达式。而 Chebyshev 多项式拟合法可以拟合出图像边缘的变化趋势，由此实现的定位精度比较高，而且不需要固定边缘图像像素点所符合的表达式，容错率高，但是在每一次边缘拟合时，计算量大，耗时较多，因此定位速度比较慢。

5.1.2　相似度概述

在计算机视觉领域中，相似度表示两种事物的相似程度。而在数字图像处理中，从实物的内部特征、像素灰度特征和图像结构三个方面出发，相似度的计算方法各种各样，且各具特色，在实际情形中解决了各种特定的问题。根据相似度在计算时参考的原理不同，图像相似度算法分为三类：基于像素灰度的相似度算法、基于图像特征点的相似度算法和基于特定理论的相似度算法[6]。

1. 基于像素灰度的相似度算法

在数字图像处理中，灰度直方图表示图像中不同灰度值的个数变化，也可反映图像中像素灰度值的概率分布，它是图像的一种全局信息特征，通常用条状图来表示。图像的灰度直方图直观地描述了图像中不同灰度值的出现频率，设图像中灰度级为$[0, L-1]$(在 8 位量化的灰度图中$L=256$)，用$f(X)$表示图像中的坐标$X=(x, y)$处的像素的灰度值。对于大小为$m\times n$的参考图像，记V为大小为参考图像中所有像素的集合，N为像素集合V中的元素个数，V_i为像素集合V中灰度值为i的所有像素点的集合，N_i为像素集合V_i中的元素个数，其中$i=1,2,\cdots,L$。在直方图中，横坐标描述像素灰度值的取值范围，纵坐标描述图像中不同灰度值出现的概率[7]。其表达式如下：

$$H(P) = \left[h(x_1), h(x_2), \cdots, h(x_n)\right], \quad n\in\{1,2,\cdots,L-1\} \tag{5-26}$$

$$h(x_n) = \frac{N_i}{N} = \frac{N_i}{\sum_{i=0}^{L-1} N_i}, \quad i\in\{1,2,\cdots,L-1\} \tag{5-27}$$

基于像素灰度的相似度算法比较简单，它仅需要计算两幅图像的直方图之间的相似系数，通过直方图之间的差异来判断图像的相似性。因此，通过计算图像直方图之间的差异，也能间接地表示出两图像间的相似程度。除此之外，还有很多表示图像直方图之间差异的计算方法，如基于欧氏距离、余弦距离、Chebyshev 距离、街区距离、Hellinger、Tanimoto 等[8-12]的算法。其中，基于灰度直方图的相似性度差异计算公式如下：

$$\mathrm{Sim}(h_1,h_2)=\left[\sum_{i=0}^{L-1}|h_1(x_i)-h_2(x_i)|^2\right]^{1/2} \tag{5-28}$$

式中，$h_1(x_i)$ 和 $h_2(x_i)$ 表示图像中灰度值为 i 的像素出现的概率。在灰度图像中，图像的所有信息都包含在图像的像素灰度值中，而直方图是图像中像素灰度值的直观描述。因此，将两幅图像的直方图进行数据分析，可以计算它们的相似度。

2. 基于图像特征点的相似度算法

在数字图像中，特征点就是一些比较特殊的位置，它们是不同事物之间的区分特征，如图像的拐点、角点或交叉点等。因此，图像中的点识别很好地利用了图像特征点。在数字图像处理中，常用的特征点有 Harris 角点、Sift 特征点等[13]。许多视觉算法的实现，都提取图像中的特征点，并对它们进行数据分析，如运动目标跟踪、物体识别、三维重建、图像配准等，都是运用点的特征来实现的。其中基于特征点的图像匹配就是从图像中提取特征点，按照相似度计算方法对特征点进行匹配，实现物体的识别功能。下面以图像匹配为例，介绍特征点相似度的应用过程。

首先在图像中检索出图像中所有的特征点；然后根据匹配点的个数和位置等特点，计算图像的相似度；最后根据一定评判标准，判断图像的相似性。基于 Sift 特征点的匹配的步骤为：首先获得两幅图像的特征点，并从中提取它们的匹配特征点，利用相似度公式计算两幅图像的相似度；然后根据一定评判标准，判断两幅图像的相似性，从而实现图像的匹配。在处理旋转图像的匹配问题时，基于 Sift 特征点的匹配算法具有很好的稳定性，因为匹配过程中，相似度的计算受图像旋转的影响极小。Sift 算法计算简便，并且具有良好的稳定性，但是在计算不同特征点时，需要的特征值是不一样的，这增加了 Sift 算法的计算量，直接影响 Sift 算法的计算效率。因此，Sift 算法消耗比较大，且在实际的应用中有一定的局限性。

3. 基于特定理论的相似度算法

基于特定理论的相似度算法是从图结构的基础上不断演变而成的。假定在阈值分割后的图像中，不同的区域是相互独立的，而且唯一存在，那么通过提取图像中的属性特征，描述不同区域空间之间的联系，就可以构建图像的图结构。因此，基于特定理论的相似度算法可以利用图结构计算出图像之间的相似度。

基于特定理论的相似度算法缺乏明确的定义，根据不同的理论，其计算和描述的方式各不相同。例如，与基于矩阵的相似度算法一样，它是从图节点的相似度出发，通过迭代运算，计算出两幅图像的相似度；而基于最大公共子图和关联图的相似度算法与其相似，它们都是从图像拓扑结构中演化而来的，在处理不同的图像时，各具特点，都能很好地处理某种特定的问题，且有较好的鲁棒性[14]。

5.1.3 探针的平面定位

在纳米操作过程中，每一步的操作都是十分精确的，因此操控工具(本书是指探针)的位置获取至关重要。因此，能否快速而准确地对探针进行精确定位，将决定着操作的成败。如今，平面图像的定位技术已经比较成熟，为实现基于 SEM 的纳米操作系统的实时操作，本书提出粗定位与精确定位相结合的方法，不仅可以快速识别纳米线，并且能够精确地对探针进行定位，达到实时纳米操作的要求[7]。

1. 探针图像的预处理

基于 SEM 搭建的纳米操作系统有两类成像模式，即实时成像模式和清晰成像模式。在实时成像模式下，图像约每 0.2s 完成一次采集；而在清晰成像模式下，图像约每 2s 完成一次采集。两者的不同之处在于实时成像模式获取的图像比较模糊，噪声大，但是更新时间短；而清晰成像模式获取的图像比较清晰，噪声小，但是更新时间长。为保证系统的实时性，设计采用实时成像模式，因此在获取位置坐标信息之前，需要对图像进行预处理操作。

为能够精确地实现探针定位，必须要提升图像的质量，因此图像预处理工作必不可少。通过分析从 SEM 中获取的图像可以发现，在实时观测的情况下，图像中的噪声非常大，探针区域模糊，且不易从背景中提取出来。通过对大量实际 SEM 图像的分析可以发现，图像处理中的灰值化、线性拉伸、中值滤波、二值化等方法可以极大地改善图像中探针区域的质量，从而使探针与背景的对比更加明显，更易于对探针的后续操作，如图 5.1 所示。

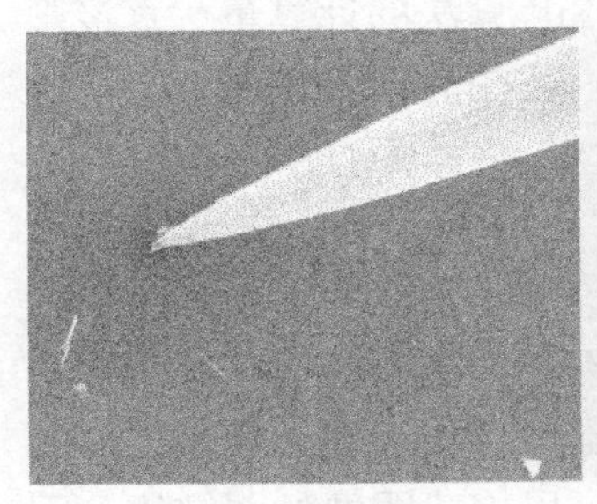

(a) 原始SEM图像

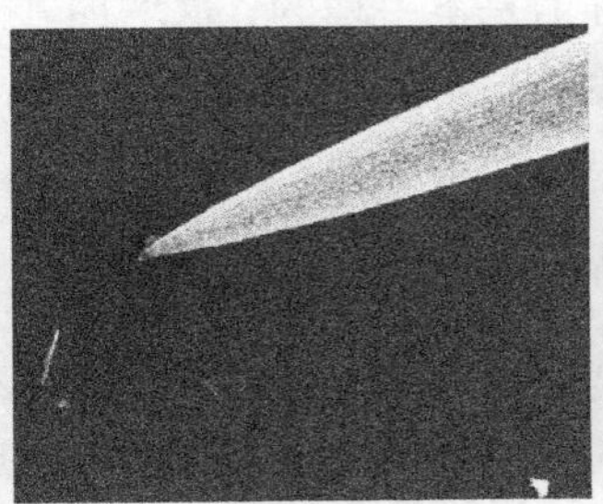

(b) 线性拉伸后的图像

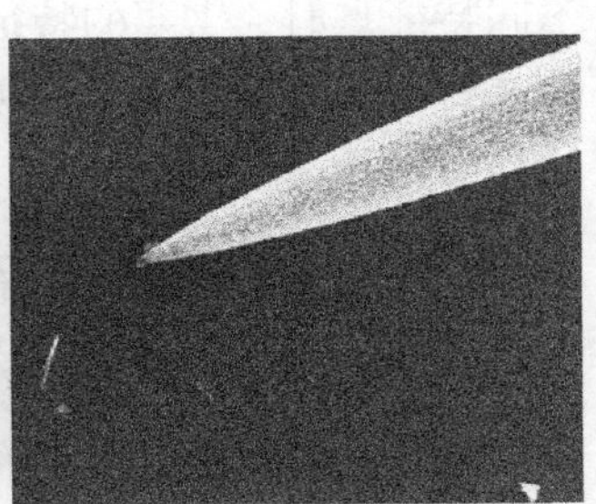

(c) 灰值化图像

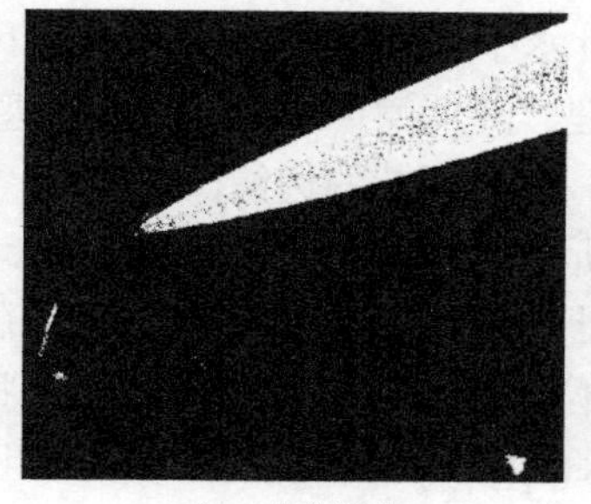
(d) 二值化图像

(e) 中值滤波图像

图 5.1　探针的处理图像

2. 探针感兴趣区域获取

在数字图像处理中，感兴趣区域(ROI)是从图像中选择的一块目标区域。在对图像分析时，这块区域就是重点关注的地方(即图像分析的目标就在 ROI 中)。获取目标区域的 ROI 就是将目标单独提取出来，滤掉多余的图像，不仅是为了简化后续工作，更是为了去掉多余图像对后续图像分析的干扰，以便进行进一步处理，可以减少处理时间，增加精度。为实现对探针的精确定位，必须提取探针针尖感兴趣区域(ROI_Probe)，根据探针针尖的特征，利用图像匹配的方法从原始图像中提取 ROI_Probe，如图 5.2 所示。

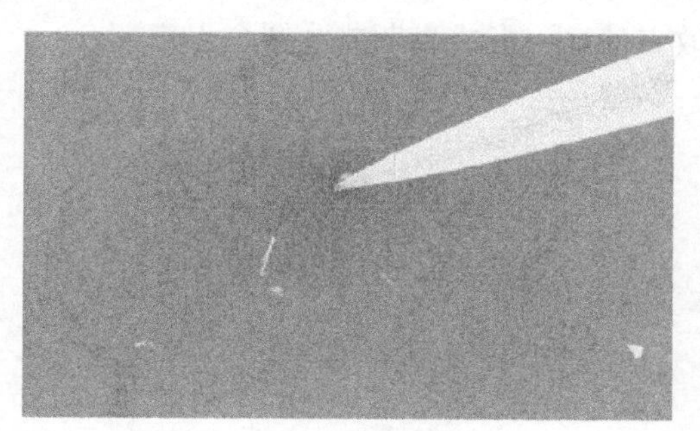
(a) 原始图像

(b) 探针针尖

图 5.2　探针针尖的感兴趣区域

3. 探针的水平粗定位

根据前面获取的 ROI_Probe 可以发现，探针区域在 ROI_Probe 中所占的比例比较大，这有利于对探针的识别。为准确地识别出探针边缘，对 ROI_Probe 进行图像预处理(此处的预处理是为了获取探针的边缘信息)，如二值化、平滑处理、Roberts 边缘检测等操作。由于探针是倾斜放置的，从图像中可以看到探针的针尖位置，所以为确定探针的水平位置，仅需要从探针的边缘像素中鉴别出探针针尖的像素位置(即实现探针水平粗定位)。探针水平粗定位的具体步骤如下：

(1) 对 ROI_Prode 图像进行图像预处理，降低噪声对探针边缘信息的干扰。

(2) 对 ROI_Prode 图像进行边缘检测，获取探针的边缘图像。

(3) 遍历探针边缘的所有像素，标记所有类似探针针尖的像素点。

(4) 遍历标记的像素点，查找探针的针尖像素点(由于实验中探针的安装是固定的，所以所有的图像中探针针尖的大体位置是一定的，本实验中的探针针尖在图像的左下方)，获取探针针尖的像素坐标 (x_1, y_1)，实现探针针尖的粗定位。

4. 探针的水平精确定位

仅有探针的水平粗定位结果是无法实现纳米精确操作的，还需要对探针进行精确定位。在所获取的探针大致水平位置的基础上，采用基于梯度方向高斯曲线拟合亚像素定位算法，对探针进行水平精确定位。其实现步骤如下：

(1) 高斯曲线拟合点的获取。设图像的边缘函数为 $y = f(x)$ ，从理想的图像的边缘函数获取的采样点如图 5.3 所示。对灰度分布函数求导数，就可以得到梯度函数，即 $y' = f'(x)$ 。图 5.4 中所展示的就是梯度函数的采样点，这些都是在理想环境下获取的。而现实中，根据实际获取的离散边缘像素的采样点，拟合出图像的边缘函数，由于直接获取的采样点并不是所有的点都是有效的，所以如果采用全部点，将影响拟合的结果。为了获取准确的边缘函数，必须筛选所有的采样点，获取构成图像边缘的有效点信息，形成高斯曲线拟合点集。

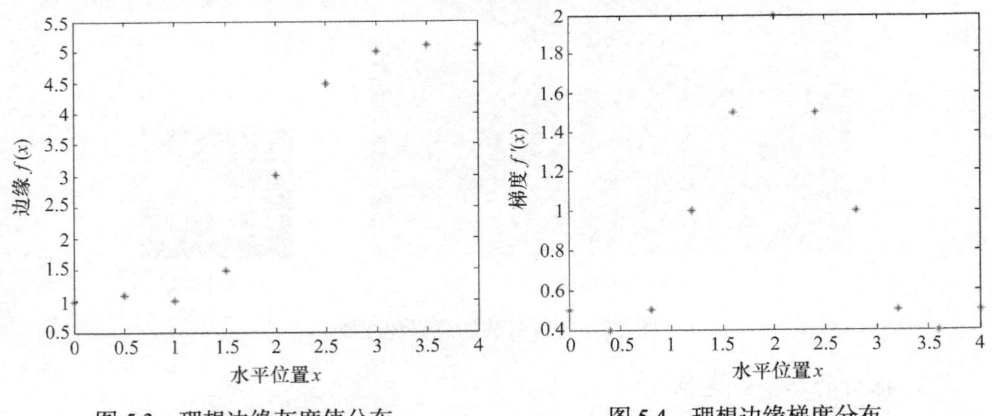

图 5.3　理想边缘灰度值分布　　　图 5.4　理想边缘梯度分布

(2) 梯度函数曲线的拟合。将获取的边缘点拟合成一条连续的曲线(即图像边缘函数曲线)，通过边缘函数求取其一阶导数(即梯度函数)，计算梯度函数的对称轴线的坐标。在 MATLAB 中拟合出的梯度函数曲线如图 5.5 所示。

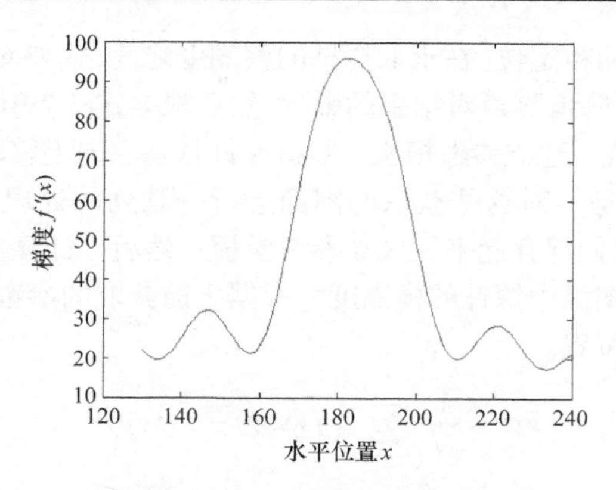

图 5.5　拟合梯度函数曲线

(3) 探针针尖精确位置的确定。由于在一理想边缘点的任意方向上，求出的亚像素值都是相等的，即在一边缘点处具有旋转不变性。其 x 轴和 y 轴方向的梯度函数曲线近似符合高斯分布曲线，在梯度函数中，最高点代表此处灰度变化最快，因此可求出实际边缘的位置(即只需求出梯度函数中最高点对应的横坐标)。

5.1.4　探针的垂直定位

在本书中的纳米操作平台中，探针的运动是由具有 x、y、z 三个移动自由度的纳米定位器 Attocube 控制的，仅凭前面获取的水平位置是无法实现精确纳米操作的，因此需要获取探针的深度位置信息。为解决探针 z 向定位问题，本节设计了基于图像相似度的提取探针垂直位置信息的方法。通过相似度与深度之间的关系，实现探针 z 向精确定位[15]。

1. 探针感兴趣区域获取

前面获取的 ROI_Prode 主要是解决探针的水平定位问题，而在探针的垂直定位问题中，由于考虑的侧重点不同，所以在此需要重新获取探针的感兴趣区域。为实现探针垂直精确定位，因 ROI_Prode 太大，受到基底的干扰也比较明显，在垂直方向上，无法准确定位。需要重新获取探针的垂直感兴趣区域(ROI_z)，利用探针的水平位置 (x', y')，在原始 SEM 图像中截取探针针尖区域，要求是主要截取探针本身，尽量少截取背景，目的是减少高噪声的背景对定位结果的干扰。

2. 探针垂直方向粗定位

由获取的一系列探针的 ROI_Prode 图像可以得知，探针离基底越远，探针区域越模糊，根据式(5-29)得到的探针模糊度越小。根据这一特点，可以先用探针的模糊度来实现探针的粗定位。在求取探针的模糊度之前，需要对获取的 ROI_Prode 图像进行预处理，以降低噪声对结果的影响；然后根据式(5-29)计算探针的模糊度。其实现方法是：首先，建立参考模板，即将探针从基底向上移动，每隔一定距离，获取一张探针的图像，对这些获取的图像进行一系列的处理，获取每幅图像的 ROI_Prode，并将它们保存起来，成立参考模板；然后，计算参考模板的模糊度；最后，将计算实际图像中探针的模糊度，根据之前获取的参考模板的模糊度，初步确定探针的大体位置。

$$\text{Fur} = \frac{1}{N}\sum_{(x,y)\in A}\left(f(x,y) - \overline{f}(x,y)\right)^2 \tag{5-29}$$

式中，A 为 ROI_Prode 内的所有像素的集合；$f(x,y)$ 为 ROI_Prode 内 (x,y) 坐标下的灰度值；$\overline{f}(x,y)$ 为 ROI_Prode 内像素平均灰度值；N 为 ROI_Prode 内像素的总个数。

3. 探针垂直方向精确定位

对探针进行粗定位之后，可以获取探针大致的 z 向垂直信息。为实现探针 z 向精确定位，本书以基于图像相似性度量的深度特性提取方法为例，精确地获取探针的 z 向位置信息。首先，建立参考模板，以粗定位获取的两幅相邻的参考图像为基础，在这两幅图像对应的高度之间，小距离地提升探针高度，获取一系列探针的图像，对这些获取的图像进行处理，从每幅图像中获取 ROI_z，并将它们保存起来。然后，对获取的 ROI_z 进行图像处理，并用式(5-30)获取图像的相似度，对获取的相似度数据进行曲线拟合，得到高度与相似度之间的关系。最后，从 SEM 图像中获取测得探针图像，提取图像中的探针 ROI_z，计算探针的相似度。利用拟合出的函数实现探针 z 向的精确定位。

$$\text{Sim} = \frac{1}{i\times j}\sum_{i=0}^{n}\sum_{j=0}^{m}\left(f(i,j) - S(i,j)\right) \tag{5-30}$$

式中，n 为 ROI_z 中横轴方向的像素个数，m 为 ROI_z 中纵轴方向的像素个数；$f(x,y)$ 为 ROI_z 内 (x,y) 坐标下的灰度值；$S(i,j)$ 为参考图像中 (x,y) 坐标下的灰度值。

5.2　纳米线的识别及精确定位

在纳米操作过程中，纳米线平放在基底上，所以只需获取纳米线的水平位置即可。但是由于纳米线在图像中所占的面积较小，普通的图像识别和定位方法难以实现对其精确定位。因此，本节以单根纳米线为例，重点讲解基于核密度估计精确地获取纳米线的位置信息。

5.2.1　核密度估计

核密度估计(kernel density estimation，KDE)也称为 Parzen 窗估计，是 20 世纪 50～60 年代兴起的一种密度估计方法，作为一种非参数密度估计方法，它得到了广泛而有效的应用。在参数密度估计的过程中，通常是根据经验，事先假定总体样本符合某种特定的分布形式，如高斯分布、瑞利分布等，而实际的应用中，研究人员往往无法判断总体样本符合哪种分布形式，从而无法利用总体样本推算出未知的参数[16]。因此，当无法对样本分布形式做出正确的判断时，非参数密度估计方法的优势更加明显。非参数密度估计方法就是不对总体样本分布做任何判断，仅从样本本身出发进行估计，从而建立样本的统计模型。

与参数密度估计方法相比，非参数密度估计方法有以下几个显著的优点：非参数密度估计方法对总体样本不限制任何条件；非参数密度估计方法可处理任何形式的数据；虽然非参数密度估计方法的计算量较大，但是计算并不复杂。非参数密度估计方法也有其自身的劣势，当总体样本的分布形式可以提前预知时，非参数密度估计方法的优势将大大削弱。另外，当总体样本的容量较小时，其计算的精度也会大大削弱。

1. 核密度估计介绍

核密度估计的定义为：设样本 $\{x_1, x_2, \cdots, x_n\}$ 来自连续的分布，点 x 处的概率密度函数的核密度估计为

$$\hat{p}_n(x) = \frac{1}{nh}\sum_{i=1}^{n} K(\omega_i) \tag{5-31}$$

式中，$K(\cdot)$ 为核函数(kernel function)，n 为样本容量，h 为带宽。为保证概率密度函数估计 $\hat{p}_n(x)$ 的有效性，要求概率密度函数估计为正数，且保证核函数积分结果为 1。其推导公式为

$$\begin{aligned}\int \hat{p}(x)\mathrm{d}x &= \int \frac{1}{nh}\sum_{i=1}^{n} K\left(\frac{x-x_i}{h}\right)\mathrm{d}x = \frac{1}{n}\sum_{i=1}^{n}\int \frac{1}{n} K\left(\frac{x-x_i}{h}\right)\mathrm{d}x \\ &\xrightarrow{u=\frac{x-x_i}{h}} \frac{1}{n}\sum_{i=1}^{n}\int \frac{1}{h}K(u)h\mathrm{d}u = \frac{1}{n}\sum_{i=1}^{n}\int K(u)\mathrm{d}u = \frac{1}{n}\cdot n = 1\end{aligned} \tag{5-32}$$

从式(5-32)的推导中，可以理解核密度估计的另一种表达方式为

$$\hat{p}_n(x) = \frac{1}{n}\sum_{i=1}^{n} K_\sigma(x - x_i) \tag{5-33}$$

核函数并非单一不变的，表 5.1 列出了一些常用的核函数。

表 5.1　常用核函数

核	核函数
Uniform	$\frac{1}{2}, I(\lvert u\rvert\leqslant 1)$
Triangle	$1-\lvert u\rvert, I(\lvert u\rvert\leqslant 1)$
Epanechikov	$\frac{3}{4}(1-u^2), I(\lvert u\rvert\leqslant 1)$
Biweight	$\frac{15}{16}(1-u^2), I(\lvert u\rvert\leqslant 1)$
Triweight	$\frac{35}{32}(1-u^2)^3, I(\lvert u\rvert\leqslant 1)$
Gauss	$\frac{1}{\sqrt{2\pi}}\exp(-\frac{1}{2}u^2)^2, I(\lvert u\rvert\leqslant 1)$
Cousinus	$\frac{\pi}{4}\cos\left(\frac{\pi}{2}u\right), I(\lvert u\rvert\leqslant 1)$
Double exponential	$\frac{1}{2}\exp(-\lvert u\rvert), I(\lvert u\rvert\leqslant 1)$

综上所述，可以使用$\frac{x-x_i}{h}$代替$K(u)$中的u，然后从表 5.1 中选取合适的公式，最终得到核密度估计表达式。

2. 核密度估计在图像处理中的应用

核密度估计是由统计直方图理论演化而来的，采用核函数通过对窗口的数据进行加权平均处理，得到数据的概率密度分布规律。由于核密度估计方法的优势，不需要对样本数据的分布形式进行验证，且对样本数据不添加任何限制，仅仅从样本数据本身出发，推导样本数据分布形式。设一维空间n个数据点$\{x_1, x_2, \cdots, x_n\}$为独立分布随机变量，其服从的分布函数为$p(x)$，则任意点$x(x\in\mathbf{R})$处的一种核密度估计为

$$\hat{p}_n(x)=\frac{1}{nh}\sum_{i=1}^{n}K\left(\frac{x-x_i}{h}\right) \tag{5-34}$$

在数字图像处理中，图像中坐标为$X=(x,y)$处的灰度值通常用$f(X)$表示。设参考图像的大小为$m\times n$，V为参考图像中所有像素的集合，N为像素集合V中的元素个数，则其像素灰度值的集合可表示为$\{f(X)\mid X\in V\}$。记V_i为像素集合V中灰度值i的所有像素点的集合，N_i为像素集合V_i中的元素个数，其中$i=1,2,\cdots,L$。

图像中灰度值为 $i = f(X)$ 的条件概率密度记为 $p(i|V_i)$，使用加权核密度估计器进行概率核密度估计，其表达式如下：

$$p(i|V_i)=\sum_{j=1}^{N_i}\alpha_j K(u,\sigma^2) \tag{5-35}$$

式中，$K(u,\sigma^2)=\frac{1}{\sqrt{2\pi}\sigma}\exp\left(-\frac{(f(X)-u)^2}{2\sigma^2}\right)$ 为核函数，$\alpha_j=\sqrt{\frac{1}{N}\sum_{j=1}^{N}(f(X)-u)^2}$ $(X\in V, j=1,2,\cdots,N_i)$ 为权重系数，u 为参考图像中像素的期望值。

5.2.2　纳米线图像的预处理

由于 SEM 实时拍摄的图像噪声比较大，所以需要对获取的 SEM 图像进行预处理操作，以提升图像的质量，使后续位置信息的提取更加准确。由于纳米线在纳米线感兴趣区域(ROI_Wire)图像中与探针的 ROI_Prode 图像不同，纳米线所占据的区域比较小，如果进行平滑处理，纳米线会变得更加模糊，不利于纳米线边缘的识别(图 5.6(b))。所以，对 ROI_Wire 图像进行锐化处理(图 5.6(c))，将图像中模糊区域清晰化，使图像的边缘更加突出，便于目标边缘的提取，更好地实现图像分割，实现纳米线的识别，为后面的图像处理做准备。

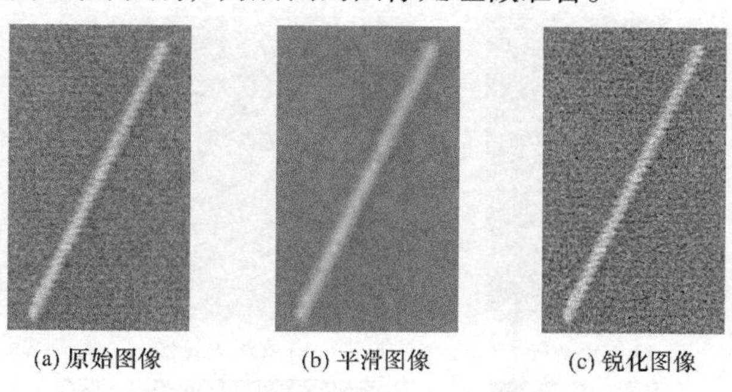

图 5.6　纳米线的处理图像

5.2.3　纳米线的识别及定位

纳米线与探针的主要区别是其目标太小，因而实现精确定位的难度比较大。从大量包含纳米线的 SEM 图像中分析发现，相似的像素在图像中的分布是相对集中的，即不同的像素出现在不同的区域，除了噪声以外，像素的剧烈变化仅仅出现在边缘位置。因此，同一个灰度值，在不同物体成像的区域内出现的概率大不相同。根据这一规律，本节从核密度估计的方向出发，在纳米尺度的操作中，对单纳米线进行识别和精确定位[8]。

1. 纳米线感兴趣区域获取

在对 SEM 图像中的单纳米线进行定位之前，需先获取 SEM 原图像，如图 5.7(a)所示，图中下侧标有放大倍数以及图像与实际的转换标尺，本节所有的图像都是在该放大倍数下采集的。图 5.7(b)～(e)分别是从 SEM 原图像中提取的关于单纳米线的感兴趣区域，故图中未标注放大倍数和标尺。其中，图 5.7(b)和(c)为 ROI_Wire。单凭 ROI_Wire 是无法实现准确的纳米线位置信息获取的，因此还提取了基底的感兴趣区域(ROI_Base)[17]，如图 5.7(d)和(e)所示。其中，图 5.7(b)和(d)取自同一幅 SEM 图像，图 5.7(c)和(e)取自同一幅 SEM 图像。

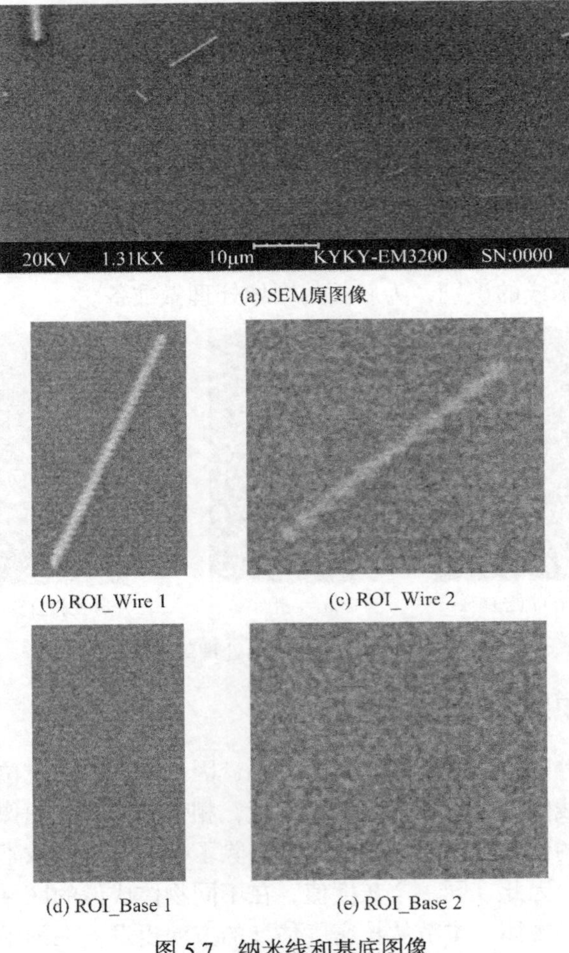

(a) SEM原图像

(b) ROI_Wire 1　(c) ROI_Wire 2

(d) ROI_Base 1　(e) ROI_Base 2

图 5.7　纳米线和基底图像

2. 纳米线识别

在获取的大量 ROI_Wire 图像中可以发现纳米线区域包含的灰度值比纯基底包含的灰度值要丰富。根据概率核密度估计在图像处理中的应用，对 ROI_Wire 图像中灰度值为 $i=f(X)$ 的像素点进行概率核密度估计计算，并计算出条件概率密度 $p(i|V_i)$，而 ROI_Wire 图像中像素灰度值为 i 的像素点出现的概率可以用 $p(V_i)=N_i/N(i=1,2,\cdots,L)$ 表示。则 ROI_Wire 图像中灰度值为 $i=f(X)$ 的像素点出现的概率为 $p(f(X)|V)$，而 $p(f(X)|V)$ 的计算过程为

$$p(f(X)|V)=p(V_i)\cdot p(i|V_i)=\frac{N_i}{N}\sum_{j=1}^{N_i}\alpha_j K(u,\sigma^2) \tag{5-36}$$

式中，V 表示 ROI_Wire 图像中所有像素点的集合，N 表示 V 中元素的个数，V_i 表示 ROI_Wire 图像中像素灰度值为 i 的所有像素点的集合，N_i 表示 V_i 中元素的个数。利用 MATLAB 拟合出 ROI_Wire 图像中灰度值为 $i=f(X)$ 的像素点的概率密度函数 $f_{\mathrm{W}}(f(X))$。

同理，可以拟合出 ROI_Base 图像中灰度值为 $i=f(X)$ 的像素点的概率密度函数 $f_{\mathrm{B}}(f(X))$。

对比 $f_{\mathrm{W}}(f(X))$ 和 $f_{\mathrm{B}}(f(X))$ 的图形，可以获取 ROI_Wire 图像与 ROI_Base 图像中灰度值出现的变化规律，根据得到的变化规律，便可以得到最佳的阈值，从而实现纳米线的识别(即从 ROI_Wire 图像中单独提取出纳米线区域)，解决纳米线(小物体)的识别问题。

3. 纳米线水平位置定位

由于纳米线是水平放在基底上的，所以无须对其进行深度定位，仅实现其水平定位即可。为实现单纳米线的水平定位，只需要获取其两端的位置和直径。通过前面识别的单纳米线，提取单纳米线的边缘图像，从中获取单纳米线两端点的位置信息和单纳米线的宽度，实现对单纳米线的准确定位。其详细的定位过程如下：

(1) 纳米线中心线的获取。对识别的单纳米线进行细化处理，获取其中心线图像。

(2) 纳米线中心线方程的拟合。遍历单纳米线中心线图像，获取纳米线中心线上像素的坐标，利用 MATLAB 拟合出单纳米线中心线的直线方程。

(3) 纳米线精确定位。利用获取的纳米线中心线方程，在纳米线边缘图像中大体识别出纳米线的两端点坐标和直径。利用基于梯度方向高斯曲线拟合方法，在预处理后的 ROI_Wire 图像中，获取纳米线的两端点的精确位置和直径。

5.3 重叠纳米线的识别及定位

5.2 节纳米线的识别是对无重叠现象的单根纳米线的识别，但是在实际纳米操作过程中，重叠现象时有发生(如纳米线重叠)。对于重叠物体的识别，特征提取方法需要将特性精确到局部，即物体局部的匹配。本节重点讲解基于贝叶斯分类器的 SEM 纳米操作系统中重叠纳米线的识别和精确定位。

5.3.1 重叠纳米线的识别

1. 重叠纳米线的形状分析

目标图像特征提取的目的是进一步从图像中获取有用信息。重叠纳米线作为目标图像，在筛选时，由于检测的目标不同，需要根据实际情况制定模板，主要是根据重叠纳米线的特点，进行模板的设计。

对重叠纳米线进行识别的关键在于特征的选取。重叠纳米线的特征是描述目标的依据，所以重叠纳米线的特征提取是必须要进行的，只有提取了重叠纳米线的特征，才可以充分利用它们解决重叠纳米线的识别问题。常用的目标特征有形状特征、纹理特征、颜色特征和空间关系特征。

目标图像的特征必须可靠，且容易识别，这样才可以有效地筛选目标。在所有目标图像特征中，形状特征是几种特征中最具代表性的，因为形象直接，是检测对象特征中最突出的，也是应用最广泛的特征。形状特征一般分为两类，一类是轮廓特征，另一类是区域特征。轮廓特征是目标区域的边缘轮廓，只用到了目标的边缘信息；而区域特征是目标的整个区域，除了边缘的信息以外，其内部的信息也包含在内。根据纳米线的特点，本节选取了重叠纳米线的以下几个特征：周长、面积、长轴长、短轴长、矩形度(即物体的面积与其最小外接矩形的面积之比)、顶点个数(一般大于 2 个)。重叠纳米线模型如图 5.8 所示。

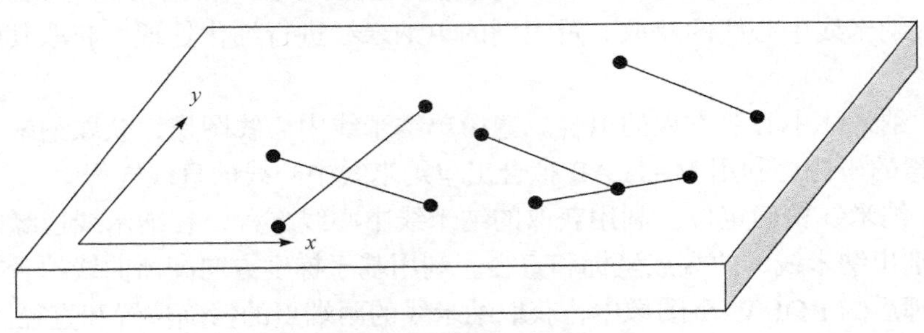

图 5.8 重叠纳米线模型

2. 重叠纳米线分类器

选取最佳的目标特征后，将它们置于形态模型库中形成目标的特征集。特征集是对图像进行判断和分类的依据，对特征集中成员的数据进行计算，就可以得到一个合理的重叠纳米线的形态标准模板。

朴素贝叶斯分类器是一个树状的结构，包含一个根节点和多个叶节点(图 5.9)。其中，类别 C 代表对象的类别，属性 1 到属性 n 描述的是类别 C 的特征。从图 5.9 中可以看到，类别 C 是根节点，且与其他属性没有关联。

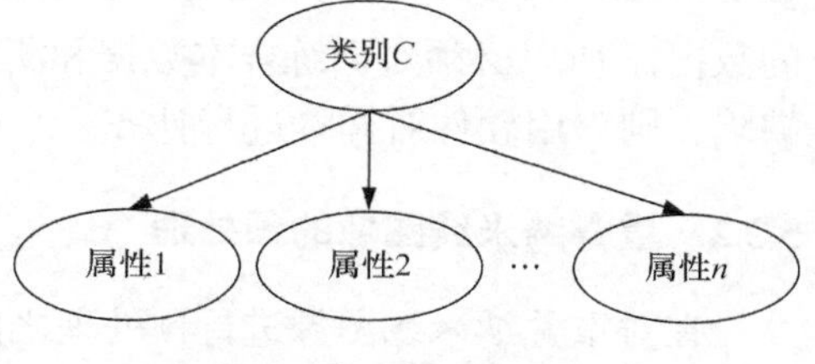

图 5.9　树状贝叶斯网

假如有 m 个类，依据朴素贝叶斯分类模型，分配概率值给已分类的数据样本 x，再分配未分类的样本，其需要满足的条件为

$$P(C_i \mid x) > P(C_j \mid x),\quad 1 \leqslant i, j \leqslant m; i \neq j \tag{5-37}$$

因此，使 $P(C_i \mid x)$ 最大时，$P(C_i \mid x)$ 所在的类称为最大后验假设。

$$P(C_i \mid x) = \frac{P(x \mid C_i)P(C_i)}{P(x)},\quad 1 \leqslant i, j \leqslant m; i \neq j \tag{5-38}$$

当 $P(x)$ 为常量，在对 $P(C_i \mid x)$ 进行计算时，只需要使 $P(x \mid C_i)P(C_i)$ 最大即可。如果类的先验概率 $P(C_i)(i = 1, 2, \cdots, n)$ 不影响计算结果，则假设这些类的先验概率相同，即

$$P(C_1) = P(C_2) = \cdots = P(C_m) = \frac{1}{m} \tag{5-39}$$

因此，最大的 $P(C_i \mid x)$ 等价于 $P(x \mid C_i)$。类的先验概率 $P(C_i)$ 等于训练样本与总训练样本个数的比值。

如果图像特征集中对应的属性过细，则 $P(x \mid C_i)$ 的计算非常困难。假定类别条件是独立的，则 $P(x \mid C_i)$ 的计算复杂度将大大降低，在对给定样本标号后，假定特征属性相互独立，即

$$P(C_i \mid x) = \prod_{k=1}^{n} P(x_k \mid C_i) \tag{5-40}$$

概率 $P(x_1 \mid C_i)$，$P(x_2 \mid C_i)$，…，$P(x_n \mid C_i)$ 可以由训练样本估计，其中：

(1) 如果 A_k 是离散的，则 $P(x_k \mid C_i)$ 的值为 A_k 的属性值 x_k 中训练样本个数与样本总数之比。

(2) 如果 A_k 是连续的，则 $P(x_k \mid C_i)$ 的值可利用高斯分布(正态分布)进行离散化处理。则有

$$P(x_k \mid C_i) = g(x_k, u_{c_i}, \sigma_{c_i}) = \frac{1}{\sqrt{2\pi}\sigma} \exp\left(\frac{(x_k - u_{c_i})^2}{2\sigma_{c_i}^2}\right) \tag{5-41}$$

式中，$g(x_k, u_{c_i}, \sigma_{c_i})$ 是属性 A_k 的高斯密度函数，x_k 为属性 A_k 的属性值，u_{c_i} 为 x_k 的平均值，σ_{c_i} 为 x_k 的标准差。由于朴素贝叶斯分类模型存在缺陷(只能处理连续的数据)，所以必须对训练样本数据和测试数据做采样工作，如果采集的样本存在缺陷，则需用软件对样本进行补齐。

5.3.2　重叠纳米线图像的预处理

在对重叠纳米线图像进行预处理之前，必须从原图像中提取重叠纳米线的感兴趣区域(ROI_M)。接下来对 ROI_M 进行预处理，提升 ROI_M 的图像质量。此处的预处理过程主要包括消除噪声、去除背景和边缘检测三个环节。由于纳米操作过程中采集的图像是实时的，所获取的图像质量比较差，背景中出现的白色细点会影响纳米线的准确定位。因此，必须先去除背景，再对图形进行数学形态处理，为重叠纳米线的边缘检测做准备。

另外，图像在产生的过程中，会在其中叠加各种各样的噪声，这些噪声可能产生于数据的传输过程中，也可能产生在图像的处理过程中，因此去除噪声是必需的预处理步骤之一。

消除噪声的目的是尽可能地剔除图像中的噪声，复原图像的原始信号。由于噪声与图像的原始信号融合在一起，如果处理方法不正确，不但无法降低噪声的干扰，而且可能将原始信号滤掉，所以图像消除噪声的关键是既能抑制图像中噪声的干扰，又不破坏原始信号。在空间域中，常用的消噪方法为邻域平均法和中值滤波法。领域平均法的作用类似于低通滤波器，它能有效地抑制噪声，但是边界会变得更加模糊(因为边缘信息变化剧烈，作为高频信息被过滤掉)。中值滤波法采用一种非线性平滑滤波器，其值是从邻域像素中得到的中值。中值滤波法不仅计算量小，而且最大程度上保留了原图像的细节，可以降低平滑处理使边缘变模糊的缺陷。消除噪声后，下一步便是去除背景处理。

去除背景就是把重叠纳米线从背景中单独提取出来，为重叠纳米线的边缘检测做准备。在不同的图像中，想实现纳米线的分割，所取的阈值各不相同，因此必须实现阈值的自适应性，其阈值计算步骤如下：

(1) 获取 ROI_M 图像的最大灰度值 $G_{\max 0}$ 和最小灰度值 $G_{\min 0}$，令初始阈值 $T_0 = (G_{\min 0} + G_{\max 0})/2$；

(2) 用初始阈值 T_0 对图像分割，并获取前景图像和背景图像，求前景图像中的平均灰度值 Z_1，以及背景图像中的平均灰度值 Z_2，$T_1 = (Z_1 + Z_2)/2$；

(3) 若$T_1 > T_0$，则$T_1 = T_0$，重复第(2)步，直到得到合适的阈值T_1。

经过消除噪声和去除背景处理后，仍会有一些孤立的噪声点是无法去除的，但是如果保留将影响后续处理的精确性，因此必须对图像进行形态学处理。

形态学处理是一种图像处理方法，它先在图像中查找具有一定形态结构的元素，并用它们对图像进行度量，实现对目标的识别，并进行深入的分析。数学形态学的基本运算有四个：膨胀、腐蚀、开运算和闭运算。本书选用形态学中的开运算和闭运算。其中，开运算是先对图像进行腐蚀处理，再进行膨胀处理；闭运算是先对图像进行膨胀处理，再进行腐蚀处理。在实际运行时，先运行闭运算，消除图像中目标内的孤立噪声点，再运行开运算，剔除图像中的点噪声。

重叠纳米线边缘信息丰富，利用重叠纳米线的边缘来定位，可以使计算量大幅降低，从而使处理效率大大提高。此时对重叠纳米线的边缘检测的要求有以下几点：①边缘的定位精度要高；②重叠纳米线的尺度对边缘检测影响不大；③对噪声不敏感；④检测灵敏度不受边缘方向影响。

5.3.3　重叠纳米线的定位

下面以两条纳米线重叠为例，对重叠纳米线进行定位。为了提取探针的位置信息，需要将重叠的纳米线简化，使其化为单一的纳米线形式，再根据单纳米线位置信息提取方法获得位置信息。因此，对重叠纳米线定位的关键在于如何简化重叠的纳米线。根据纳米线的特点，首先获取重叠纳米线四个端点的位置信息，并判断出每条纳米线两个端点的位置信息。对重叠纳米线图像进行边缘处理，获取纳米线的宽度信息，根据单个纳米线的两个端点和纳米线的宽度，在重叠纳米线边缘信息图像中，分别提取单个纳米线的边缘轮廓，根据这个轮廓图像信息，实现重叠纳米线的简化处理。重叠纳米线简化模型如图 5.10 所示。

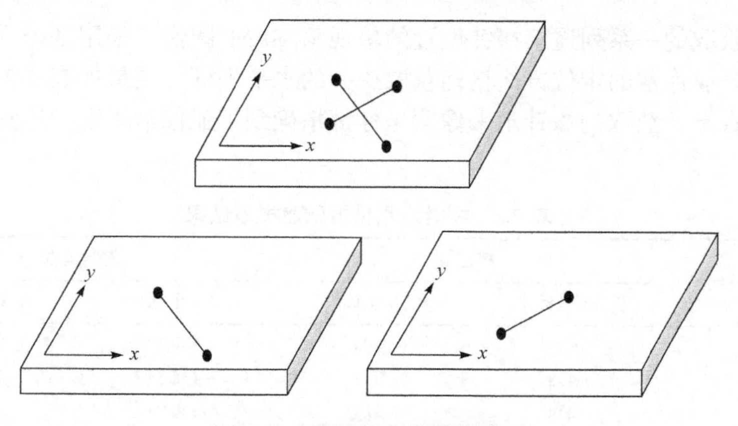

图 5.10　重叠纳米线简化模型

5.4　目标定位及识别结果

5.4.1　探针平面定位结果

在操作过程中，根据获取的一系列 SEM 图像，利用 5.1 节所述的探针平面识别及定位方法，在 Visual Studio 2008 平台下基于 C 语言开发相应的应用程序，对探针进行平面定位。图 5.11 是探针坐标提取界面，界面包括三部分，上半部分的两幅图像分别是粗定位图像和精确定位图像；下侧左半部分是探针的水平位置信息；下侧右半部分是探针的模糊度和相似度的数值显示(此为探针深度参考模板选取时的检测数据显示)。

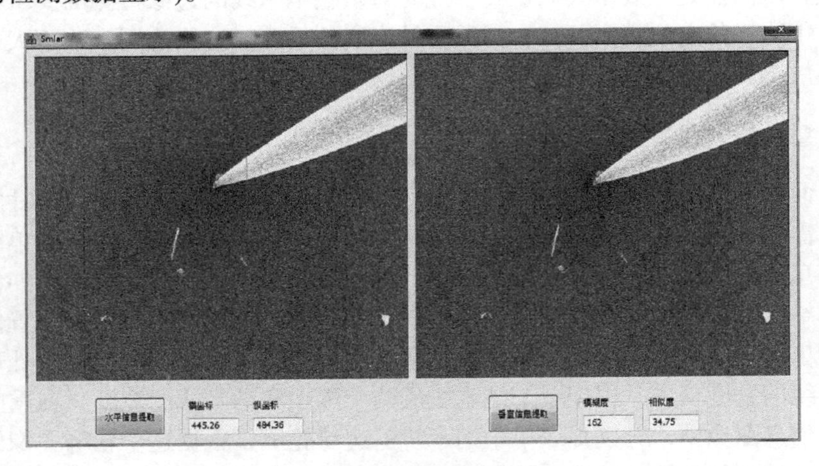

图 5.11　探针坐标提取界面

根据获取的一系列连续探针位置的单视角 SEM 图像，采用基于梯度方向高斯曲线拟合亚像素的定位方法精确获取探针的水平坐标，结果如表 5.2 所示。从表中可以看出，获取的探针水平像素坐标都精确到了亚像素级别，达到了预期的效果。

表 5.2　探针水平位置信息提取结果

图像序号	粗定位		精确定位	
	x 坐标	y 坐标	x 坐标	y 坐标
1	420	500	420.50	500.56
2	438	517	438.88	485.46
3	439	485	439.73	485.05
4	440	483	440.18	483.52

续表

图像序号	粗定位		精确定位	
	x 坐标	y 坐标	x 坐标	y 坐标
5	445	484	445.26	484.36
6	447	484	447.91	484.56
7	448	485	448.39	485.27
8	449	491	449.01	491.92
9	454	483	454.42	483.19
10	463	511	463.51	511.08

5.4.2　探针垂直定位结果

对获取的一系列探针深度参考模板图像进行处理，计算相应的相似度和模糊度，从中提取探针垂直定位的变化规律。从表 5.3 中可以发现，当探针大距离地升降时，探针针尖的模糊度具有单调递增的趋势，而当其上升到一定高度时，其模糊度变化较小。在操作过程中，探针距离基底较远时，即探针与操作对象相距较远，无须对探针进行精确定位。但是当探针与基底距离较近时，由于 SEM 图像受噪声的干扰比较明显，图像模糊度的变化无规律可循，无法利用图像的模糊度实现对探针的精确定位。因此，可以利用模糊度在探针大范围移动时的单调递增现象，对探针进行快速粗定位。

表 5.3　探针垂直位置信息提取结果(粗定位)

图像序号-探针上升的距离	模糊程度
1-5	163
5-5	162
10-5	160
15-10	156
20-10	152
21-50	151
22-50	149
23-50	145
24-50	140
28-100	133
31-100	130
34-100	134
37-100	134
40-400	133

从表 5.4 中可以发现，在探针小距离地垂直移动时，相似度仍保持着单调变化的趋势。虽然图像受噪声的干扰会出现一定的波动，但是相似度单调变化的趋势未发生改变，这与探针垂直方向的移动规律完全契合，因此利用图像的相似度可以解决探针在距离基底比较近时的精确定位问题。

表 5.4 探针垂直位置信息提取结果(精确定位)

图像序号-探针上升的距离	相似度
1-5	0
2-5	25.42
3-5	31.24
4-5	32.50
5-5	34.75
6-5	35.02
7-5	35.68
8-5	36.54
9-5	38.55
10-5	39.20

5.4.3 纳米线识别结果

在单纳米线的识别中，所采用的核密度估计以直方图为基础，通过计算 ROI_Wire 图像和 ROI_Base 图像中像素的核密度，并通过一系列的处理获取准确的阈值，实现纳米线与基底的分离。由于受噪声的干扰，如果纳米线的识别不够准确，将直接影响纳米线的准确定位。因此，如何从高噪声的 SEM 图像中实现纳米线的识别至关重要。

根据前面介绍的方法，对获取的 SEM 原图像(图 5.7(a))进行单纳米线的识别[8]。首先从 SEM 原图像中获取 ROI_Wire 图像(图 5.7(b)和(c))和 ROI_Base 图像(图 5.7(d)和(e))，对获取的 4 幅图像进行概率密度计算，并拟合出它们的概率密度函数(图 5.12)。其中，由图 5.7(b)获取的概率密度函数结果如图 5.12(a)所示，由图 5.7(c)获取的概率密度函数结果如图 5.12(b)所示，由图 5.7(d)获取的概率密度函数结果如图 5.12(c)所示，由图 5.7(e)获取的概率密度函数结果如图 5.12(d)所示。图中，横坐标为灰度值，纵坐标表示不同灰度值在 ROI_Wire 图像或 ROI_Base 图像中出现的概率。

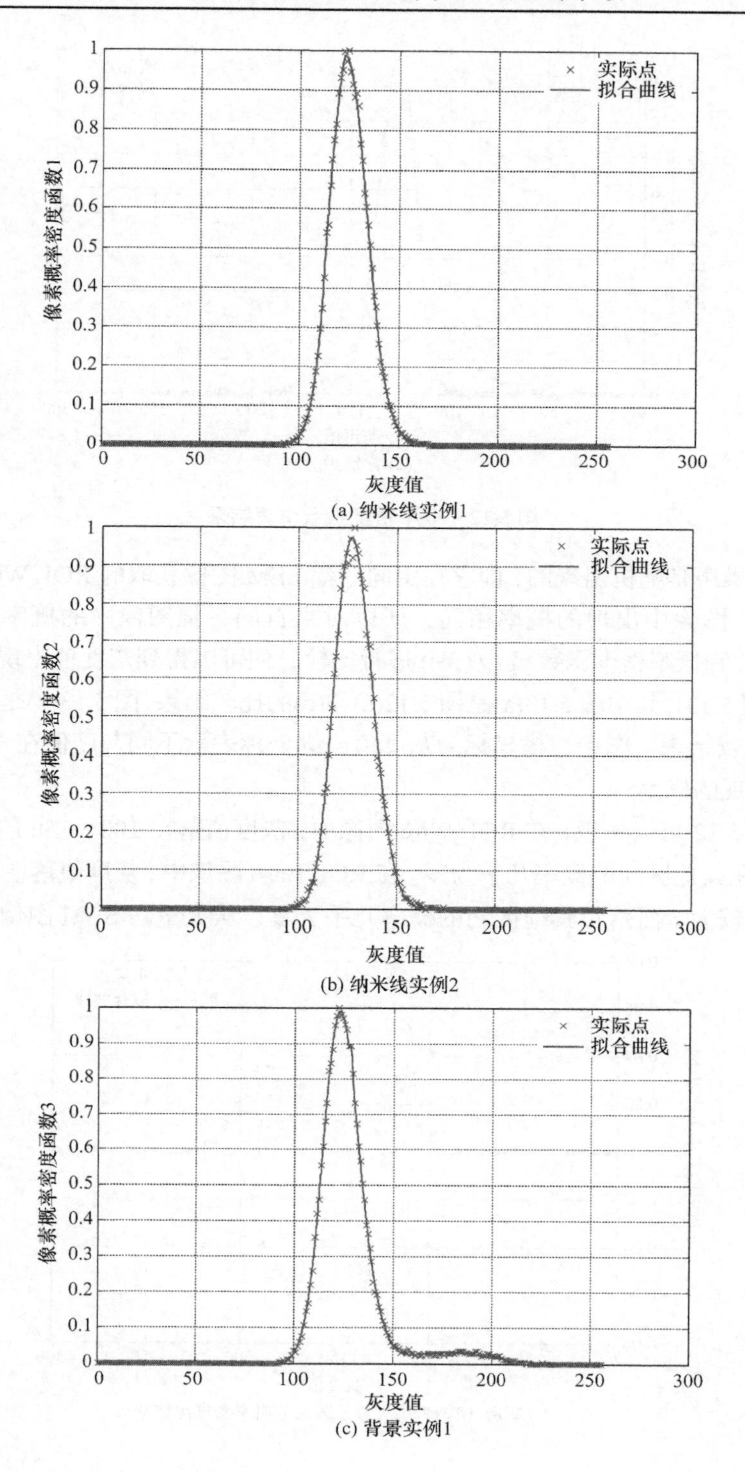

(a) 纳米线实例1

(b) 纳米线实例2

(c) 背景实例1

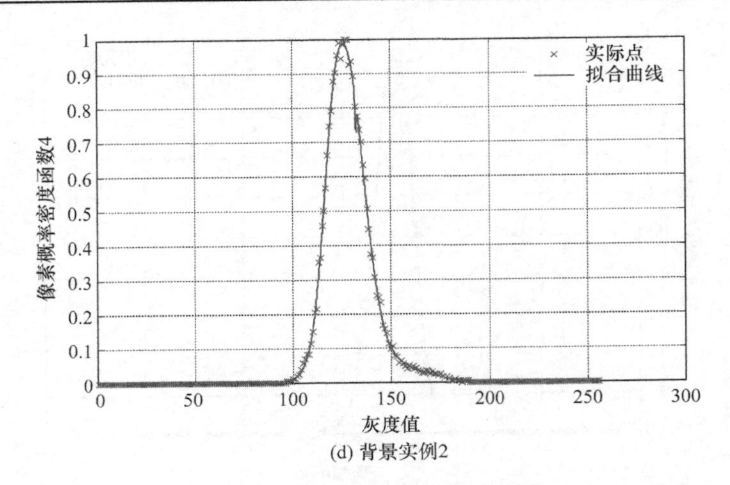

(d) 背景实例2

图 5.12　概率密度函数仿真结果

由于噪声是随机出现的，即它在由同一幅 SEM 图像获取的 ROI_Wire 图像和 ROI_Base 图像中出现的概率相同，所以对来自同一幅图像中的概率密度函数 $f_{\mathrm{W}}(f(X))$ 和概率密度函数 $f_{\mathrm{B}}(f(X))$ 进行比较，便可以得到灰度值出现概率的变化规律(图 5.13)，其中图 5.13(a)是图 5.12(a)和(c)的比较结果，图 5.13(b)是图 5.12(b)和(d)的比较结果。图中，横坐标为灰度值，纵坐标表示不同灰度值在 ROI_Wire 图像中出现的概率。

由图 5.12 可以发现，在 ROI_Wire 图像中，灰度值落在 100～150 的概率比较大，而落在其他区间的概率几乎为零。在 ROI_Base 图像中，灰度值落在 100～200 的概率比较大，而落在其他区间的概率几乎为零。从大量的 SEM 图像中可以发

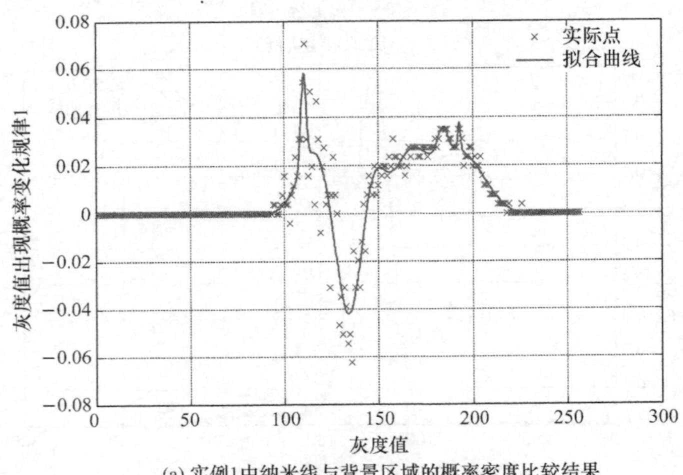

(a) 实例1中纳米线与背景区域的概率密度比较结果

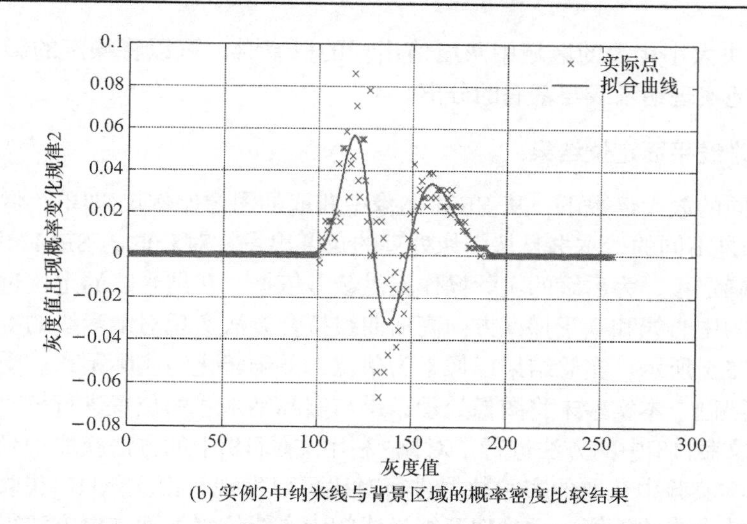

(b) 实例2中纳米线与背景区域的概率密度比较结果

图 5.13　ROI_Wire 图像和 ROI_Base 图像中灰度值变化规律

现，纳米线区域的像素灰度值往往比基底上的像素灰度值大得多，从而可以得出，ROI_Wire 图像中，灰度值落在 150～190 的概率不为零，是由纳米线的存在引起的。从 ROI_Wire 图像中可以发现，纳米线区域的像素灰度值都落在 100～190。因此，在对来自同一图像中的概率密度函数 $f_W(f(X))$ 和概率密度函数 $f_B(f(X))$ 的比较结果可以看出，在 100～190 的灰度值区间内，ROI_Base 图像和 ROI_Wire 图像中像素出现概率变化非常剧烈，而在 0～100 和 200～255 的灰度值区间内，ROI_Base 图像和 ROI_Wire 图像中像素出现概率变化为零。根据经验证实，此变化剧烈的区间正是由纳米线的存在引起的。由此，可以从中获取适当的阈值将纳米线识别出来，如图 5.14 所示。其中，图 5.14(a)是由图 5.7(b)经过处理得到的，图 5.14(b)是由图 5.7(c)经过处理得到的。此方法的优点在于最大限度地减少了噪声的干扰。图像中噪声的产生是随机的，即各个像素点受噪声影响的概率是相同的。因此，两个大小相等的区域中，受噪声影响的像素点是大致相同的(即来自同一幅 SEM 图像的 ROI_Wire 图像与 ROI_Base 图像受噪声干扰是相同的)。因此，

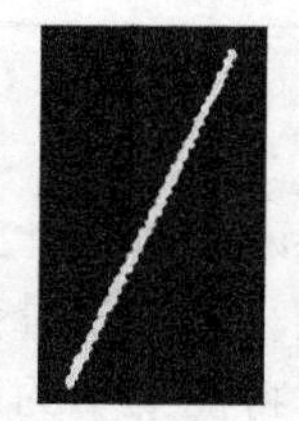
(a) 实例1中纳米线的提取

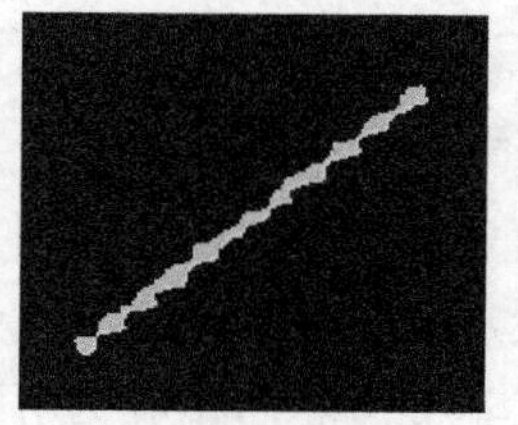
(b) 实例2中纳米线的提取

图 5.14　纳米线的提取图像

在对比两块大小相等的区域中灰度值出现的概率时，可以将噪声的影响降到最低，很好地实现纳米线与基底的分离。

5.4.4　纳米线平面定位结果

在不同的放大倍数下，从 SEM 图像中获取的图像比例尺(即单个像素代表的实际距离)是不同的，本书是从图像处理的角度出发，对获取的 SEM 图像进行纳米线的准确定位，为后续的实际操作提供参考依据。在纳米线的定位过程中，利用纳米线的中心线和基于梯度方向高斯曲线拟合方法实现对纳米线的准确定位，结果如表 5.5 所示。实验结果以像素为单位，并未转化为实际距离。受实验室硬件条件的限制，本实验未将图像处理结果与实际纳米线的位置进行校对，但将本书方法与文献[18]中的方法进行了对比。利用文献[18]中的方法获取纳米线的位置信息，与本实验中获取的实验数据进行对比可以发现，由文献[18]获取的纳米线两端点在纳米线的外侧，而且偏离纳米线的中心线位置，而本书方法得到的纳米线的两端点在纳米线的两端边缘附近，且在纳米线的中心线上。定位结果不同的主要原因在于对纳米线进行识别即分割时所用的阈值不同。文献[18]中的方法并未处理掉噪声的干扰，而本书方法将噪声的影响降到最低，可以准确地获取纳米线两端点的位置和纳米线的宽度。所以本书方法在实际纳米线识别和定位中体现了良好的可靠性和准确性。

表 5.5　纳米线位置信息提取结果

实例序号	纳米线端点 1 中心坐标		纳米线端点 2 中心坐标		纳米线宽度	
	文献[18]中的方法	本书方法	文献[18]中的方法	本书方法	文献[18]中的方法	本书方法
1	(23, 14)	(22, 13)	(158, 305)	(150, 307)	16	14.3
2	(21, 26)	(21, 30)	(145, 123)	(146, 126)	12	10.3
3	(31, 118)	(32, 120)	(138, 40)	(134, 42)	11	8.9
4	(26, 64)	(25, 60)	(60, 15)	(61, 12)	6	4.7
5	(51, 191)	(55, 190)	(146, 28)	(149, 31)	11	8.1

5.4.5　重叠纳米线识别结果

在对重叠纳米线进行识别时，通过本书所述的方法设计分类器，在设计图像标准库时，如果重叠纳米线的特征被划分得太细，则计算量会非常大，因此图像识别的成功率也非常低。而相应的解决办法是对特征集中的成员设立权重系数，权重系数越大，优先级越高。例如，重叠纳米线和单纳米线的矩形度相差非常大，所以矩形度成为一个非常重要的衡量指标，因此在图像特征的优先级序列中，矩形度的优先级较高，权重系数也较大。可以将特征集分为多个小组(即优先级同类的特征放在一组)，并将每个小组的特征训练成带有优先级的分类器。在识别的过程中，优先级比较高的分类器先进行筛选，然后优先级较低的分类器再对前面结果进行精确筛选，这样可以提高筛选的效率和精确度。经过重叠纳米线分类器筛选后，识别的纳米线结果如图 5.15 所示。

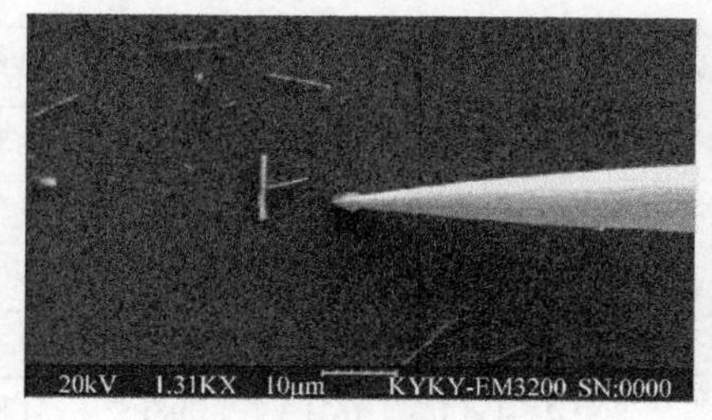

(a) 实例1中重叠纳米线

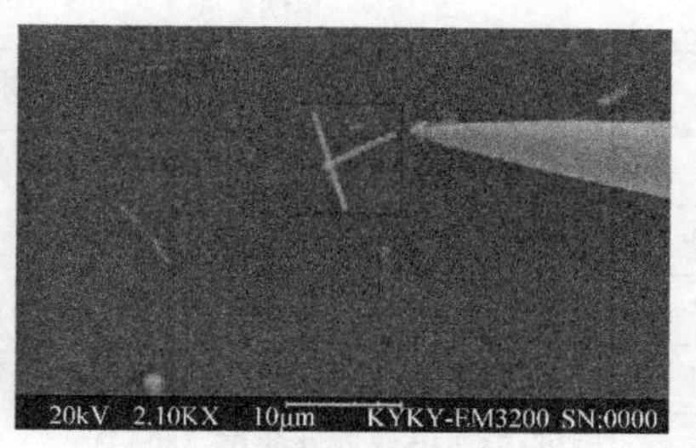

(b) 实例2中重叠纳米线

图 5.15　重叠纳米线原图

通过上面的识别，接下来需要对重叠纳米线进行简化，在 ROI_M 中，将重叠的纳米线(以两根纳米线重叠为例)分解成两根单独的纳米线，简化结果在原图中表示出来，如图 5.16 所示。其中，图 5.16(a)和(b)是图 5.15(a)简化的结果，图 5.16(c)和(d)是图 5.15(b)简化的结果。

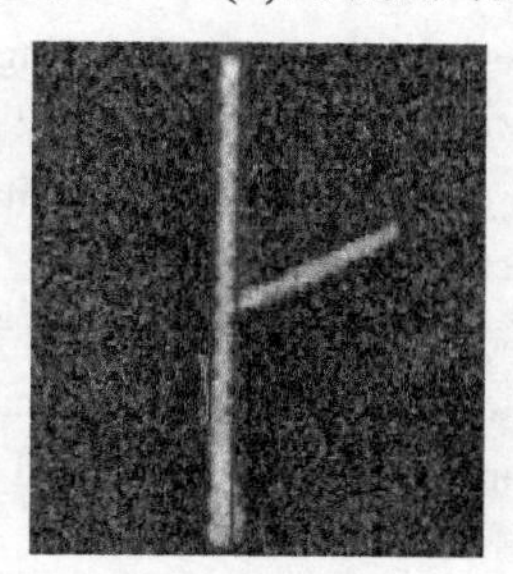
(a) 实例1中单纳米线1

(b) 实例1中单纳米线2

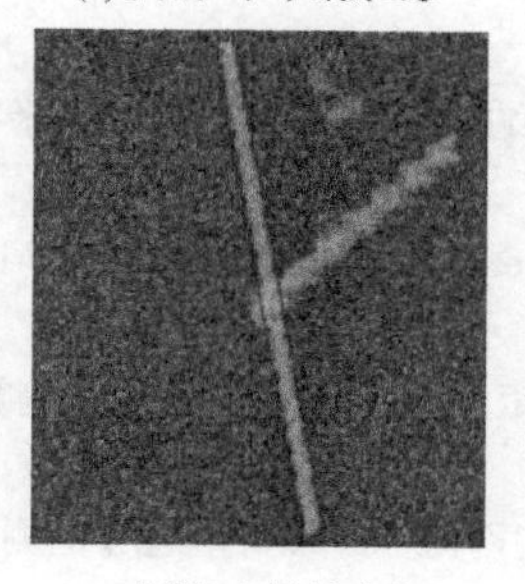
(c) 实例2中单纳米线1

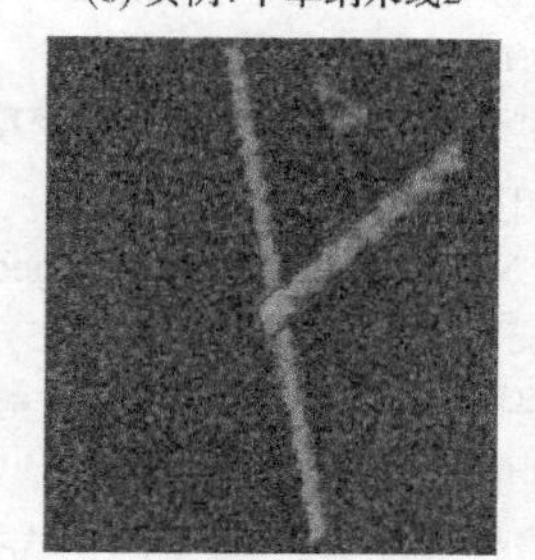
(d) 实例2中单纳米线2

图 5.16　重叠纳米线简化

通过简化得到单纳米线图像，将复杂的重叠纳米线定位问题简化成单纳米线定位问题。在定位处理中，不仅实现了重叠纳米线的精确定位，也提高了重叠纳米线的定位速度，其定位结果如表 5.6 所示。

表 5.6　纳米线位置信息提取结果

实例序号	单纳米线 1			单纳米线 2		
	左上测坐标	右下侧坐标	纳米线线宽	左上测坐标	右下侧坐标	纳米线线宽
1	(15.56, 238.83)	(681.46, 226.70)	20.4	(353.97, 220.08)	(251.74, 413.22)	24.5
2	(12.06, 229.12)	(682.02, 341.29)	23.8	(380.38, 25937)	(147.40, 502.74)	35.5
3	(55.87, 28.86)	(657.13, 186.50)	22.0	(480.29, 38.80)	(306.28, 210.64)	28.0
4	(395.41, 168.04)	(408.14, 498.92)	29.7	(72.84, 467.70)	(657.13, 118.33)	29.3
5	(200.54, 61.51)	(460.05, 480.82)	33.1	(91.23, 455.16)	(631.37, 387.96)	31.8

参 考 文 献

[1] 张世忠，荣伟彬，台国安．基于黏滑运动原理的单自由度纳米定位台设计与动力学分析．机械工程学报, 2012, 48(19): 29-31

[2] Ouarti N, Sauvet B, Haliyo S, et al. RobPosit: A robust pose estimator for operator controlled nanomanipulation. Micro-Bio Robot, 2013, 8(2): 73-82

[3] Fatikow S, Wich T, Hulsen H. Microrobot system for automatic nanohandling inside a scanning electron microscope. IEEE/ASME Transactions on Mechatronics, 2007, 12(3): 244-252

[4] Tabatabai A J, Mitchell O R. Edge location to subpixel values in digital imagery. IEEE Transactions on Pattern Analysis & Machine Intelligence, 1984, 6(2): 188

[5] 牛犇．亚像素边缘检测与几何特征的自动识别．淮南：合肥理工大学硕士学位论文, 2014

[6] Jahnisch M, Schiffner M. Stereoscopic depth-detection for handling and manipulation tasks in a scanning electron microscope. IEEE International Conference on Robotics and Automation, 2006, 8(1): 908-913

[7] 李东洁，王德宝，宋鉴，等．单视角 SEM 图像中控制工具的三维精确定位．哈尔滨理工大学学报, 2014, 19(6): 17-21

[8] 李东洁，王德宝，张越，等．基于核密度估计的纳米线识别和定位．纳米技术与精密工程, 2016, 14(1): 9-14

[9] Zhao P, Qiang N G, Bang P Z. Simultaneous perimeter measurement for multiple planar objects. Optics and Laser Technology, 2009, 41(5): 186-192

[10] 高世一，赵明扬，张雷，等．基于 Zernike 正交矩的图像亚像素边缘检测算法改进．自动化学报, 2008, 34(9): 1163-1168

[11] 常治学，王培昌，张秀峰．基于抛物线拟合的十字激光图像屋脊边缘检测．光电工程, 2009, 36(5): 93-97

[12] Cantatore A, Cigada A, Sala R, et al. Hyperbolic tangent algorithm for periodic effect

cancellation in sub-pixel resolution edge displacement measurement. Measurement, 2009, 42(8): 1226-1232

[13] 庄小芳. 基于混合图结构的图像相似度的研究. 福州: 福建师范大学硕士学位论文, 2013

[14] Gonzalez R C, Woods R E, et al. 数字图像处理. 阮秋琦, 阮宇智, 等译. 北京: 电子工业出版社, 2003

[15] 石宽. 基于多相似度融合图像检索技术研究. 北京: 北京邮电大学硕士学位论文, 2014

[16] Lowe D G. Object recognition from local scale-invariant feature. IEEE International Conference on Computer Vision, 1999, 2(2): 1150-1157

[17] Li D J, Rong W B, Sun L N, et al. Fuzzy control and connected region marking algorithm-based SEM nanomanipulation. Mathematical Problems in Engineering, 2012, (2): 1695-1698

[18] 李俊林，符红光. 改进的基于核密度估计的数据分类算法. 控制与决策，2010，25(4): 507-514

第 6 章　基于 SEM 的实验平台搭建及实验

对于基于虚拟现实技术及力觉交互的遥纳操作系统，虚拟环境和力觉反馈设备增强了操作者的沉浸感。对 SEM 图像特征信息的提取使虚拟现实系统的初始定位及环境校正更加准确，给操作者提供了直观的操作依据，也是系统完成操作过程闭环控制的唯一参考标准。因此，虚拟环境、力觉反馈设备、SEM 传输图像三者之间控制结构的品质将决定整个操作系统的有效性与实时性。本章主要对操作系统平台的搭建进行详细阐述，包括对各硬件设备的工作条件与原理进行详细说明；同时对系统的软件构架以及控制过程进行详细设计，最后对纳米构件操作的 z 向运动及旋转和平移策略进行规划，并对以 ZnO 纳米线为代表的纳米构件进行转移与拾取实验。

6.1　实验平台总体结构

所设计的系统硬件平台实物如图 6.1 所示[1]。主端包括操作者、力觉反馈操作主手 Omega3 和主控计算机；从端包括从端纳米操作环境 SEM、纳米定位平台 Attocube、从端计算机和末端操作针。所有末端操作都在 SEM 真空样本腔内进行，力觉反馈设备、操作主手和纳米定位平台 Attocube 构成了典型的主从式遥纳操作平台。

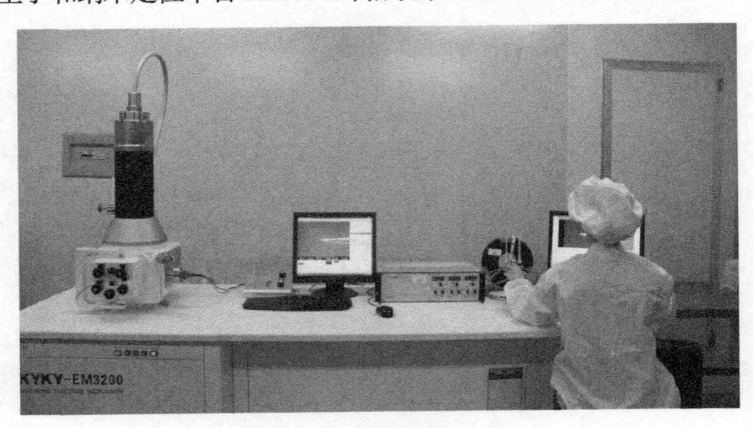

图 6.1　系统硬件平台实物图

钨探针安装在Attocube上，Attocube纳米定位器(ANPxyz101)固定在SEM真空样本腔内，作为移动探针的主要工具；从端计算机控制SEM成像并通过以太网与主控计算机通信，进行实时图像传输；操作者通过操作主手Omega3与主控计算机进行交互，主控计算机运行的主控程序集成了3D虚拟纳米操作环境、从端SEM传输图像和主控界面；三自由度操作主手Omega3通过USB接口与主控计算机相连；Attocube三轴(x, y, z)的运动由主控计算机根据采集到的Omega3的信息控制其自带的控制器(ANC150)以遥控模式实现。借助SEM提供的实时视觉反馈信息，应用本纳米操作平台可以完成对各种纳米构件的三自由度主从遥操作。

在具体操作过程中，操作者操控力觉反馈设备带动虚拟模型进行相应的操作，其速度(位置)信息由主控计算机记录，并经过大比例线性缩放后传送给从端的纳米定位平台，对样品进行移动操作；从端计算机将SEM的成像信息传回主控计算机供虚拟场景的刷新与虚拟模型的校正使用；最后，操作者通过虚拟环境中的力觉信息，实时感受到从端的受力情况，根据所感受到的虚拟力进一步操控主手进行相应的动作，直至操作结束。

6.1.1　力觉反馈设备

本系统使用的力觉反馈设备Omega3由瑞士Force Dimension公司设计和制造，不同于之前的Delta系列，Omega*x*系列触觉设备将强度、力度和精度提升至更高标准的同时，赋予设备轻质轻巧的外观结构，可因不同需求转换的末端操纵配置，使其在广泛的应用领域中成为强有力并可信赖的桌面虚拟触觉解决方案。Omega3拥有较高的机械刚度，内置高速USB2.0控制接口，可以提供清晰的接触力。具体规格参数如表6.1所示。

表6.1　Omega3规格参数

项目	参数
工作空间	平移160mm×垂直110mm
力	持续12.0N
分辨率	直线0.01mm
劲度	闭合反馈环14.5N/mm
尺寸	270mm×300mm×350mm
接口	标准USB2.0
电源	普通110～240V

Omega3 应用较为广泛，现已广泛应用于医疗和空间机器人、微型和纳米机器人、远距离操纵控制台、虚拟仿真、培训系统以及科学研究。图 6.2 为 Omega3 的实物图。

图 6.2　Omega3 的实物图

6.1.2　扫描电子显微镜

在基于视觉伺服的纳米操作系统中，SEM 作为研究微纳米材料特性的辅助成像工具和视觉监视设备，在主从操作过程中起着重要作用。

1. SEM 工作原理

普通光学显微图像与 SEM 图像的生成方式有着本质的区别。SEM 的电子束撞击在样本表面激发出次级电子，典型的 SEM 图像是通过检测这些次级电子进行成像的。

电子枪在 0.1～30kV 的电压作用下产生高能量的入射电子束，经聚光透镜汇聚电子束束斑，扫描线圈控制电子束在样本表面进行并行栅格式扫描，电子束再经过物镜的汇聚作用到达样本表面，根据样本材质及表面形态激发出不同数量的次级电子(SE)和背散射电子(BSE)，电子检测器会收集这些电子并通过一系列的转换和处理得到能反映材料本身形态的 SEM 图像。

通常情况下，电子束的束斑大小决定图像的清晰程度，束斑越小，其产生的 SEM 图像越清晰，但同时从样本表面返回的能量越小，导致图像上的信号噪声越强。可以通过调整物镜电流来调整电子束的入射角度，改变束斑的照射位置，从而调整电子束束斑尺寸，使 SEM 图像达到最清晰。

2. SEM 图像传输与实时刷新

从端计算机完成对 SEM 的功能设定，如设定工作电压、亮度和对比度，确定工作空间的视野范围(放大倍数)、扫描视窗的大小等，图像显示模块与 SEM 本体相连。主端的操作者需要在现有条件下利用从端计算机生成的 SEM 图像获取探针的位置信息，将 SEM 图像作为主从操作的视觉辅助将其集成于主控界面中，因此需要实现 SEM 图像远程网络传输与实时刷新的功能。本书采用的是基于 TCP/IP 协议的局域网络传输，应用 Winsock2 标准应用程序接口(API)函数完成主从端的通信功能，时延较小，能够达到操作的实时要求。进行集成后的主端人机交互界面一是建立主从计算机连接，完成通信功能；二是接收图像数据并将其显示出来。

在主端操作构架搭建的过程中，力觉反馈设备开发环境与 SEM 图像传输功能的实现平台并不一致，为保证 SEM 图像数据的顺利传输，针对不同功能采用分时实现方法，即按照图像传输、存储、上载的先后顺序，同时开启 Visual C++ 6.0 与 Visual Studio 2008 的控制程序，设定不同时间间隔的定时器，完成图像刷新。由于采用独立存储图像的功能，将图像刷新窗口与虚拟现实环境进行有效的整合，在满足硬件设备需求的同时保证 SEM 图像传输过程的稳定，为控制界面中的图像刷新提供保障。

6.1.3 纳米定位器

目前微纳驱动装置的工作原理主要分为六类：机械力驱动、电磁驱动、弹性变形驱动、磁致伸缩驱动、受热膨胀驱动、压电陶瓷驱动。压电陶瓷驱动位移进给装置利用晶体的逆压电原理进行工作，具有体积微小、无间隙、无散热、高分辨率等优点，是理想的微纳操控驱动器。在纳米操作控制系统的设计过程中，能满足精细、实用的要求。

由于采用了 SEM，应该选择一种类似于 AFM 探针的定位驱动装置并适用于 SEM 样本腔。曾经很多研究人员采用 SEM 和 AFM 结合的方式，即将 AFM 的探针嵌入 SEM 样本腔中。但由于 AFM 的探头采用的是悬臂梁结构，即操作探针垂直于样本腔操作对象表面，同时 SEM 对操作对象的观测在探针的上方，被悬臂梁挡住，这样对于操作人员的观测十分不利。所以，在 SEM 下的纳米驱动定位装置需要选择平行操作于样本腔中的操作对象。

德国 Attocube Systems 公司推出的 ANP (Attocube Nano Positioning, 简称 Attocube) 原子级精度位移设备/定位器，可以根据具体的需要从尺寸、移动范围、运动方向等因素来选取合适的定位器，能够工作在极低温、强磁场和超高真空的环境中，并提供原子级的精度和厘米级的运动范围。同时也可与 Attocube 位置传感器一起使用，在纳米精度下进行闭环位置控制。将几种不同的平台联用，最多可以达到六自由度定位。其主要优点在于：当步进到指定位置后，施加在压电陶瓷上的电压变为 0V，因此不存在因外加电信号而产生噪声或漂移的问题；驱动定位器需要的电压一般较低，不需要进行高压屏蔽，很多低压中使用的电缆和接口都可以使用；Attocube 定位器可以同时作为粗逼近装置和精确定位使用，极大地提高了设备的稳定性和结构的紧凑性。

Attocube 采用压电陶瓷进行纳米级驱动，并利用摩擦力和惯性的特性进行定位。驱动装置由主体、执行机构和惯性重块组成。当压电陶瓷电压缓慢达到峰值时，执行机构压电陶瓷慢速进行膨胀运动，m2 进行位移运动时通过静摩擦力带动 m1 运动；当电压突然降回时，压电陶瓷快速缩回，惯性力大于静摩擦力，使得主体 m1 保持原来的位置，如图 6.3 所示。

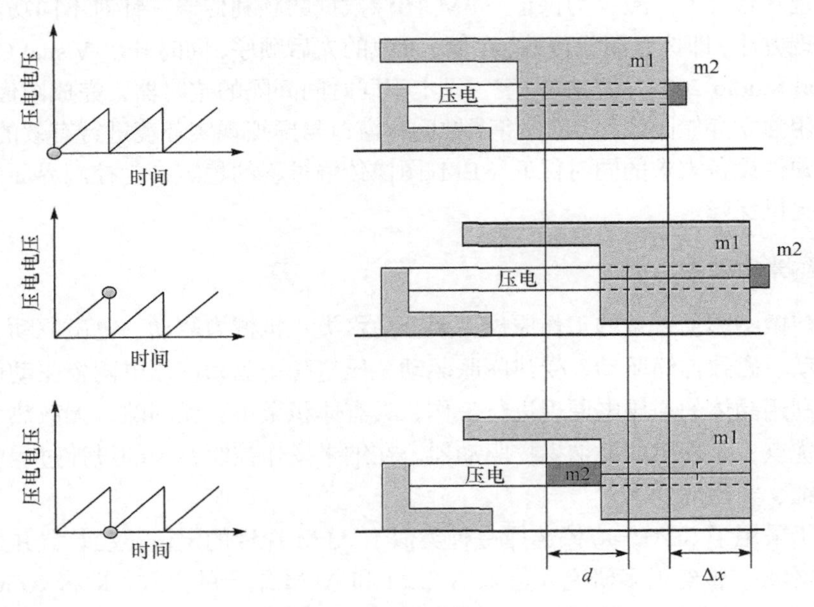

图 6.3　ANP 驱动定位原理图

由于单个 Attocube 为单向定位，所以为实现三轴的运动控制，选用两个 ANP*x* 系列(横向定位)和一个 ANP*z* 系列(纵向定位)的纳米定位器，将三个单向定位装置安装在一起实现对操作空间三轴的定位控制。图 6.4 为 Attocube 与 ANC150 实物图。Attocube 由本身自带的控制装置 ANC150 进行控制，Attocube 采用 RS232 串口通信方式与相应的控制器 ANC150 进行通信。操作者可以通过 ANC150 设置纳米定位器的运行电压、频率及模式，也可通过串口对 ANC150 发送相应的命令来完成对 Attocube 的参数设置、状态查询、运动控制等相关任务。具体命令如表 6.2 所示。

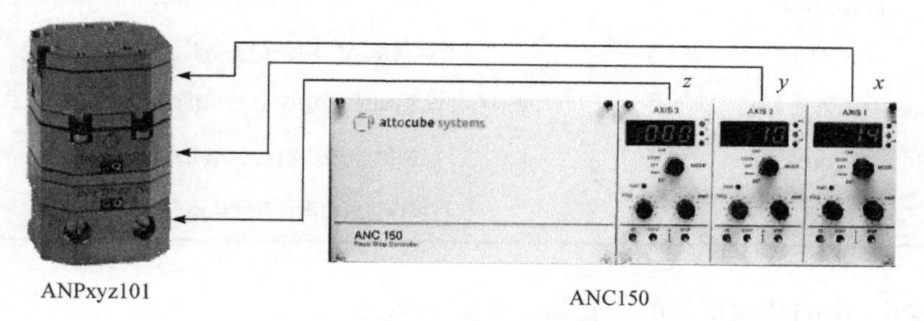

图 6.4　纳米定位器与压电控制器实物图

表 6.2　ANC150 命令表

命令	功能
help	打印出帮助文档
ver	打印出版本号和制造厂商信息
setm ⟨AID⟩ ⟨AMODE⟩	设置⟨AID⟩轴为⟨AMODE⟩模式
getm ⟨AID⟩	查询获得⟨AID⟩轴的模式状态
stop ⟨AID⟩	停止⟨AID⟩轴
stepu ⟨AID⟩ ⟨C⟩	向上步进运动⟨AID⟩轴运动⟨C⟩步
stepd ⟨AID⟩ ⟨C⟩	向下步进运动⟨AID⟩轴运动⟨C⟩步
setf ⟨AID⟩ ⟨FRQ⟩	设置⟨AID⟩轴的频率为⟨FRQ⟩
setv ⟨AID⟩ ⟨VOL⟩	设置⟨AID⟩轴的速率为⟨VOL⟩
getf ⟨AID⟩	查询获得⟨AID⟩轴的频率
getv ⟨AID⟩	查询获得⟨AID⟩轴的速率
getc ⟨AID⟩	查询获得⟨AID⟩轴的容量
rbctl ⟨RBS⟩	切换继电板为状态⟨RBS⟩
setgs ⟨AID⟩ [ON|OFF]	设置⟨AID⟩轴的图样行为
getgs ⟨AID⟩	查询获得⟨AID⟩轴当前的行为
setpu ⟨AID⟩ ⟨PNUM⟩	以⟨PNUM⟩图样号向上步进运动⟨AID⟩轴
setpd ⟨AID⟩ ⟨PNUM⟩	以⟨PNUM⟩图样号向下步进运动⟨AID⟩轴

续表

命令	功能
getpu 〈AID〉	查询获得〈AID〉轴的向上当前的图样
getpd 〈AID〉	查询获得〈AID〉轴的向下当前的图样
setp 〈PIDX〉〈PVAL〉	暂时存储设置的图样值〈PVAL〉为图样检索号〈PIDX〉
getp 〈PIDX〉	获得当前图样检索号〈PIDX〉
resetp	重新设置所有图样到默认出厂设置

表 6.2 中的特殊符号的含义如表 6.3 所示。

表 6.3 特殊符号的含义表

符号	含义	举例
〈AID〉	轴号	1, 2, 3
〈AMODE〉	轴模式	ext, stp, gnd, cap
〈C〉	运行模式	c (continuous run), 1, 2, ⋯, N [steps]
〈FRQ〉	频率	1, 2, ⋯, 8000 [Hz]
〈VOL〉	电压	0, 1, ⋯, 70 [V]
〈PNUM〉	图样号	0, 1, ⋯, 19
〈PVAL〉	图样值	0, 1, ⋯, 255
〈PIDX〉	图样检索号	0, 1, ⋯, 255
〈RBS〉	继电板状态	on, off

6.2 控制流程与软件构架

6.2.1 遥纳操作控制流程

遥纳操作系统的控制过程可分为三条主线：①从端 SEM 设备的准备过程，即通过从端 SEM 控制计算机调整各种工作与显示参数使 SEM 的工作状态达到最佳，同时随时等待主端计算机接收图像数据和参数；②主端计算机的图形控制界面的生成，包括视觉辅助的并行显示、图像分析模块的集成、三维虚拟环境重建；③力觉反馈设备 Omega3 参与控制指令的发生，与虚拟环境进行交互，主端计算机根据采集到的 Omega3 的位置信息控制从端纳米定位器的移动，完成相关作业任务，同时将完成情况通过实时刷新 SEM 图像的方式传回主端计算机，以便对虚拟操作环境进行校正，完成环境重建之后，系统开始进入下一个控制循环。遥纳操作过程控制流程如图 6.5 所示。

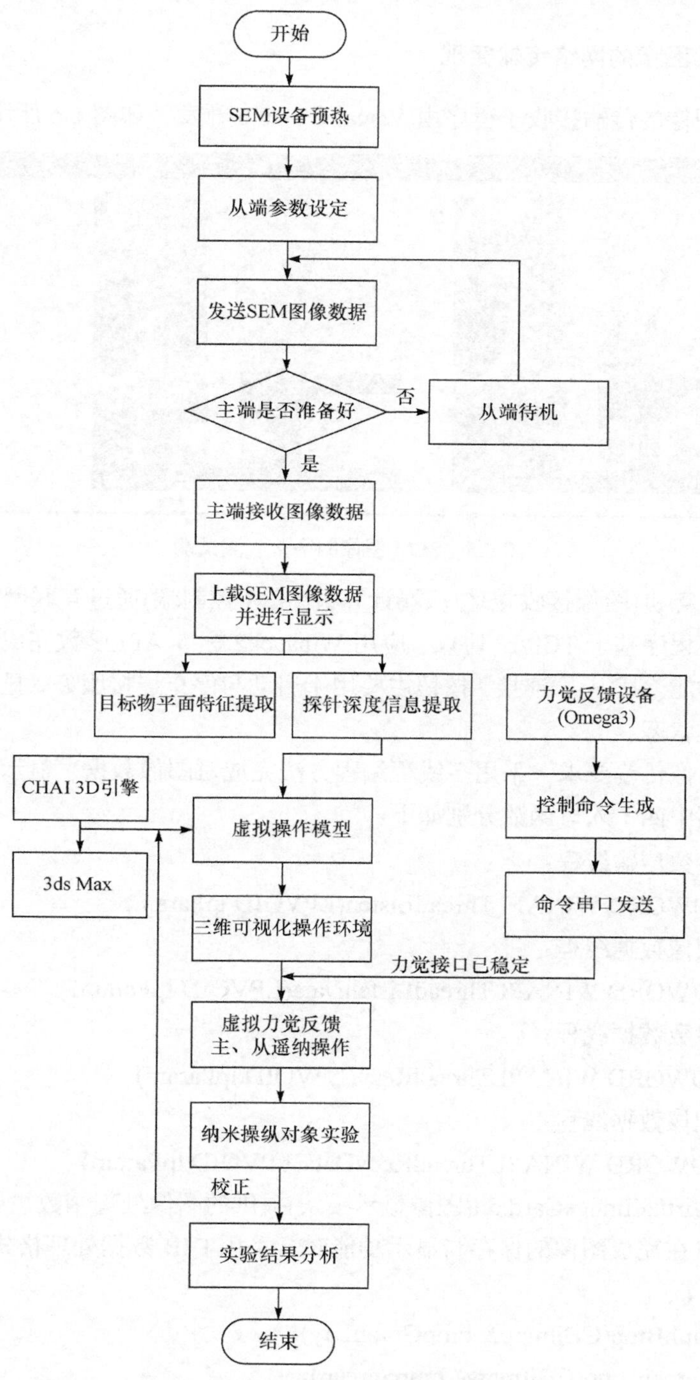

图 6.5　遥纳操作过程控制流程

6.2.2　SEM 图像的网络传输实现

SEM 图像的传输接收子程序由 Visual C++ 6.0 开发，如图 6.6 所示。

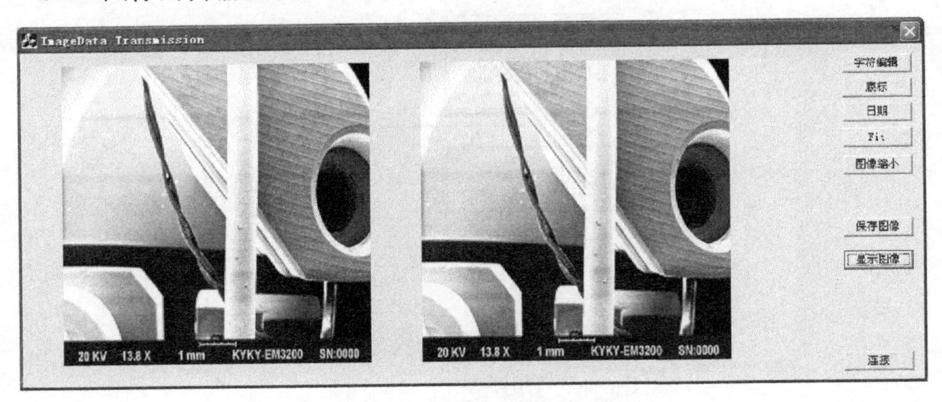

图 6.6　SEM 图像网络接收测试端

主端计算机(图像接收端)与从端计算机(SEM 控制端)通过互联网实现通信。本图像采集程序基于 TCP/IP 协议，应用 Winsock2 标准 API 函数完成主从端计算机的通信功能。其中，“连接”按钮主要用于启动与停止连接服务、显示连接状态与数据接收状态。

针对图像传输要求，采用多线程编程方法完成对图像数据、显示参数的监听与接收。其中四个入口函数分别如下。

监听参数传输线程：

```
static DWORD WINAPI ThreadListen(LPVOID lpParam)
```

监听图像数据线程：

```
static DWORD WINAPI ThreadListenData(LPVOID lpParam)
```

接收参数数据线程：

```
static DWORD WINAPI ThreadRecv(LPVOID lpParam)
```

接收图像数据线程：

```
static DWORD WINAPI ThreadRecvData(LPVOID lpParam)
```

由于 VirtualImageCard.dll(图像显示模块)提供的图像处理函数主要针对 BMP 文件，所以在完成图像的保存与显示功能时，采用 DIB 数据处理格式。例如：

```
GetDib();
GetGraphBmp(CBitmap& bmpGraphLay);
CopyScreenBmp(CBitmap& bmpScreen);
```

界面中有保存图像与显示图像的功能，并且能够进行字符编辑等参数的显示。图 6.7 为 SEM 图像的网络传输过程。

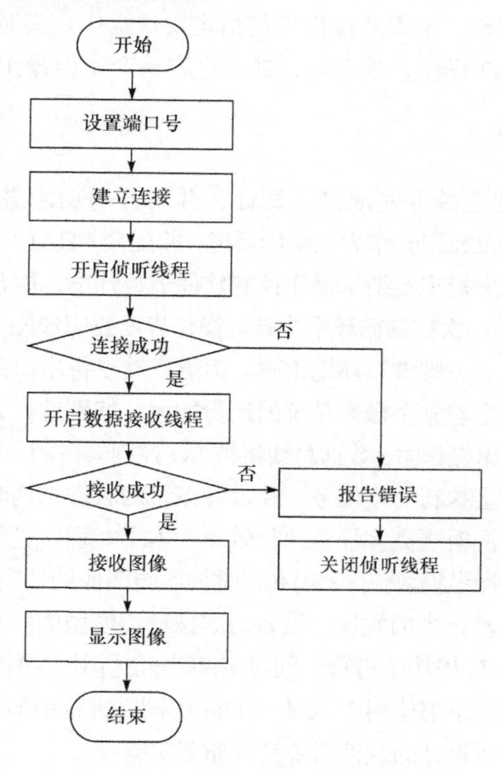

图 6.7　SEM 图像的网络传输过程

6.2.3　Omega3-Attocube 主从控制实现

Omega3 具有较好的可操控性和力觉反馈能力，用 Omega3 操控 Attocube 可以提高操作效率和操作精度，具体实现方法如下：

计算机通过力觉渲染引擎 CHAI 3D 中的 API 函数获得 Omega3 虚拟操作点的位置信息，经过比例换算得出与 Attocube 对应的 step 数值，并通过串口命令将 step 数值发送给对应的 Attocube 驱动单元，从而控制 Attocube 的三个轴(x、y、z)进行运动。Omega3 对 Attocube 的主、从控制设计了两种方式：单步控制和实时跟随控制。

(1) 单步控制是指由 Omega3 完成相应动作(不考虑动作过程)之后，计算机捕获当前位置信息(x、y、z 的值)并发送给 Attocube。发送的当前位置信息由操作人员指定。单步控制的优点是避免了 Omega3 的过速操作和抖动干扰，方便操作人员操作；缺点是不能实时跟随 Omega3 操作，效率较低。

(2) 实时跟随控制是指上述操作中按一定时间间隔定时发送当前位置信息，跟随操作人员操作过程，不需要操作人员指定发送操作。实时跟随控制的优点是可以实时跟随 Omega3 操作，效率高；缺点是容易产生误操作，损坏从端设备。

6.2.4　系统软件构架

为了使操作者在主端方便地操纵探针，并对各项功能进行集成，本书采用 Microsoft 公司的 Visual Studio 作为主编译环境，并配合 CHAI 3D 触觉渲染引擎联合对具有力觉临场感的虚拟现实纳米操作控制软件进行开发，所开发软件的人机交互界面如图 6.8 所示。在一次控制循环中主端的操作界面要完成图像数据的上载与刷新、图像处理与特征提取、三维虚拟环境重建、力觉反馈设备串口命令发送与响应，这些工作的实施效果决定着整个操作系统的运行能力。特别地，力觉反馈设备与主机通过串口进行输入输出操作时，数据总线将被 I/O 控制器占用，只有当数据传送完毕后，计算机处理器才会执行后续任务。在设计系统的软件结构时，考虑到合理利用计算机处理器资源，同时提高多任务执行效率，本书对程序进行了模块化设计，主要划分为虚拟力反馈操纵模块(F_1模块)和视觉伺服与图像处理模块(F_2模块)，F_1模块中完成力反馈主手运动指令的发送、设备与虚拟环境模型的同步，而上载图像数据与特征提取的任务在 F_2模块中进行，同时 F_1模块会利用 F_2模块提供的实时数据，实现两者之间的通信。本书使用 Visual Studio 的同一进程中的多线程处理机制，实现上述模块化设计，所设计的软件系统具有如下功能：

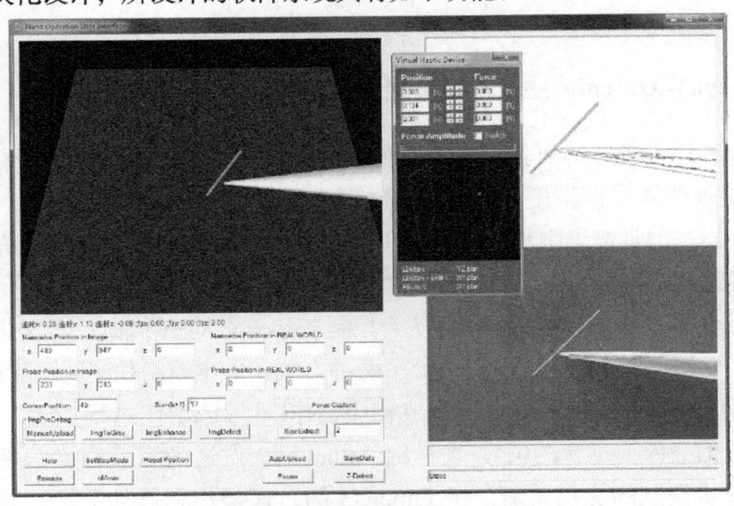

图 6.8　带有虚拟环境的系统人机交互界面

(1) 静动态图像的获取功能。包括接收 SEM 图像数据、读写位图图像。

(2) 静态图像处理与分析功能。包括本书第 5 章所述的平面特征提取与探针深度特征提取。需要指出的是，软件采用单独的对话框对探针的深度信息进行获取，其不仅独立于平面特征的提取，减少选择感兴趣区域时的干扰，同时能够使操作者更细致地观察探针 z 向深度的变化。

(3) 数据采集与生成功能。包括探针及纳米材料(纳米线)图像特征的量化值和对应到虚拟环境下的换算值。在操作过程中，可对虚拟环境下探针模型的针尖受力数据进行记录，生成 .TXT 文件。

(4) 控制方式选择功能。针对 Omega3 到从端的 Attocube 纳米定位器的主从控制方式，设计单步控制和实时跟随控制两种控制方案。

6.3　纳米构件操作策略

6.3.1　纳观操作作用力模型

微观环境中的操作工具是微夹持器、真空微吸附工具或者钨探针，在这些工具的使用中，操作目标会黏附或弹离操作工具，使操作不能顺利展开。因此，在纳观操作环境中，黏附力的作用和影响不能忽略。要使纳米线按照预期的方式运动，可以综合各种情况建立约束条件，对探针的运行策略和运动路线进行规划。微纳环境中的受力有别于宏观环境，范德瓦耳斯力、静电力、毛细作用力等的作用力远大于重力，在绝对或近似真空中，范德瓦耳斯力起主导作用。基于范德瓦耳斯力建立的微纳操作力学模型如表 6.4 所示[2]。

表 6.4　基于范德瓦耳斯力的微纳操作力学模型

范德瓦耳斯力	结构图示	模型(真空环境)
探针与基底之间作用力	R_2 H_2 R_1 H_1 d	$\begin{aligned} F_{\mathrm{tb}} &= F_1 + F_2 \\ &= -\frac{\pi^2 C\rho_1\rho_2}{2}\int_0^{H_1}\frac{(2R_1 - z)z}{(d+z)^4}\mathrm{d}z - \frac{\pi C\rho_1}{2}\int_0^{H_2}\frac{\pi R_2^2\rho_2}{(d+H_1+z)^4}\mathrm{d}z \\ &= -\frac{A_{\mathrm{H}}}{2}\left[\frac{3(H_1-R_1)(H_1+d)+d(2R_1+d)}{3(d+H_1)^3} - \frac{d-R_1}{3d^2}\right] \\ &\quad -\frac{A_{\mathrm{H}}R_2^2}{6}\left[\frac{1}{(d+H_1+H_2)^3} - \frac{1}{(d+H_1)^3}\right] \end{aligned}$ 条件：$R_1 \geqslant d$ 其中，R_1 为探针针尖圆柱半径，R_2 为探针球面半径，d 为探针与基底的距离

续表

范德瓦耳斯力	结构图示	模型(真空环境)
单位长度纳米线与基底之间作用力	F_{wb}	$F_{wb}=-\dfrac{A_H\sqrt{R}}{8\sqrt{2}d^{5/2}}$ 条件：$R \gg d$ 其中，R 为纳米线半径，d 为探针与基底的距离
探针与纳米线之间作用力		探针与纳米线垂直时 $F_{tw}=-\dfrac{A_H}{6d^2}\dfrac{R_1R_2}{R_1+R_2}$ 探针与纳米线平行时 $F_{tw}=-\dfrac{A_H L}{8\sqrt{2}d^{5/2}}\sqrt{\dfrac{R_1R_2}{R_1+R_2}}$ 条件：$R_1 \gg d, R_2 \gg d$ 其中，R_1 为纳米线半径，R_2 为探针球面半径，d 为探针与基底的距离
两单位长度纳米线之间作用力	R_1 R_2	$F_{ww}=-\dfrac{A_H}{8\sqrt{2}D^{5/2}}\left(\dfrac{R_1R_2}{R_1+R_2}\right)^{1/2}$ 条件：$R_1 \gg D, R_2 \gg D$ 其中，R_1、R_2 分别为两纳米线半径，D 为两纳米线之间的距离

注：A_H 为 Hamaker 常数，L 为距离探针针尖最近处纳米线的长度。

设纳米线半径 $R(R_2)$=50nm，Hamaker 常数 $A_H=1.1\times10^{-19}\,\text{J}$，探针针尖圆柱半径 R_1=150nm。MATLAB 仿真可得 F_{wb} 与垂直时 F_{tw} 的曲线如图 6.9 所示。分析图 6.9(a)和(b)可知，当距离 d 逐渐增大时，范德瓦耳斯力迅速减小，并趋于 0。

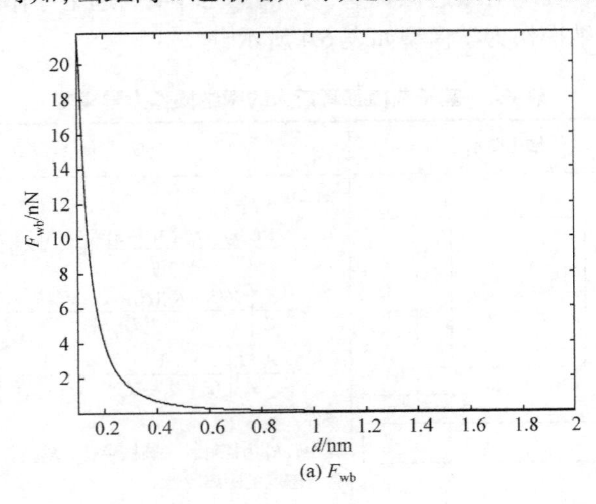

(a) F_{wb}

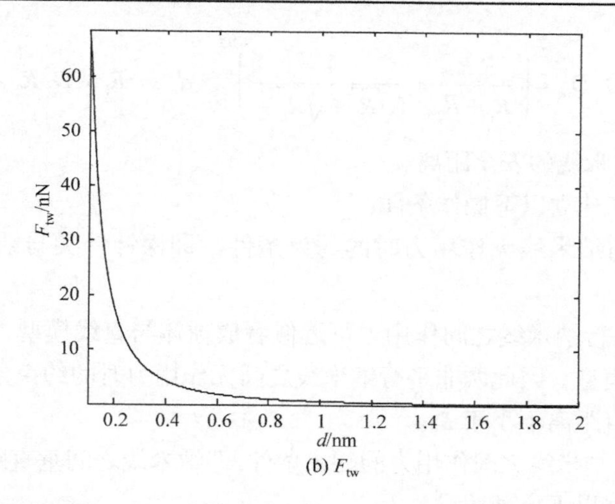

(b) F_{tw}

图 6.9　单位长度纳米线与基底之间作用力(F_{wb})以及探针与纳米线垂直时作用力(F_{tw})

将纳米材料及尺寸参数代入以上作用力模型后，对虚拟环境作用力进行设置，使虚拟环境受力逼真。

6.3.2　纳米构件操作的约束条件

纳米操作中，外作用力作为宏观力比探针与基底之间的作用力 F_{tb} 大得多，因此在纳米操作时不需要考虑 F_{tb}。

不考虑微观环境中次要作用力，则在一定范围内，探针靠近长为 L 的纳米线且纳米线不动时有

$$F_{tw} < F_{wb} \times L \tag{6-1}$$

由建立的模型可得

$$D_{tn} > D_{t} = \sqrt{\frac{4\sqrt{2}d^{5/2}\sqrt{R}R_1}{3L(R+R_1)}} \tag{6-2}$$

式中，D_{tn} 为探针的安全距离。当纳米线放置于基底上时，纳米线与基底之间的距离 d 与纳米线的长度 L 是固定的，设 $d = 1\text{nm}$，$L = 1\mu\text{m}$，则可以获得 D_{tn} 最小为 0.1nm。

单位长度、同种材料的两纳米线平行靠近且不动时有

$$F_{1wb} = F_{2wb}F_{ww} \tag{6-3}$$

由模型可得

$$D_{\mathrm{nn}} \geqslant D_{\mathrm{w}} = \left(\frac{R_1 R_2}{R_1 + R_2} \times \frac{1}{(\sqrt{R_1} + \sqrt{R_2})^2} \right)^{1/5} \times d \ , \quad R_1 \geqslant D, R_2 \geqslant D \tag{6-4}$$

式中，D_{nn} 为纳米线的安全距离。

根据推导，建立以下操作条件：

(1) 探针与纳米线无作用力时的约束条件，即探针针尖与纳米线垂直距离不小于 D_{t}。

(2) 两非平行纳米线之间作用力可近似看成球体与直线模型，即探针与纳米线之间作用力模型，因此两非平行纳米线之间无作用力时的约束条件，即距另一纳米线最近垂直距离不小于 D_{t}。

(3) 两平行纳米线之间作用力的约束条件，即纳米线之间垂直距离不小于 D_{w}。

另外，建立以下合理假设：

(1) 探针操作时作用力远大于探针与纳米线之间的作用力以及探针与基底之间的作用力。

(2) 基底平滑。

6.3.3　探针 z 向运动策略

设空间中探针和纳米线的相对位置如图 6.10(a)所示。在此三维空间中，探针由点 A 接近纳米线上点 B，有无数条路径，可选择的最优路径如图 6.10(b)所示。在宏观环境中，一般选择最短路径 3 便可移动到点 B。但是，考虑到微观环境中探针对纳米线的黏附力，路径 4 会产生垂直方向上的最大黏附力，路径 3 产生的

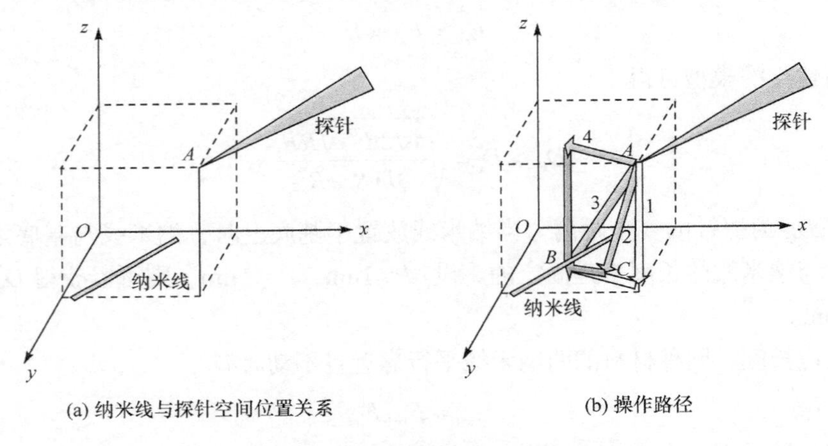

(a) 纳米线与探针空间位置关系　　(b) 操作路径

图 6.10　纳米线与探针空间位置关系及操作路径

力较小，而路径 1 是最小的。所以，一般操作中选择路径 1。然而，当探针距离纳米线较远时，路径 1 可改为较短的路径 2 来接近纳米线，操作中需要寻找一个合适的点 C，使探针移动到点 C 时纳米线不会产生位姿的改变。

选择路径 2 作为研究对象，将探针在三维空间中的运动分为两部分：z 向运动与 xOy 平面运动，所有三维空间中的运动均可由这两个运动叠加而成。

纳米构件操作中，探针的起始位置 A 远离基底，此时二者的黏附力不会对构件的位姿产生影响。实验系统中，探针的高度通过 Attocube 的 z 向控制器控制，通过发送脉冲给控制器，可调节探针针尖的高度。为了提高实验效率，将 Attocube 的控制分为两种，连续运动(粗操作)模式与单步运动(精确操作)模式，在粗操作模式，Attocube 连续发送脉冲使探针连续运动，此控制模式会产生一定误差；精确操作模式按一定间隔发送脉冲，误差较小。

根据前文中 z 向信息提取可知，探针的高度与 SEM 图像中探针模糊度有关，当探针逐渐远离基底时，图像模糊度增大，探针靠近基底时，图像模糊度减小。选择 z 向距离为 20nm 时图像模糊度为操作模式分界点。

设计程序实时检测图像中探针针尖模糊度，并控制 Attocube 使探针靠近基底，当探针与基底之间的距离大于 20nm 时，采取连续运动的方式控制探针；当两者间的距离达到 20nm 时，系统发出提示，采用单步运动方式接近基底，在此运行过程中系统随时接受操作者的介入，从而避免探针、基底和样本受损。控制流程如图 6.11 所示[3]。

6.3.4　纳米构件旋转策略

纳米构件的操作比纳米颗粒复杂，但操作方式比较单一，从大量参考文献可知纳米构件的操作多数使用“Z”字形操作方式。不同长度的纳米线，随作用力与作用点的不同，纳米线旋转点的位置也不同。图 6.12 和图 6.13 分别为旋转点在纳米线上和纳米线外的情形。其中，F 为施加于 P 点的外作用力，圆点为纳米线旋转点。摩擦力由两部分组成，即动态库仑摩擦力 $f_{\rm c}$ 与黏附摩擦力 $f_{\rm v}$，有如下关系：

$$\begin{cases} f_x = f_{\rm c} + f_{\rm v} \\ f_{\rm c} = \mu N_x \\ f_{\rm v} = c v_x = c x \omega \end{cases} \tag{6-5}$$

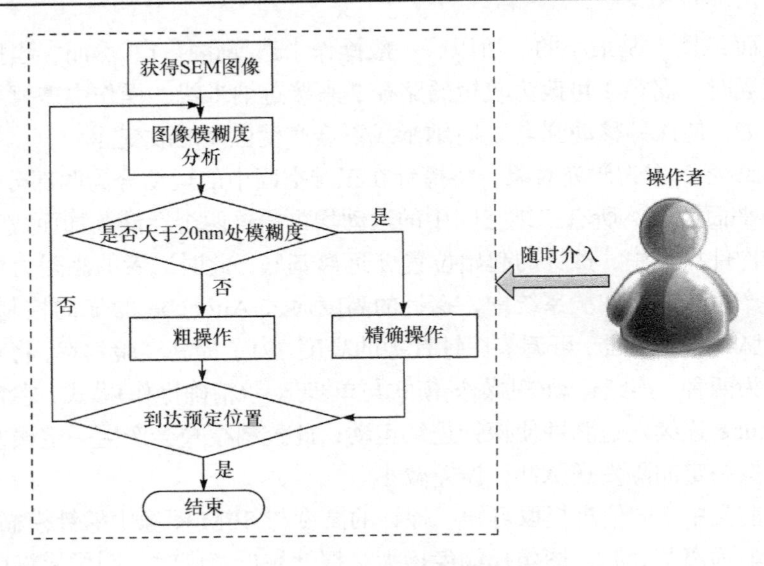

图 6.11　z 向移动策略

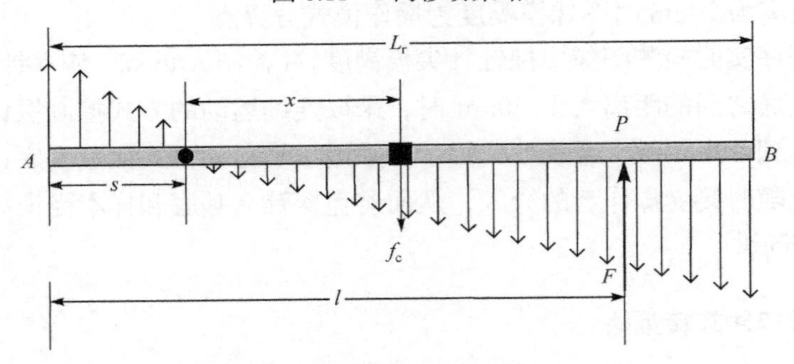

图 6.12　旋转点在纳米线上的情形

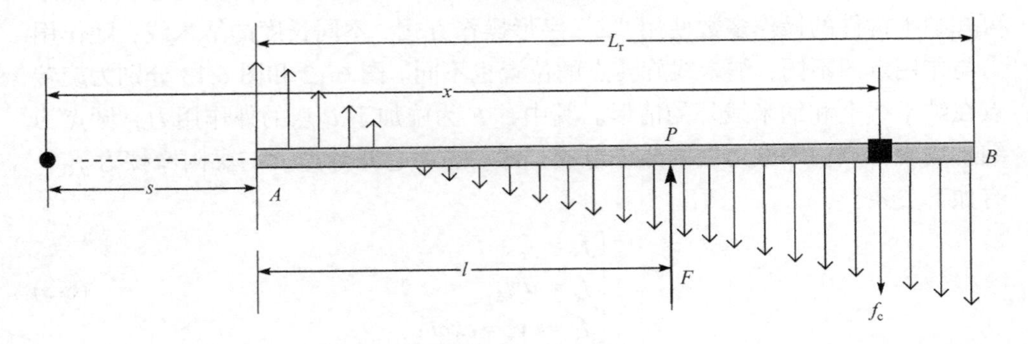

图 6.13　旋转点在纳米线外的情形

式中，f_x 为摩擦力，μ 为动态摩擦系数，N_x 为单位纳米线对基底的压力，c 为黏附摩擦系数，v_x 为纳米线运动速度，ω 为纳米线运动角速度。

根据受力平衡，对于图 6.12 有

$$\begin{cases} F(l-s)=\dfrac{1}{2}f_{\mathrm{c}}(L_{\mathrm{r}}-s)^2+\dfrac{1}{2}f_{\mathrm{c}}s^2+\displaystyle\int_0^{L_{\mathrm{r}}-s}c\omega x^2\mathrm{d}x+\int_0^{s}c\omega x^2\mathrm{d}x \\ \omega=\dfrac{V_p}{l-s} \end{cases} \tag{6-6}$$

式中，V_p 为速度。化简后有

$$F(l-s)=\frac{1}{2}f_{\mathrm{c}}(L_{\mathrm{r}}-s)^2+\frac{1}{2}f_{\mathrm{c}}s^2+\frac{V_p}{l-s}\times\frac{c}{3[(L_{\mathrm{r}}-s)^3+s^3]} \tag{6-7}$$

对于图 6.13，则有

$$\begin{cases} F(l+s)=f_{\mathrm{c}}L_{\mathrm{r}}\left(\dfrac{L_{\mathrm{r}}}{2}+s\right)+\displaystyle\int_0^{L_{\mathrm{r}}+s}c\omega x^2\mathrm{d}x \\ \omega=\dfrac{V_p}{l+s} \end{cases} \tag{6-8}$$

化简后有

$$F(l+s)=f_{\mathrm{c}}L_{\mathrm{r}}\left(\frac{L_{\mathrm{r}}}{2}+s\right)+\frac{V_p}{l+s}\times\frac{c}{3[(L_{\mathrm{r}}+s)^3-s^3]} \tag{6-9}$$

对式(6-6)与式(6-8)求导后并令其为 0，即可获得 s 的最小值。

建立以下合理假设：

(1) 力 F 每次作用时，PB 占纳米线长度的 1/3，即 F 作用于纳米线 1/3 处，因此 l 确定；

(2) 力 F 作用速度恒定，即做匀速运动，因此 V_p 确定；

(3) 力 F 作用时大小恒定，即 F 确定。

下面以旋转点在纳米线上的情形分析纳米线旋转 α 角度时 Attocube 的运动策略。纳米线初始状态如图 6.14 所示。

由以上假设及式(6-6)可得 s，由图 6.14 可知构件变化角度 α 时水平、垂直分量变化为

$$\begin{cases} x=\left(\dfrac{2}{3}L_{\mathrm{r}}-s\right)[\cos\theta-\cos(\theta+\alpha)] \\ y=\left(\dfrac{2}{3}L_{\mathrm{r}}-s\right)[\sin(\theta+\alpha)-\sin\theta] \\ \theta+\alpha<\dfrac{\pi}{2} \end{cases} \tag{6-10}$$

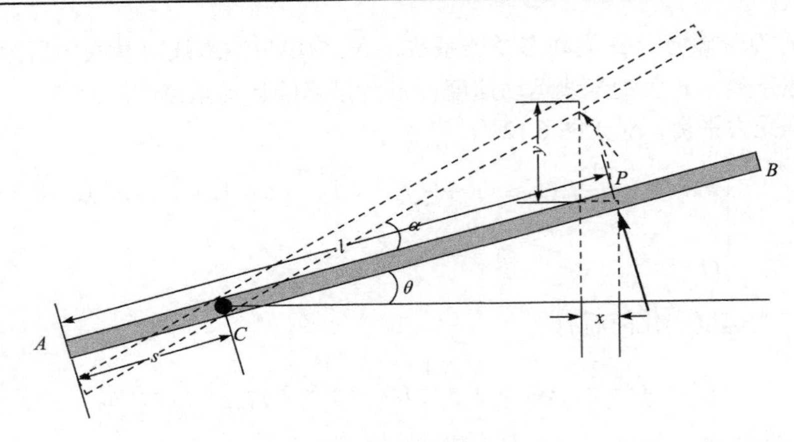

图 6.14　纳米线旋转 α 角度

为使力 F 始终垂直作用于纳米线，探针运动轨迹必须为圆弧。该圆弧半径为 $2L_{\mathrm{r}}/3-s$，角度为 α，Attocube 控制探针在 xOy 平面内是按一定步数移动的，因此需要对该圆弧进行离散化处理。设 x 方向上 Attocube 步长为 x_{step}，则 x 方向移动步数 N 为

$$N=\frac{x}{x_{\mathrm{step}}}=\left(\frac{2}{3}L_{\mathrm{r}}-s\right)\left[\cos\theta-\cos(\theta+\alpha)\right]/x_{\mathrm{step}} \tag{6-11}$$

根据圆弧函数及 x 位置即可求得每步对应 y 方向位置，获得 y 方向上 Attocube 的移动步数。

6.3.5　纳米构件平移策略

纳米构件的平移基于构件旋转，操作过程较为复杂。根据前文可知，构件的平移可使用“Z”字形移动策略，操作示意图如图 6.15 所示。

图 6.15 中，构件平移距离 D，黑色箭头为操作时的作用力位置，灰色虚线箭头为操作时探针针尖运动路径。探针路径分两部分，分别为推动构件时的圆弧运动 1、5，退回、返回针尖纳米构件安全区 D_{tn} 的回退路径 2、返回路径 4，以及探针平移路径。由图 6.15 可知，退回路径水平、垂直位移分别为

$$\begin{cases}x=-D_{\mathrm{tn}}\sin(\theta+\alpha)\\y=-D_{\mathrm{tn}}\cos(\theta+\alpha)\end{cases} \tag{6-12}$$

也可快速求得平移路径水平、垂直位移，与上述方法类似。通过离散化，即可获得水平、垂直方向的移动步数，控制 Attocube 完成探针运动控制。

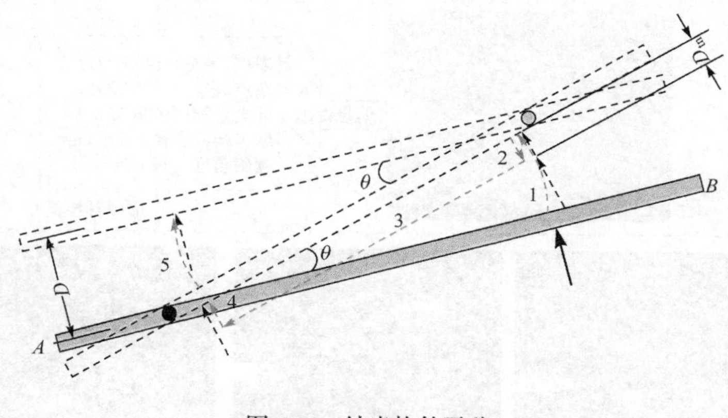

图 6.15　纳米构件平移

对于多构件情形，可以从外到内顺次平移纳米构件，从而实现多纳米操作下的避障。

6.4　SEM 下纳米线操控实验

本书开发的操作平台对纳米线的操作方式有两种，即虚拟操作与虚拟现实交互式操作。虚拟操作在虚拟环境中使用虚拟力觉设备进行操作，可实现预操作功能，操作者可尝试各种操作方法，记录合适的操作路径，最后达到理想的操作结果；虚拟现实交互式操作则将虚拟环境与真实环境对应起来，实现同步操作。为验证模型准确性，进行一系列虚拟操作，记录操作参数，验证模型的合理性；进行一系列虚拟现实交互式操作，记录 Attocube 移动参数，观察虚拟操作和实际操作结果，验证模型的可靠性。

6.4.1　虚拟环境测试实验

首先进行虚拟环境搭建实验，验证虚拟环境能否自动建立、纳米构件能否自动生成，以及位置关系能否一一对应。实验中获得的原始图像及建立的虚拟环境如图 6.16 所示。从图中可以看出，最终建立的虚拟三维环境能够较真实地反映实际情形，说明位姿信息提取、坐标映射、虚拟模型建立正确。整个过程用时 2.186s。

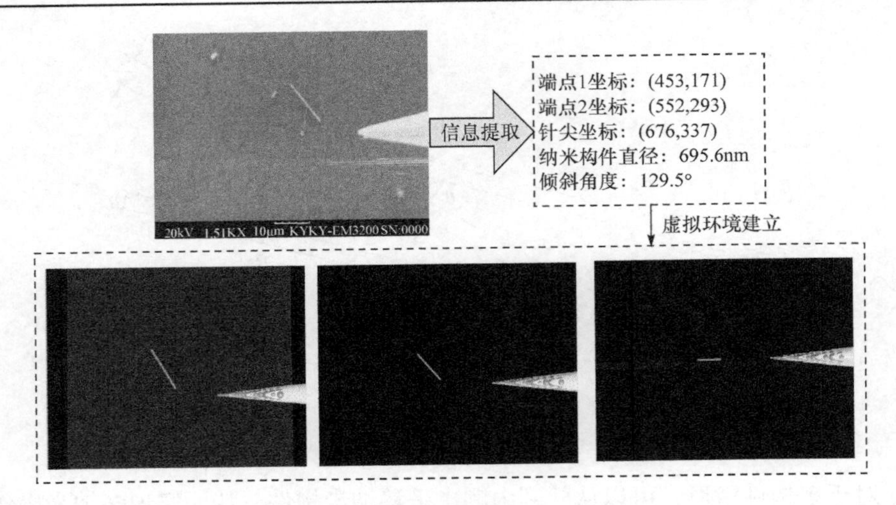

图 6.16　某次实验建立的虚拟环境

6.4.2　ZnO 纳米线旋转实验

首先在虚拟环境中基于 ZnO 纳米材料的特性进行力学参数设置，然后使用虚拟力觉设备推动纳米线旋转 30°，记录虚拟力觉设备操作轨迹。移动结果如图 6.17 所示，虚拟力觉设备移动轨迹如表 6.5 所示。

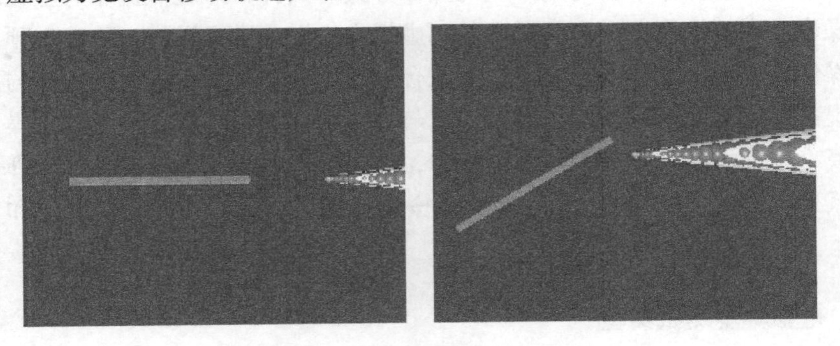

图 6.17　虚拟纳米线旋转

表 6.5　虚拟力觉设备移动轨迹

编号	虚拟力觉设备位置	编号	虚拟力觉设备位置
1	(0.07, 0.00)	6	(0.06, 0.04)
2	(0.07, 0.01)	7	(0.05, 0.04)
3	(0.07, 0.02)	8	(0.04, 0.04)
4	(0.07, 0.03)	9	(0.04, 0.03)
5	(0.07, 0.04)	10	(0.04, 0.02)

续表

编号	虚拟力觉设备位置	编号	虚拟力觉设备位置
11	(0.04, 0.01)	14	(0.05, –0.01)
12	(0.04, 0.00)	15	(0.06, –0.01)
13	(0.04, –0.01)	16	(0.07, –0.01)

分析图 6.17 可知，虚拟纳米线经过虚拟力觉设备移动后，到达了预期的位置。在实际操作过程中，虚拟探针运动速度非匀速，纳米线发生微小偏移。由此可知，纳米线虚拟模型建立成功，骨骼球填充实现了力学交互。

对 ZnO 纳米线进行交互式操作，使用旋转平移算法获得操作参数控制 Attocube 自动运行，图 6.18 为运行前后虚拟与实际环境结果。

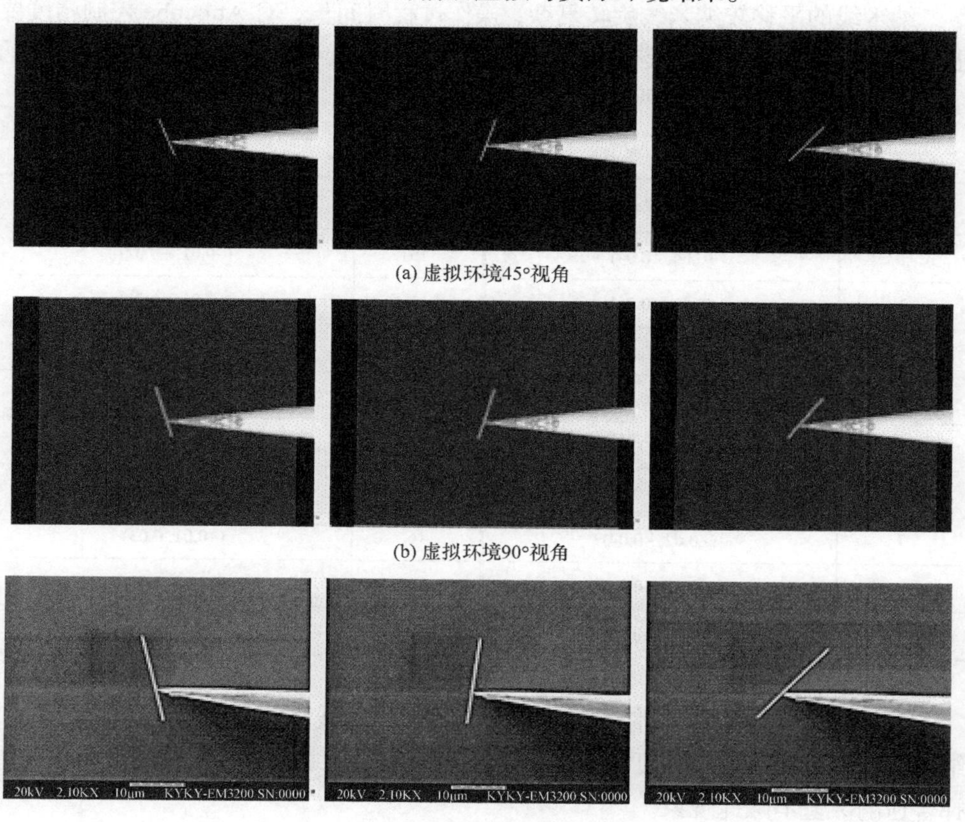

(a) 虚拟环境45°视角

(b) 虚拟环境90°视角

(c) 实际环境90°视角

图 6.18　交互式纳米线旋转

图 6.18 中，左右图像为旋转时的两个阶段，中间图像为旋转中某一时刻的图像。图中，实际纳米线与虚拟纳米线长度是不一致的，这并不意味着自动建模失败，而是由于虚拟环境大小与实际环境大小不一致，纳米线长度根据实际环境大小建立，从而出现上述情形。从图 6.18(b)和(c)可以看出，实际纳米线与虚拟纳米线旋转角度有细微差别，这是由于探针针尖作用力与纳米线并不绝对垂直。总体来看，模型建立成功。

为使模型更精确，可对模型进一步改进。寻找探针与纳米线接触区域的准确位置，判断该区域形状及接触面积，分析作用力方向，从而控制探针进行一定角度的旋转，最终使上述模型更加准确。

6.4.3 ZnO 纳米线平移实验

纳米线的平移较纳米线旋转复杂，操作过程时间长，对 Attocube 控制精度要求高。使用表 6.6 中数据模拟虚拟纳米线平移时 Attocube 轨迹，得虚拟环境中纳米线平移图像，如图 6.19 所示。

表 6.6 虚拟力觉设备移动路径

编号	虚拟力觉设备位置	编号	虚拟力觉设备位置
1	(0.04, −0.04)	10	(−0.01, −0.02)
2	(0.03, −0.04)	11	(−0.01, −0.01)
3	(0.02, −0.04)	12	(−0.01, 0.00)
4	(0.01, −0.04)	13	(0.00, 0.01)
5	(0.00, −0.04)	14	(0.00, 0.02)
6	(−0.01, −0.04)	15	(0.01, 0.03)
7	(−0.02, −0.04)	16	(−0.01, 0.03)
8	(−0.01, −0.04)	17	(−0.02, 0.03)
9	(−0.01, −0.03)	18	(−0.03, 0.04)

分析图像可知，虚拟操作很好地实现了虚拟纳米线平移。但是在平移过程中，纳米线有一定滑动现象，可以通过调节纳米线与基底之间的相互作用力参数，选择合适的数值消除此现象。

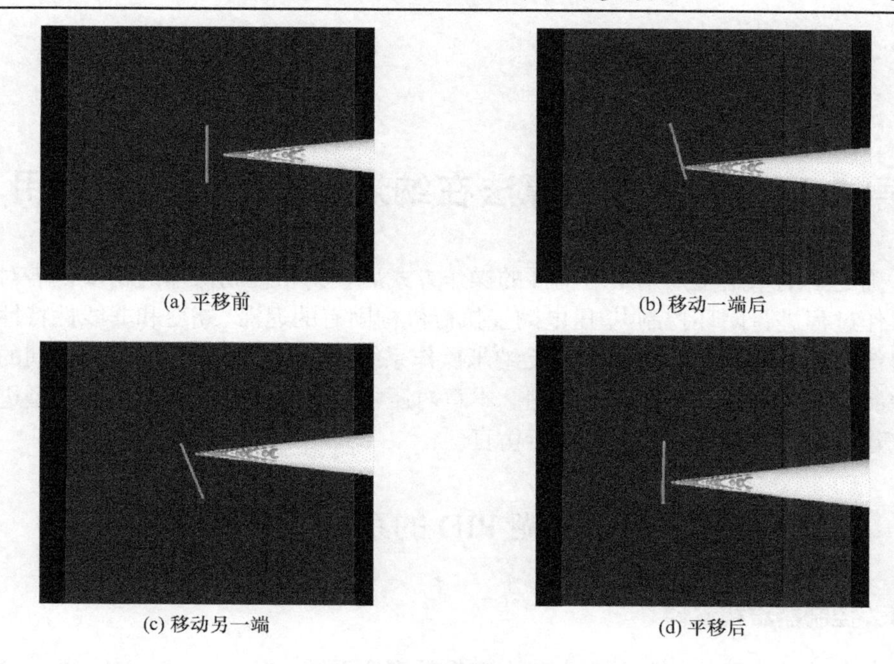

图 6.19　虚拟纳米线平移

参 考 文 献

[1] 李东洁. 基于 SEM 的主从遥控纳米操作技术研究. 哈尔滨: 哈尔滨工业大学博士后研究工作报告, 2013

[2] Li D J, Wang J Y, You B, et al. Research on ZnO nanowire manipulation method in scanning electron microscope. ICIC Express Letters, Part B: Applications, 2012, 3(5): 1077-1084

[3] 宋鉴. 基于 SEM 图像的纳米构件操作轨迹规划及虚拟仿真. 哈尔滨: 哈尔滨理工大学硕士学位论文, 2015

第 7 章　智能控制算法在纳米构件操作中的应用

确定了纳米定位控制中对构件的操作方式后，为了提高操作的精度，需对纳米操作过程进行闭环控制[1]。压电陶瓷执行机构固有的迟滞、蠕变和非线性特性，使得传统的 PID 控制方法难以满足纳米操作系统的性能要求，因此采用不同的智能控制算法对系统进行控制和预测。本章对压电陶瓷驱动装置及其位移模型进行简化建模，并对所设计的算法进行仿真。

7.1　基于模糊 PID 的系统闭环控制

7.1.1　控制器结构设计

本书的纳米操作装置是一个三入三出的耦合系统，但由于 Attocube 的三轴是三个相互独立的模块，分别控制系统输出，所以将其分解为三个单输入单输出系统分别进行分析，每个单输出轴可以看成一个内、外两环组成的闭环控制系统，所设计的纳米操作的单向输出结构如图 7.1 所示。

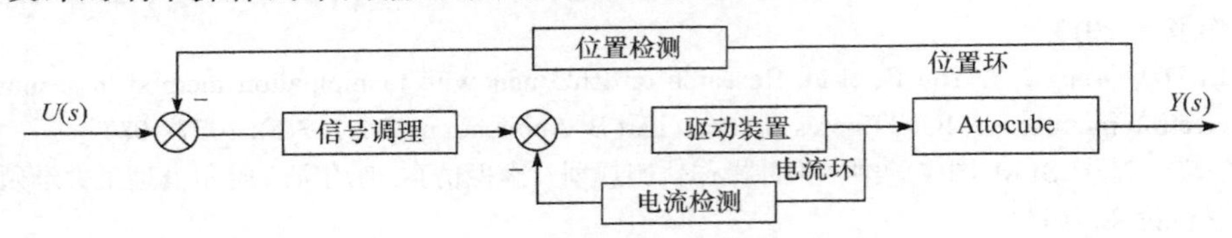

图 7.1　纳米定位装置的单输入单输出结构图

由于基于 SEM 的纳米操作是在真空环境下进行的，所以操作系统的阻尼较小，可以忽略，x 、y 、z 轴分别相对独立地控制探针的位移输出。内环是由 Attocube 驱动装置本身的负反馈电路构成的电流环，电流闭环控制具有超调量小、电流回流快等优点。外环是由操作过程中经图像处理得到的实时末端执行机构的位置反馈信息构成的位置环。根据纳米定位器高稳定性、高精度的系统设计要求，位置环应具有调节时间短、定位迅速、超调量小、稳定性强等优点。根据纳米操作系统的特点，根据建立的驱动系统位移模型设计纳米操作台的控制器，选择简单实用的 PID 控制算法来减小系统误差[1]。

传统 PID 控制结构简单、鲁棒性强、动态响应速度快[2]，符合纳米级操作系统对控制器的要求。然而，传统 PID 控制也存在不足：控制器的每次输出都与过去的状态相关，进行计算时需要对误差 $e(k)$ 进行累加，计算量较大。输出 $u(k)$ 的值与末端执行机构的实际位置相对应，当由故障引起 $u(k)$ 的大范围变化时，会使纳米操作末端执行器操作位移大范围变化，造成操作失误及操作对象的损坏。进行 PID 参数调节时，增加比例系数 K_P 可以提高系统的上升速度，降低系统的稳态误差，但同时会引起系统动态响应过程中的振荡现象，延长系统的调节时间，影响系统的动态响应特性；增加微分系数 K_D 能有效减小调节时间，减小系统的超调量，但 K_D 太大使得工作台的抗干扰能力变差，甚至会引起纳米控制系统的不稳定。

综上所述，传统 PID 控制不能同时保证纳米控制系统的动态响应特性和稳态精确性；同时，本书系统采用的压电陶瓷纳米操控装置由于具有磁滞、蠕变和非线性等特性，很难得到精确的控制系统数学模型，所以对于本书实验平台，传统 PID 控制方法很难实现控制系统的要求。因此，采取模糊自适应 PID 控制方法进行纳米控制器的设计，控制系统融合了传统 PID 控制和智能控制系统的优点，可以根据系统运动过程中的位置反馈信息对操作系统进行 PID 参数在线修正，满足纳米级操作台的性能要求[3, 4]。

模糊自适应 PID 控制器设计要满足系统特性的要求，由于纳米操作系统对操作精度、控制系统响应速度的要求很高，而控制系统的加入会增加系统的复杂度，所以控制系统要力求简洁、高效。本节选择结构相对简单，能够严格反映受控过程特性的二维模糊控制器进行控制系统设计，模糊自适应 PID 控制器由 PID 参数模糊推理以及 PID 调节器两部分构成。

自适应 PID 的误差 e 和误差变化率 ec 作为模糊推理的输入量，这种输入通过模糊推理后可以满足不同时刻 e 和 ec 对控制系统 PID 自整定参数的要求，控制系统的结构如图 7.2 所示。

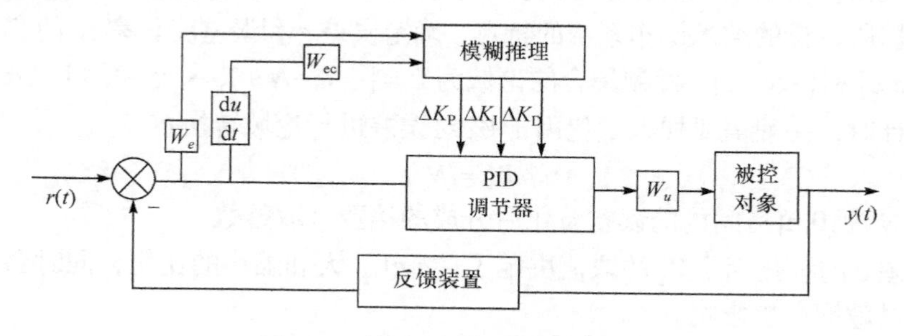

图 7.2　模糊自适应 PID 控制系统

针对单自由度纳米操作系统，设计的模糊 PID 推理器可以根据反馈的操作信息随时进行 PID 参数的修正，把 e 和 ec 作为模糊推理的输入量，ΔK_P、ΔK_D、ΔK_I

作为模糊推理的输出，二输入三输出的模糊控制系统的构成如图 7.3 所示。

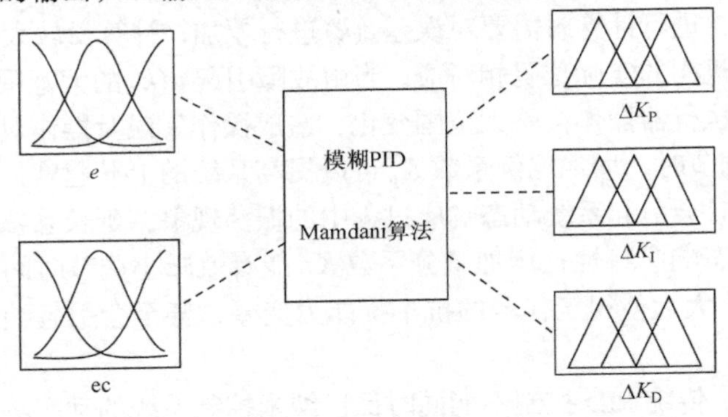

图 7.3　二输入三输出模糊控制系统的构成

PID 参数 K_{P0}、K_{D0} 和 K_{I0} 是控制系统的初始参数，通过模糊 PID 对反馈的误差 e 和误差变化率 ec 进行模糊推理得到 K_P、K_D、K_I 的调整值 ΔK_P、ΔK_D 和 ΔK_I，实现对 K_P、K_D、K_I 三个 PID 参数的调整，即

$$\begin{cases} K_P = K_{P0} + \Delta K_P \\ K_D = K_{D0} + \Delta K_D \\ K_I = K_{I0} + \Delta K_I \end{cases} \tag{7-1}$$

7.1.2　模糊集、论域和隶属函数的选择

由于纳米操作系统受实时图像传输刷新率以及控制精度的影响，要求系统具有稳定性好、控制周期短、响应速度快等特点，所设计的控制器应尽量简单，这样可以减小系统运算时间，保证控制系统的性能，同时应考虑纳米操作系统的末端执行机构在粗定位和精确定位以及手动操作和自动操作控制方法下的运行效果。

根据所设计的纳米操作系统的特点，确定误差 e 和误差变化率 ec 的实际变化范围 $[-e,e]$ 和 $[-\mathrm{ec},\mathrm{ec}]$，模糊集合的论域为 $E=[-N,-N+1,\cdots,N-1,N]$；进行控制系统设计时，一般需要加入量化因子 W_e 对误差进行论域转换：

$$W_e = N/e \tag{7-2}$$

式中，N 为 $[0,e]$ 区间内的误差量化后分成的档数，取整数。

误差 e 的量化因子 W_e 的取值决定了 $[-e,e]$ 放大和缩小的比例，同时会对误差控制的灵敏度产生影响。

同理，对误差变化率 ec 进行论域转换：

$$W_{\mathrm{ec}} = N/\mathrm{ec} \tag{7-3}$$

本书纳米控制系统的末端执行机构 Attocube 的单轴步长精度为 0.4μm/10 步=

40nm/步，输入电压设定为 10V，设定的精确控制运动范围 ±50μm (1250 × 1250 步)，那么可以定义 e 和 ec 的论域为 $[-5.0\times10^4, 5.0\times10^4]$ 和 $[-4.0\times10^2, 4.0\times10^2]$，单位为 nm。为了后续仿真验证算法效果，设置每运行 10 步反馈一次位置数据，控制周期为 2s。

设计本纳米操作系统的误差 e、误差变化率 ec 以及输出变量 ΔK_{P}、ΔK_{D}、ΔK_{I} 的隶属函数都为三角形隶属度函数。定义误差 e 和误差变化率 ec 的模糊子集为 {正大(PB), 正中(PM), 正小(PS), 零(ZE), 负小(NS), 负中(NM), 负大(NB)}。

为了提高系统的渐进稳定性，在进行误差的隶属度函数设计时，选择不均匀的区域划分的方法。误差 e 的隶属度函数如图 7.4 所示。在误差小的区间选择分辨率高的模糊子集，在误差大的区间选择分辨率低的模糊子集。误差变化率的隶属度函数采用均匀区域划分的方法。误差变化率 ec 的隶属度函数如图 7.5 所示。

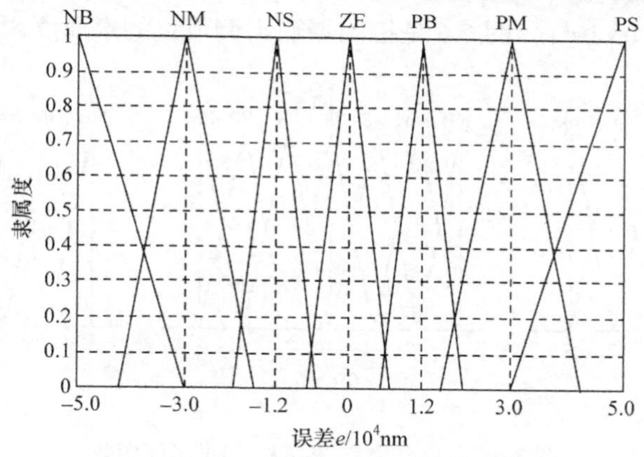

图 7.4　误差 e 的隶属度函数

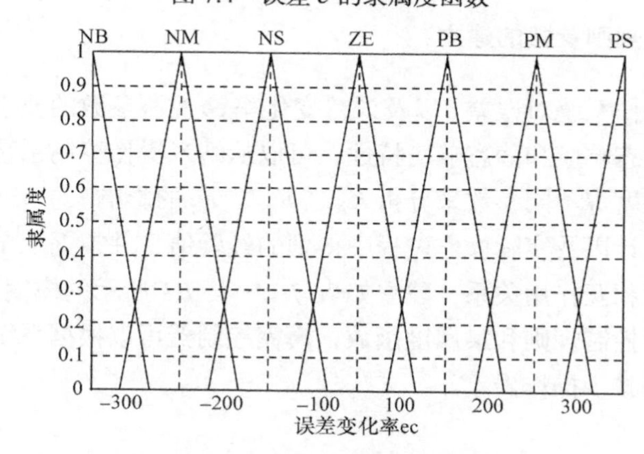

图 7.5　误差变化率 ec 的隶属度函数

同样，对模糊控制器的输出进行量化后，得到模糊 PID 的控制量 ΔK_{P}、ΔK_{D} 和 ΔK_{I} 的模糊子集为{PB, PM, PS, ZE, NS, NM, NB}。

根据工程整定方法[5]，通过图像处理后得到的位置信息(单位为nm)、控制系统输出的位移，得到纳米操作系统的最优动态和稳态模糊 PID 控制参数 K_{P0}、K_{D0} 和 K_{I0}，分别为 $K_{\mathrm{P0}}=4.5\times10^{4}$、$K_{\mathrm{D0}}=1.2\times10^{-3}$ 和 $K_{\mathrm{I0}}=2.0\times10^{-2}$。

通过大量的纳米操作实验，对实验过程进行调节得到保障操作系统稳定的 K_{P}、K_{D} 的极限取值分别为 $K_{\mathrm{P}}\leqslant 2.0\times10^{5}$、$K_{\mathrm{D}}\leqslant 3.0\times10^{-4}$。由于 K_{P}、K_{D} 的极限取值很容易受其他参数变化的影响，所以这里的极限取值是全部可能情况下的最大极限值。

根据实验得到的经验值，得到稳定系统的模糊 PID 参数 ΔK_{P}、ΔK_{D} 和 ΔK_{I} 的论域，ΔK_{P} 取值为 $[-3.0\times10^{5},3.0\times10^{5}]$、$\Delta K_{\mathrm{D}}$ 取值为 $[-3.0\times10^{-4},3.0\times10^{-4}]$、$\Delta K_{\mathrm{I}}$ 取值为 $[-3.0\times10^{3},3.0\times10^{3}]$，图 7.6 是控制器输出调节量的隶属度函数。

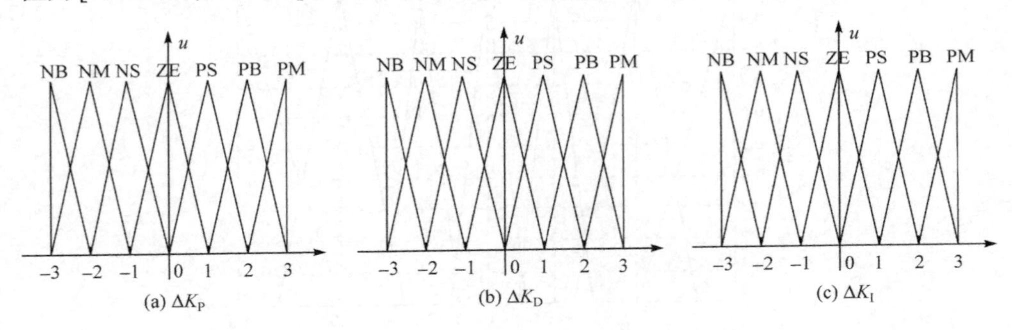

图 7.6　ΔK_{P}、ΔK_{D} 和 ΔK_{I} 的隶属度函数

7.1.3　模糊整定规则参数的建立

根据纳米操作系统对误差 e 以及误差变化率 ec 控制参数的要求，保证控制对象具有良好的动态响应和静态响应特性，可以从纳米操作控制系统的响应时间、超调量和稳态精度等不同参数来分析 K_{P}、K_{D}、K_{I} 的影响。

总结工程设计以及实际操作过程中得到的经验值，并根据三个参数的作用以及各个参数之间相互作用关系，建立如表 7.1～表 7.3 所示的模糊推理的规则表，通过总结的模糊控制规则和隶属度函数，模糊控制器可以根据系统的 e 和 ec 进行在线调整，从而减小操作误差。

表 7.1　比例参数 K_P 的模糊规则表

ec	e						
	NB	NM	NS	ZE	PS	PM	PB
NB	PS	PS	ZE	ZE	ZE	PB	PB
NM	NS	NS	NS	NS	ZE	NS	PM
NS	NB	NB	NM	NS	ZE	PS	PM
ZE	NB	NM	NM	NS	ZE	PS	PM
PS	NB	NM	NM	NS	ZE	PM	PS
PM	NM	NS	NS	NS	ZE	PS	PS
PB	PS	ZE	ZE	ZE	ZE	PB	PB

表 7.2　微分参数 K_D 的模糊规则表

ec	e						
	NB	NM	NS	ZE	PS	PM	PB
NB	NB	NB	NB	NM	NM	ZE	ZE
NM	NB	NB	NM	NM	NS	ZE	ZE
NS	NM	NM	NS	NS	ZE	PS	PS
ZE	NM	NS	NS	ZE	PS	PS	PM
PS	NS	NS	ZE	PS	PS	PM	PM
PM	ZE	ZE	PS	PM	PM	PB	PB
PB	ZE	ZE	PS	PM	PB	PB	PB

表 7.3　积分参数 K_I 的模糊规则表

ec	e						
	NB	NM	NS	ZE	PS	PM	PB
NB	PB	PB	PM	PM	PS	PS	ZE
NM	PB	PB	PM	PM	PS	ZE	ZE
NS	PM	PM	PM	PS	ZE	NS	NM
ZE	PM	PS	PS	ZE	NS	NM	NM

续表

ec	e						
	NB	NM	NS	ZE	PS	PM	PB
PS	PS	PS	ZE	NS	NS	NM	NM
PM	ZE	ZE	NS	NM	NM	NM	NB
PB	ZE	NS	NS	NM	NM	NB	NB

模糊规则表的值决定了模糊关系，所设计的模糊控制系统的每个模糊控制表都有 49 条模糊规则，系统模糊推理的输出变量 ΔK_{P}、ΔK_{D} 和 ΔK_{I} 的输出曲线如图 7.7～图 7.9 所示[1]。

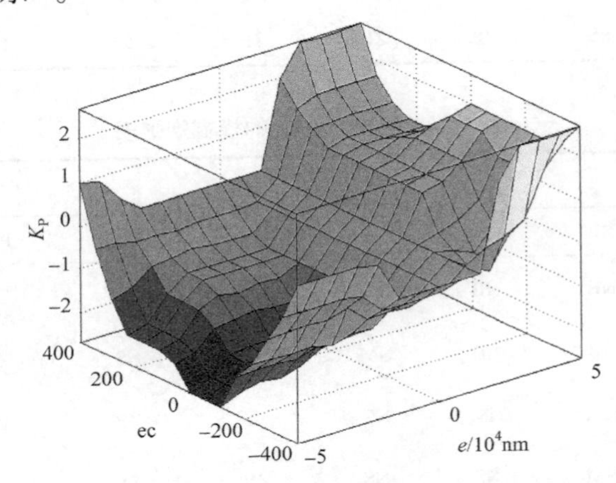

图 7.7　系统模糊推理的 ΔK_{P} 输出特性曲面

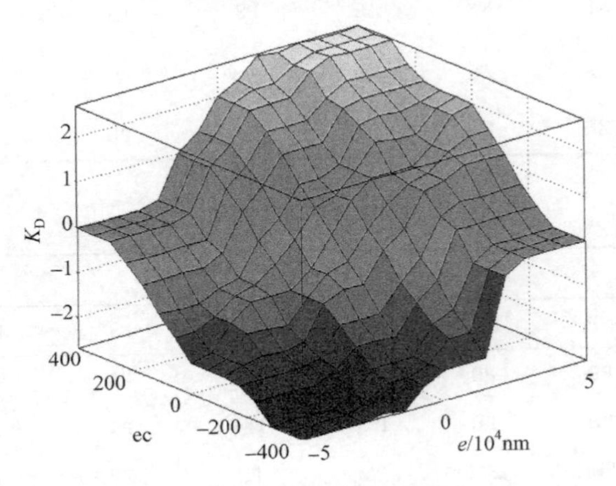

图 7.8　系统模糊推理的 ΔK_{D} 输出特性曲面

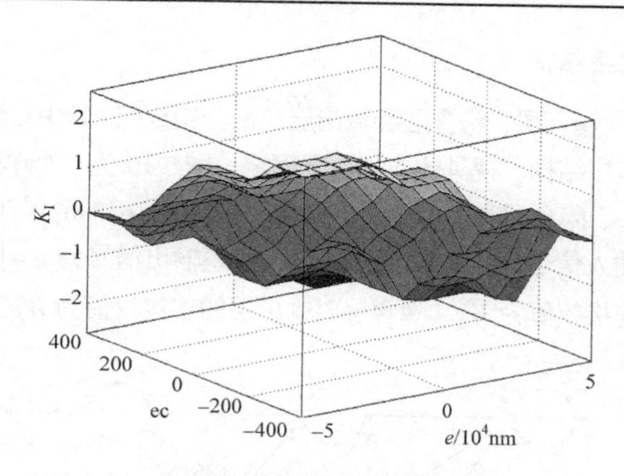

图 7.9　系统模糊推理的 ΔK_I 输出特性曲面

把 PID 参数的基本作用和实验过程中得到的参数值对纳米操作系统动态、静态特性的影响作为在线自整定 PID 参数的取值依据，调节过程如表 7.4 所示。

表 7.4　PID 参数调节特性

参数	动态响应阶段	稳态定位阶段
K_P	↑	↓
K_D	↓	↑
K_I	取较小值	微调

所建立的模糊规则表经过模糊推理得到控制变量的模糊控制值，这种模糊输出值不可以直接用来控制被控对象，因此应采取最大隶属度函数的方法[6]对控制量进行解模糊，使输出结果清晰化。

7.2　BP 神经网络

神经网络因具有能够充分逼近任意复杂度的非线性系统以及可以学习并自适应不确定系统的特点而被广泛应用。BP 算法是一种多层前馈网络的误差反向传播学习算法。采用 BP 算法的多层前馈网络称为 BP 神经网络[7]。在控制领域，BP 神经网络算法是应用最广泛的一种神经网络算法。

7.2.1　BP 神经网络结构

BP 神经网络由输入层、隐含层和输出层三部分组成[8]。其中，隐含层可以是一层结构，也可以是多层结构，视具体应用情况而定。图 7.10 为一个单隐含层的 BP 神经网络，其中输入层、隐含层和输出层的节点数分别为 n、l 和 m。其中，每一个节点代表一个神经元。输入信号为 $x=[x_1,x_2,\cdots,x_n]$；期望输出信号为 $y=[y_1,y_2,\cdots,y_m]$。输入层对隐含层的连接权值为 W_{ij}，隐含层对输出层的连接权值为 W_{jk}。

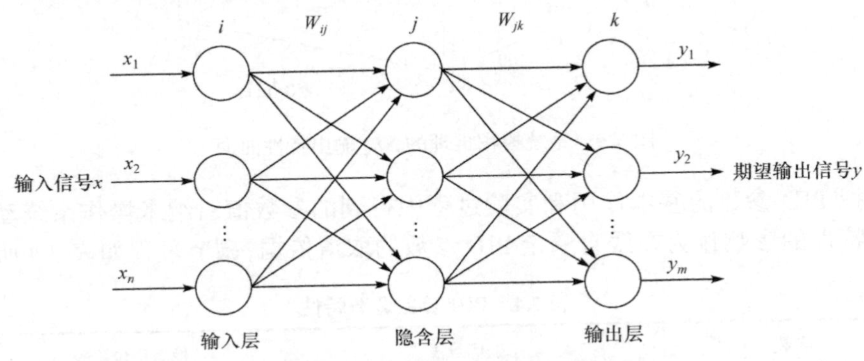

图 7.10　BP 神经网络算法的多层前馈网络结构

7.2.2　BP 神经网络算法原理

BP 神经网络算法的基本思想是最小二乘法,采用梯度搜索法使系统的实际输出与期望输出的误差最小[9]。BP 神经网络算法把学习过程分为正向传播过程和反向传播过程两个阶段。

在正向传播过程中，输入信号 x 从输入层进入 BP 神经网络，经隐含层处理后传送至输出层，由输出层得到实际的输出信号 y。若输出层的实际输出值与期望输出值的差值大于期望误差，则进入反向传播过程；反之结束学习算法，输出实际输出值。

在反向传播过程中，假设实际输出值与期望输出信息的误差为 e，沿正向传播路径反传该误差值，并根据此误差值调节权重。重复上述两个过程，直至信号的误差达到期望值，该过程结束。BP 神经网络算法流程如图 7.11 所示。

7.2.3　BP 神经网络 PID 控制器设计

由于 PID 控制规律是一种线性控制规律，所以复杂系统很难取得理想的控制效果。为了弥补 PID 控制器的不足，有学者提出了许多 PID 的改进方案。神经网络具有充分逼近任意复杂度的非线性以及可以学习并自适应不确定系统的特点，所以提出神经网络结合 PID 控制器的方案，并取得了一定的研究成果。

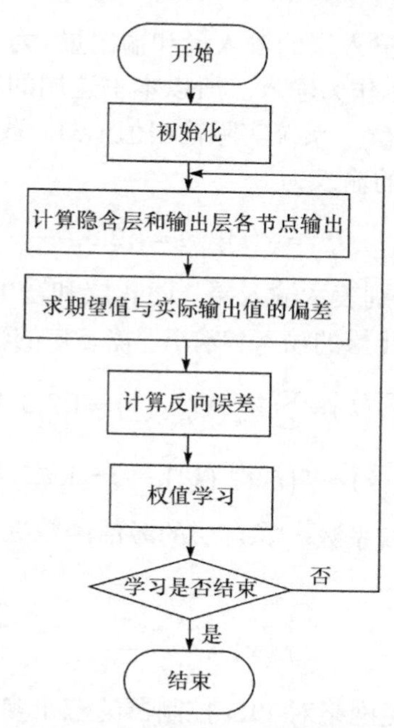

图 7.11　BP 神经网络算法流程图

BP 神经网络 PID 控制器模型如图 7.12 所示。控制器由常规 PID 控制器以及 BP 神经网络两部分组成。PID 控制器对 K_P、K_I、K_D 三个参数进行在线整定，并控制被控对象进行闭环控制；BP 神经网络通过学习算法以及加权系数的调整，调整 PID 控制器的三个参数，达到某种性能指标的最优化。

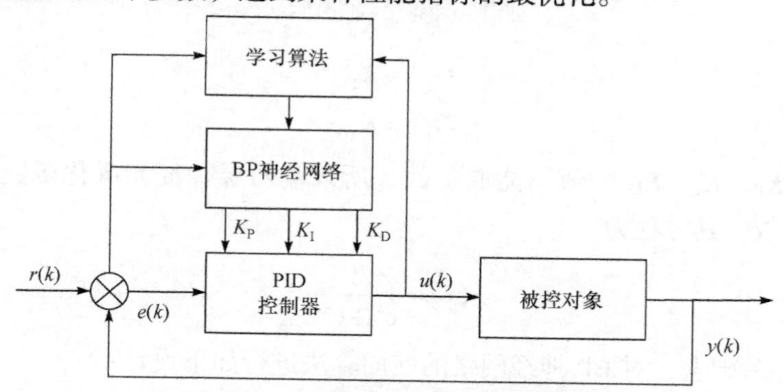

图 7.12　BP 神经网络 PID 控制器模型

BP 神经网络算法的设计步骤如下：

(1) 确定 BP 神经网络的层数以及神经元个数。由于在纳米定位操作系统中，实时性是探针控制的一个重要指标，所以在满足系统需求的前提下，应尽量少使用 BP 神经网络的层数和神经单元数。因此，这里采用三层 4-5-3 结构的 BP 神经网络。

(2) 确定 BP 神经网络输入层的输入量和输出量。为了保证神经网络的稳定性，通常将输入层添加常数项 1 作为输入。所以本书选用的神经网络输入层的输入量为以下四项：系统给定值 $r(k)$、系统实际输出值 $y(k)$、系统的误差值 $e(k)$以及常数项 1。BP 神经网络输入层的输入为

$$O_i^{(1)} = x(i), \quad i = 1,2,3,4 \tag{7-4}$$

式中，上标(1)、(2)和(3)分别表示输入层、隐含层和输出层。

(3) 计算隐含层以及输出层的输入和输出。隐含层的输入和输出函数分别为

$$\mathrm{net}_j^{(2)}(k) = \sum_{i=0}^{4} W_{ij}^{(2)} O_i^{(1)}, \quad j = 1,2,3,4,5 \tag{7-5}$$

$$O_j^{(2)}(k) = f\left(\mathrm{net}_j^{(2)}(k)\right), \quad j = 1,2,3,4,5 \tag{7-6}$$

式中，$W_{ij}^{(2)}$ 为隐含层的加权系数。隐含层的激活函数选用对称 Sigmoid 函数，其公式为

$$f(x) = \frac{\mathrm{e}^{x} - \mathrm{e}^{-x}}{\mathrm{e}^{x} + \mathrm{e}^{-x}} \tag{7-7}$$

由于本书采用 BP 神经网络对 PID 控制器的三个参数进行在线调整，所以输出层节点分别对应参数 K_{P}、K_{I} 和 K_{D}。因此，输出层的输入和输出函数为

$$\mathrm{net}_l^{(3)}(k) = \sum_{i=0}^{5} W_{lj}^{(3)} O_i^{(2)}(k) \tag{7-8}$$

$$O_l^{(3)}(k) = g\left(\mathrm{net}_l^{(3)}(k)\right), \quad l = 1,2,3 \tag{7-9}$$

$$\begin{aligned} O_1^{(3)} &= K_{\mathrm{P}} \\ O_2^{(3)} &= K_{\mathrm{I}} \\ O_3^{(3)} &= K_{\mathrm{D}} \end{aligned} \tag{7-10}$$

由于 K_{P}、K_{I}、K_{D} 的值不能取负数，所以输出层神经元激化函数取非负的 Sigmoid 函数，其方程为

$$g(x) = \frac{1}{\mathrm{e}^{x} + \mathrm{e}^{-x}} \tag{7-11}$$

在上述基础上，对 BP 神经网络的前向算法进行如下设计：

(1) 选取性能指标函数。选用的标准性能指标函数为

$$E(k) = \frac{1}{2}\left(r(k) - y(k)\right)^2 \tag{7-12}$$

(2) 确定权值修正规则。按照梯度下降法[10]修正 BP 神经网络的权值系数，即按照 $E(k)$对加权系数的负梯度方向进行搜索调整，并附加一个使搜索快速收敛至

全局极小的惯性项：

$$\Delta W(k) = -\eta \frac{\partial E(k)}{\partial W(k)} + \alpha \Delta W(k-1) \tag{7-13}$$

式中，η 为学习速率；α 为动量项系数。

(3) 修正输出层与隐含层之间的权值系数。由增量式数字 PID 控制算法规律以及输出层输出即式(7-9)可得

$$\begin{aligned} \frac{\partial \Delta u(k)}{\partial O_1^{(3)}(k)} &= e(k) - e(k-1) \\ \frac{\partial \Delta u(k)}{\partial O_2^{(3)}(k)} &= e(k) \\ \frac{\partial \Delta u(k)}{\partial O_3^{(3)}(k)} &= e(k) - 2e(k-1) + e(k-2) \end{aligned} \tag{7-14}$$

上述分析可得网络层输出权的学习算法为

$$\Delta W_{lj}^{(3)}(k) = \alpha \Delta W_{lj}^{(3)}(k-1) + \eta \delta_l^{(3)} O_i^{(2)}(k) \tag{7-15}$$

$$\delta_l^{(3)} = e(k) \operatorname{sgn}\left(\frac{\partial y(k)}{\partial u(k)}\right) \frac{\partial \Delta u(k)}{\partial O_l^{(3)}(k)} g'\left(\mathrm{net}_l^{(3)}\right), \quad l = 1,2,3 \tag{7-16}$$

(4) 修正隐含层与输入层之间的权值系数。采用(3)所述的方法可得隐含层加权系数的学习算法为

$$\Delta W_{ji}^{(2)}(k) = \alpha \Delta W_{ji}^{(2)}(k-1) + \eta \delta_i^{(2)} O_j^{(1)}(k) \tag{7-17}$$

$$\delta_i^{(2)} = f'\left(\mathrm{net}_j^{(2)}(k)\right) \sum_{l=1}^{3} \delta_{lj}^{(3)}(k), \quad i = 1,2,\cdots,L \tag{7-18}$$

式中

$$\begin{aligned} g'(\cdot) &= g(x)\left(1 - g(x)\right) \\ f'(\cdot) &= \frac{1 - f^2(x)}{2} \end{aligned} \tag{7-19}$$

7.3　定位平台模型化

为了能够在 MATLAB 中通过仿真观察所设计的控制器对系统输出的作用，需要对纳米定位平台 Attocube 进行模型化。

7.3.1 实验平台驱动装置建模

由于选用的纳米定位平台 Attocube 是由压电陶瓷驱动的，对 Attocube 加驱动电压后，Attocube 的输出特性和其驱动器上施加的电压间具有近似的线性关系。在施加电压的瞬间，输出迅速单调上升，经过一段时间后，系统输出趋向稳态，具有非振荡特性，这种输出特性具有和电容相似的充放电动态关系，所以可以将 Attocube 压电陶瓷纳米驱动器的电压放大电路等效为电容的充放电环节，也就是一阶惯性环节[11]。

可以将压电陶瓷及其驱动电源简化为如图 7.13 所示的电学简化模型：将压电陶瓷等效简化成一个电容 C，C 的等效值为 100μF，$X(t)$表示输入驱动装置的电源电压，$Y(t)$表示 PZT 装置输出的位移量，K_a 表示电源的电压放大倍数，Attocube 驱动电源的等效充放电电阻 R =1000Ω，$U_a(t)$ 表示驱动电源经过放大器后的电压输出，$U_b(t)$ 表示驱动电源施加在 Attocube 上的电压值。

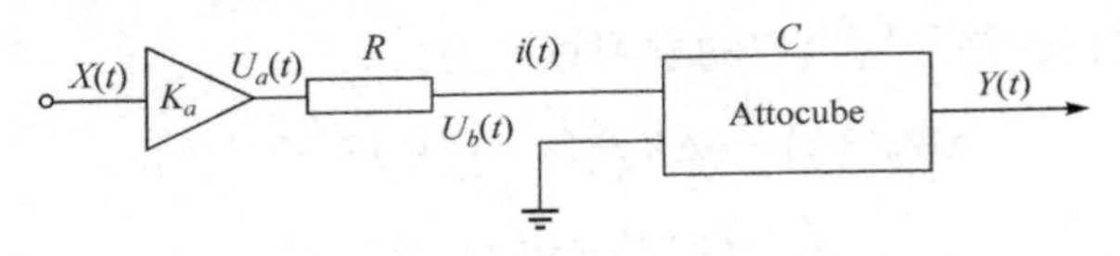

图 7.13 Attocube 驱动装置简化模型

(1) 输入驱动装置的电源电压为 $X(t)$，该电压通过驱动电源内部的电路放大后，输出驱动电源的放大电压 $U_a(t)$，$U_a(t)$ 与 $X(t)$呈正比例关系。可以将本环节简化为一个比例系数为 K_a 的比例环节，其传递函数可以表示为

$$G_1(s)=\frac{U_a(s)}{X(s)}=K_a \tag{7-20}$$

本书采用的纳米操作系统的末端执行机构 ANC150 是由德国 Attocube Systems 公司推出的 Attocube 原子级精度位移设备/定位器，经过驱动电源内部放大电路，其比例系数 $K_a=100$。

(2) 通过压电陶瓷驱动装置的模型简化图，根据欧姆定律可以得到

$$U_a(t)=RI(t)+U_b(t) \tag{7-21}$$

式中，$i(t)$ 表示驱动电流：

$$I(t)=C\frac{\mathrm{d}U_b(t)}{\mathrm{d}t} \tag{7-22}$$

将式(7-22)代入式(7-21)中，得

$$U_a(t) = RC\frac{\mathrm{d}U_b(t)}{\mathrm{d}t} + U_b(t) \tag{7-23}$$

对式(7-23)进行拉普拉斯变换，得到 Attocube 驱动电源经过放大器后的输出电压 $U_a(s)$ 和驱动电源施加在装置上的电压 $U_b(s)$ 的关系式为

$$G_2(s) = \frac{U_b(s)}{U_a(s)} = \frac{1}{RCs+1} \tag{7-24}$$

(3) PZT 材料本身具有较高的频率响应，所以 Attocube 的输出位移量 $Y(s)$和施加在陶瓷片两端的输入电压 $U_b(s)$ 呈近似的线性比例关系，其传递函数可看成比例环节，可表示为

$$G_3(s) = \frac{Y(s)}{U_b(s)} = K_b \tag{7-25}$$

式中，K_b 表示 Attocube 的输出位移量 $Y(s)$和 PZT 材料两端输入电压 $U_b(s)$ 的比值。

Attocube 驱动装置的输入电压范围为 0～70V，纳米操作系统进行单步运行时，设定其输入电压为 10V，输出位移范围 40nm 左右，则 $K_b \approx 4\text{nm}/\text{V}$ 。

通过上述对 Attocube 驱动电源的简化建模，可以得到压电陶瓷驱动装置的驱动模型，将参数代入，得到具体的传递函数模型为

$$\begin{aligned} G_A(s) &= G_1(s)G_2(s)G_3(s) = \frac{U_a(s)}{X(s)}\frac{U_b(s)}{U_a(s)}\frac{Y(s)}{U_b(s)} \\ &= K_a\frac{1}{RCs+1}K_b = 100\times 4.0\times 10^{-9}\times\frac{1}{1000\times 1.0\times 10^{-4}s+1} \\ &= \frac{0.4\times 10^{-5}}{s+10} = \frac{Y(s)}{X(s)} \end{aligned} \tag{7-26}$$

7.3.2　Attocube 位移模型的建立

Attocube 在压电陶瓷驱动器的驱动下，对阶跃输入的响应可以看成一个二阶振荡环节，如图 7.14 所示，可以将压电陶瓷纳米驱动系统的位移模型简化成由质量(m)-弹簧-阻尼三部分组成的二阶系统[12]，其传递函数为

$$G_B(s) = \frac{k_s\omega_n^2}{s^2 + 2\zeta\omega_n s + \omega_n^2} \tag{7-27}$$

式中，ω_n 是系统的固有频率，ζ 是系统的阻尼比，k_s 是系统增益。

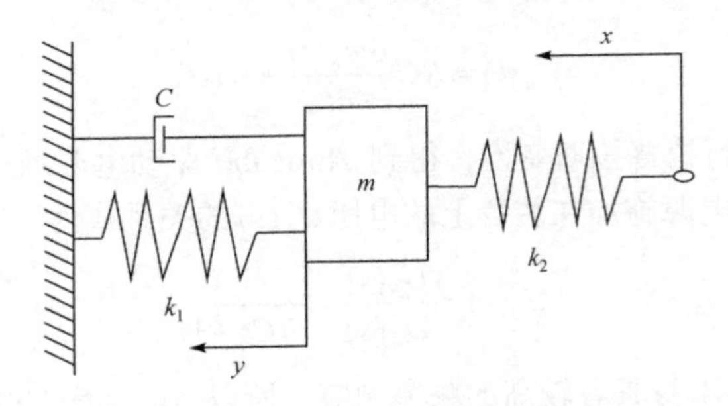

图 7.14　纳米定位器位移简化模型

取 $k_s = 0.75$ ， $\omega_n = 200$ ， $\zeta = 0.497$ ，传递函数参数具体化为

$$G_B(s) = \frac{0.75 \times 200 \times 200}{s^2 + 2 \times 0.497 \times 200s + 200 \times 200} = \frac{30000}{s^2 + 198.8s + 40000} \tag{7-28}$$

所以纳米操作驱动系统的整体传递函数为

$$G(s) = G_A(s)G_B(s) = \frac{0.4 \times 10^{-5}}{s+10} \times \frac{30000}{s^2 + 198.8s + 40000} \tag{7-29}$$

7.4　控制平台建模及性能仿真分析

7.4.1　模糊 PID 控制方法的 MATLAB 仿真

为了验证设计的纳米控制系统模糊控制器的效果，采用 MATLAB 中的 Simulink 工具建立压电陶瓷纳米定位平台 Attocube 操作过程的 PID 及模糊 PID 控制仿真模型，如图 7.15 所示，其中 K_{P0} 、K_{D0} 和 K_{I0} 为初始值。在仿真系统的设计中，忽略了机构间的摩擦和图像处理过程中的位置误差[3]。

利用所建立的仿真模型，分析加入模糊 PID 控制后在阶跃信号和正弦信号驱动下系统各种动态性能的仿真结果。

1. 阶跃响应特性对比

根据 SEM 下纳米操作系统的特点，本章主要研究精确定位区域的纳米操作过程。为了实现操作对象在纳米操作平台的双向工作，取精确定位区域的中间点作为操作零点，工作范围在 ±50μm，采用传统 PID 算法和模糊 PID 控制算法分别对纳米定位系统进行闭环控制仿真，对比实际系统中阶跃指令的响应(控制周期 2s，阶跃幅值 400nm，设 Attocube 每运行 10 步检测一次位置信息)，得到 PID 控制和模糊 PID 控制下 0～2s 内的时间-位移阶跃响应曲线，仿真结果如图 7.16 所示。

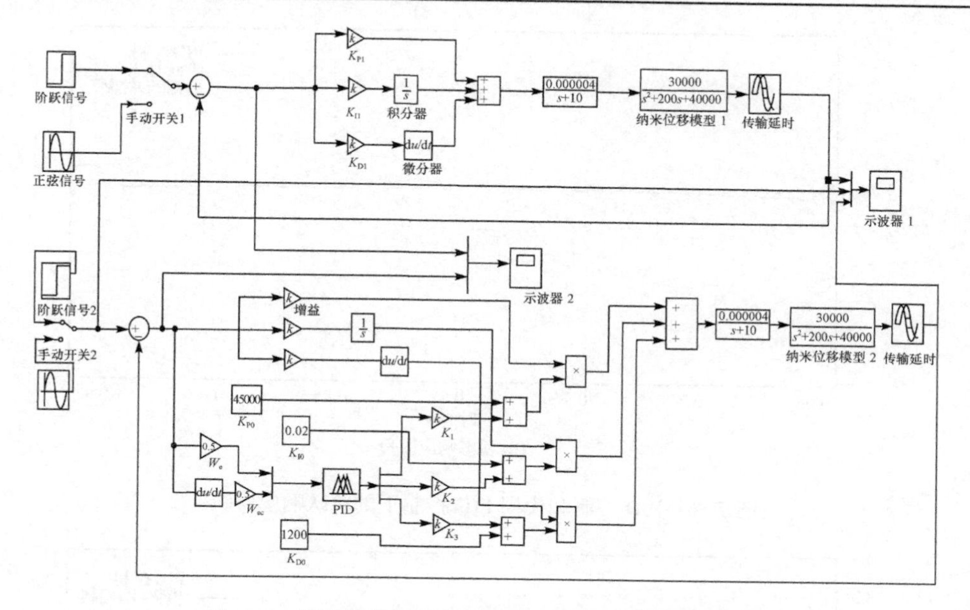

图 7.15　压电陶瓷纳米驱动平台的 Simulink 仿真模型

图 7.16 中，虚线表示 PID 控制的阶跃响应，实线表示模糊 PID 控制器在最优参数下的阶跃响应。从图中可以看出，模糊 PID 控制器在动态和稳态响应阶段都有较好的输出特性；在模糊 PID 控制下可以保证较快的上升时间，阶跃响应的稳定时间约为 0.45s，同时保证系统的超调量 $\sigma \leqslant 40\text{nm}$，调节过程的误差对比如图 7.17 所示。可以看到，采用传统 PID 控制时，阶跃响应曲线的稳定时间约为 0.8s，系统超调量较大，稳定性较差。由此可知，采用模糊 PID 控制算法后，系统的响应速度和稳定特性都得到了提高。

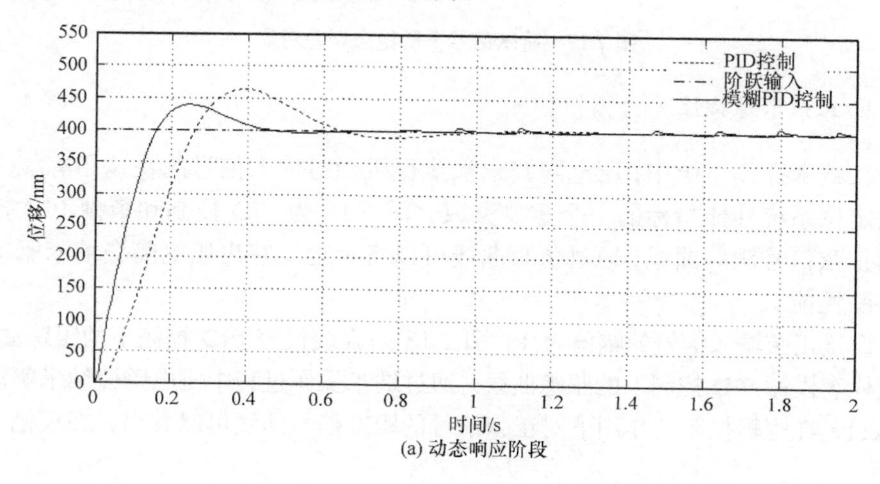

(a) 动态响应阶段

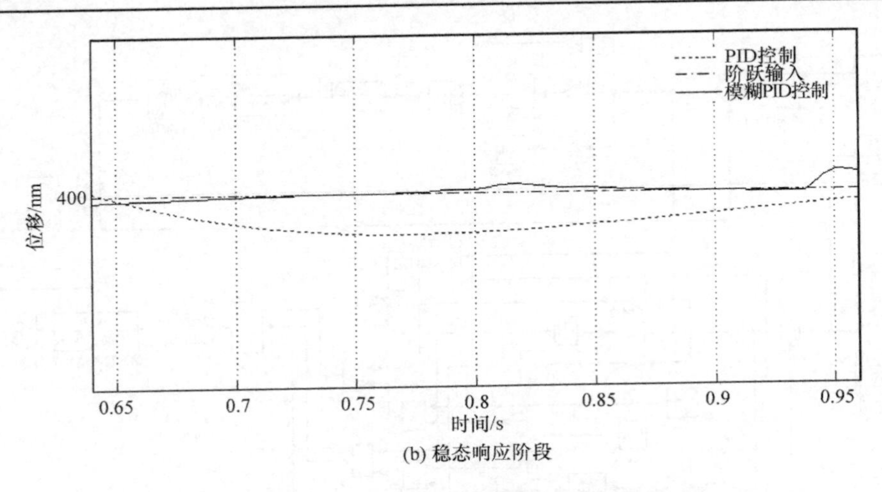

(b) 稳态响应阶段

图 7.16　PID 控制和模糊 PID 控制下的阶跃响应曲线

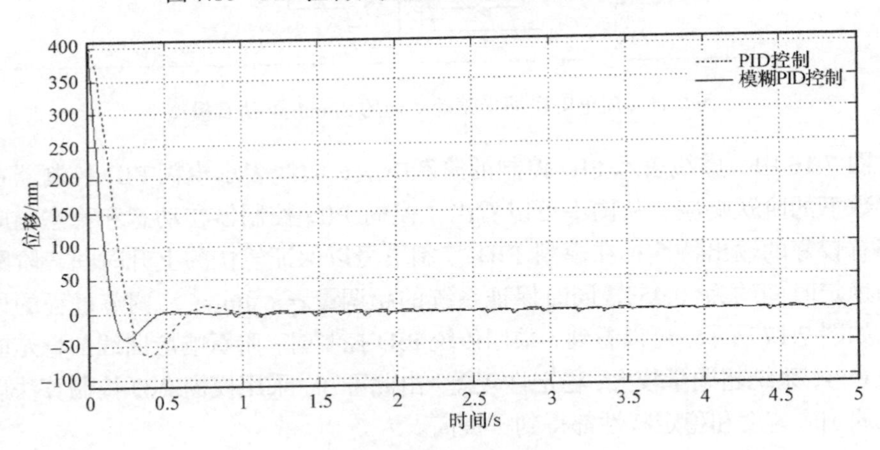

图 7.17　阶跃信号下的稳态误差对比

2. 正弦跟踪特性

在纳米操作系统中，压电陶瓷末端执行机构对输入信号的快速跟踪能力是反映定位系统性能指标的一个重要参数。图 7.18 为 PID 控制和模糊 PID 控制下的正弦信号跟踪曲线，通过仿真曲线可以直观地反映出压电陶瓷纳米驱动器的跟踪性能。

设置正弦输入信号的幅值为 1。图 7.18 中虚线代表 PID 控制下的跟踪曲线，实线代表模糊 PID 控制下的跟踪曲线。通过纳米操作过程中压电陶瓷纳米驱动器 Attocube 在逻辑控制的作用下对正弦信号的跟踪信号曲线可以看出，在模糊 PID

控制下，正弦跟踪曲线的误差远小于传统 PID 控制下的正弦跟踪曲线的误差，说明在模糊 PID 控制下系统的正弦跟踪效果较好。

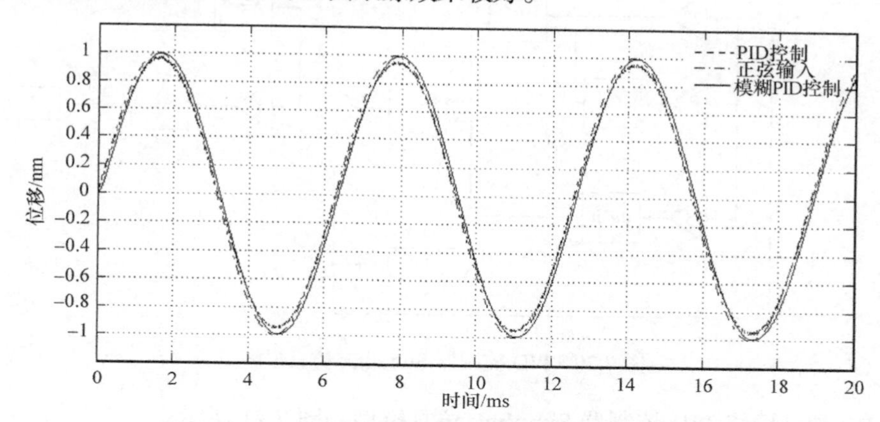

图 7.18　PID 控制和模糊 PID 控制下的正弦响应曲线

通过对模糊 PID 控制器仿真分析可知：所设计的模糊 PID 控制方法可以有效提高纳米操作系统的动态、静态响应特性，系统具有较小的超调和较快的响应速度，调节时间缩短、稳态误差减小；同时，通过正弦信号输入跟踪曲线对比可以看出，在模糊 PID 控制下系统具有更好的跟踪效果，加入模糊控制算法的纳米操作系统可以有效提高系统性能。

7.4.2　BP 神经网络 PID 控制系统 MATLAB 仿真

同 7.4.1 节，本节采用 Simulink 模块模拟基于 BP 神经网络的 PID 控制系统。由于 BP 神经网络 PID 控制器不能简单地由传递函数描述，所以引入 s 函数描述该算法[13]。建立 BP 神经网络 PID 控制算法的压电陶瓷驱动定位系统的 Simulink 仿真模型如图 7.19 所示。

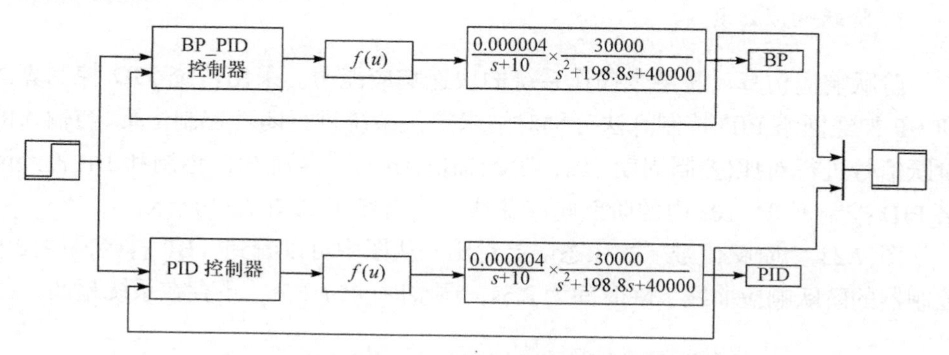

图 7.19　BP 神经网络 PID 控制系统 Simulink 仿真图

PID 控制器 Simulink 仿真模型如图 7.20 所示。

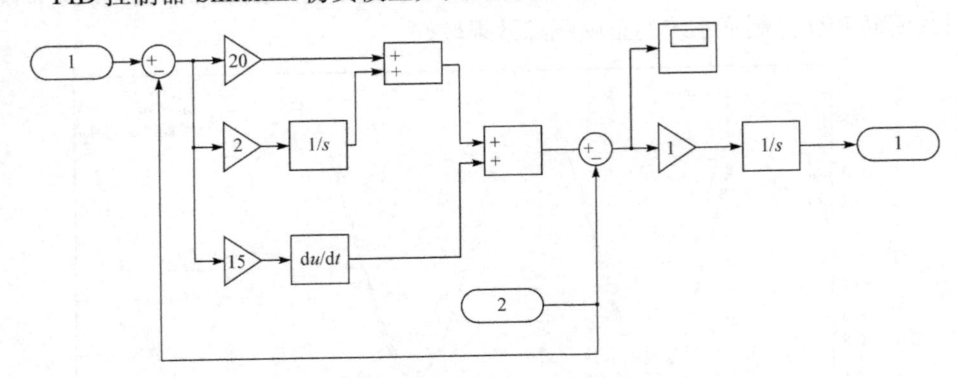

图 7.20　PID 控制器 Simulink 仿真模型

BP 神经网络 PID 控制器 Simulink 仿真模型如图 7.21 所示。

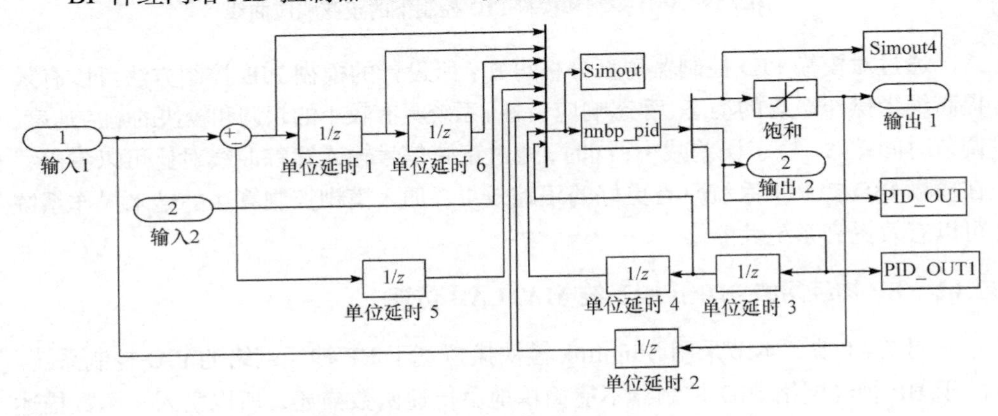

图 7.21　BP 神经网络 PID 控制器 Simulink 仿真模型

1. 阶跃响应仿真

阶跃响应仿真反映纳米操作系统的快速响应能力。采用传统 PID 控制算法和 BP 神经网络 PID 控制算法分别对纳米定位系统进行闭环控制仿真，与输入的阶跃信号进行对比(控制周期 10s，阶跃幅值 1nm)，得到 PID 控制和 BP 神经网络 PID 控制下 0～10s 内的阶跃响应曲线，仿真结果如图 7.22 所示。

图 7.23 为阶跃信号下的稳态误差对比。从图中可以看到，BP 神经网络 PID 控制器的阶跃响应曲线下降时间为 2.5s，调整时间为 2.5s，不存在系统超调，稳

定性较好。传统 PID 控制器的阶跃响应曲线的下降时间和调整时间都和 BP 神经网络 PID 控制器相似，但是系统存在较大的超调量，系统的稳定性也较差。由此可知，采用 BP 神经网络 PID 控制算法后，系统的稳定特性得到了提高。

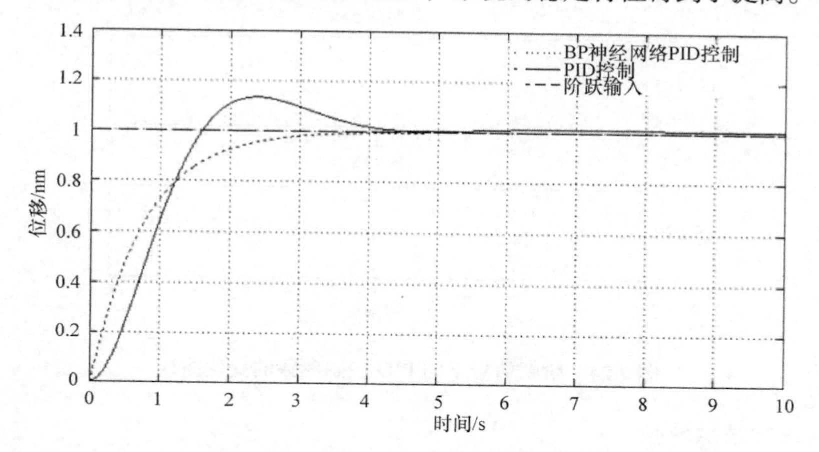

图 7.22 PID 控制和 BP 神经网络 PID 控制下的阶跃响应曲线

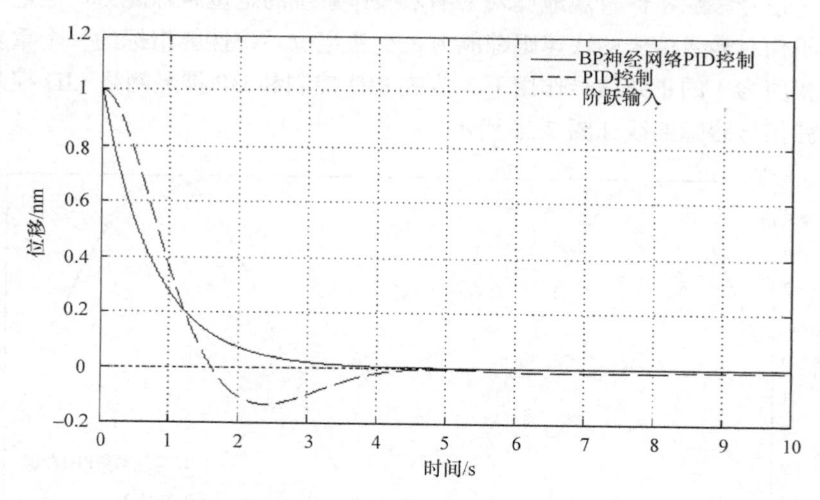

图 7.23 阶跃信号下的稳态误差对比

不同于传统 PID 控制器只能采用一组 PID 控制参数对系统进行控制，BP 神经网络 PID 控制器可对 PID 控制参数在线实时地进行调整，使系统取得相对最优的控制效果。BP 神经网络 PID 控制器的参数变化过程如图 7.24 所示。

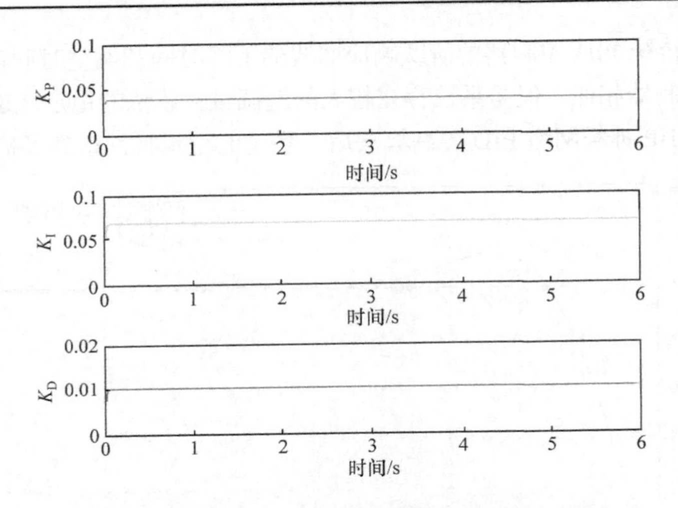

图 7.24　阶跃信号下的 PID 控制参数的变化曲线

2. 正弦跟踪特性

正弦信号跟踪特性直观地反映了纳米操作系统的定位跟踪能力。压电陶瓷末端执行机构对输入信号的快速跟踪能力是反映定位系统性能指标的一个重要参数。在输入幅值为 1 的正弦信号作用下，传统 PID 控制和 BP 神经网络 PID 控制下的系统正弦信号跟踪曲线如图 7.25 所示。

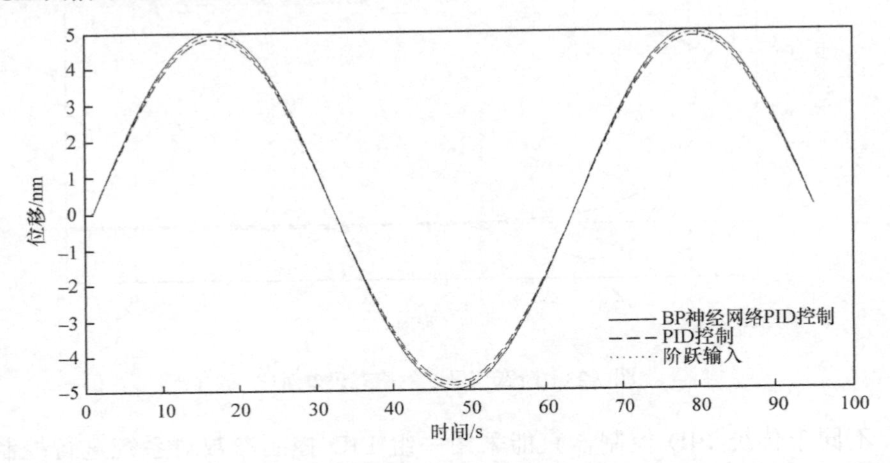

图 7.25　PID 控制和 BP 神经网络 PID 控制下的正弦响应曲线

由图 7.25 可知：相对于传统 PID 控制下的正弦跟踪曲线，BP 神经网络 PID

控制下的正弦跟踪曲线误差更小，跟踪效果更好。由此可知，采用 BP 神经网络 PID 控制算法后，系统的正弦跟踪效果较好。

通过上述分析可知，所设计的 BP 神经网络 PID 控制算法可以有效提高纳米操作系统的动态和静态响应特性，在不影响响应时间的前提下，减小了系统的超调量，且系统的稳态误差也有了显著的缩小；同时，BP 神经网络 PID 控制下系统的跟踪特性也较好。所以，基于 BP 神经网络 PID 控制算法的闭环控制系统有效地提高了系统的性能。

7.5　预测控制在纳米操作系统中的应用

将预测控制技术应用在纳米定位器的控制中将在很大程度提高纳米操作定位的效率和精度。本节阐述基于 BP 神经网络的预测控制方法来预测控制纳米定位器 Attocube，预测模型选用一个三层 BP 神经网络模型，并以一个训练好的 BP 神经网络代替滚动优化过程，实现高精度、高效率的预测控制。BP 神经网络算法的主要用途之一是函数的逼近，即用一定的输入和相应的输出训练一个网络逼近一个固定的函数。下面验证 BP 神经网络算法是否可以达到函数逼近的目的。选用三层 BP 神经网络使任意曲线逼近非线性正弦函数 $y=\sin(\pi x)$，逼近效果如图 7.26 所示。

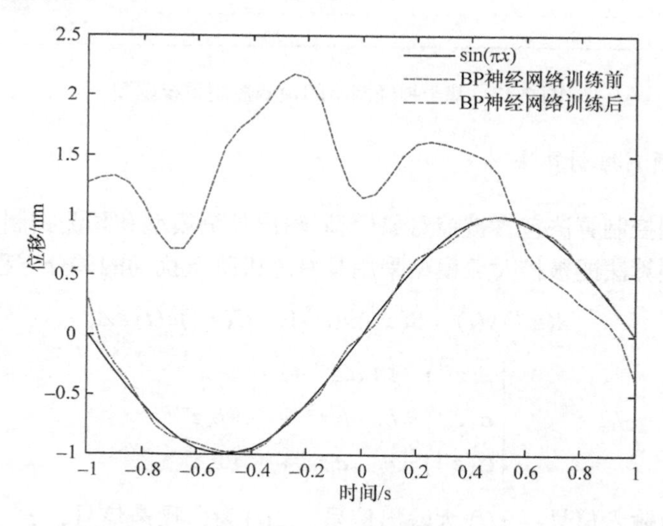

图 7.26　BP 神经网络算法逼近训练仿真

7.5.1　预测控制

1. 预测控制原理

预测控制算法主要分为两类：一类是非参数模型预测控制算法(MAC)，另一类是离散参数模型预测控制算法(GPC)[14]。基于神经网络的预测控制系统框图如图 7.27 所示。预测控制系统的基本工作原理：控制算法根据已知的被控对象预测被控对象未来 P 个时刻的系统输出 $y_m(k)$，预测控制系统的预测模型和滚动优化算法通过 $y_m(k)$ 与期望输出 $y_r(k)$ 的差 $e(k)$，计算目前时刻和未来 L 个时刻的控制量 $u(k)$，并使误差信号 $e(k)$ 达到最小。本节采用基于神经网络非参数模型预测控制方法，其实质是用神经网络作为预测模型，用适当算法求出控制律，从而实现预测控制。

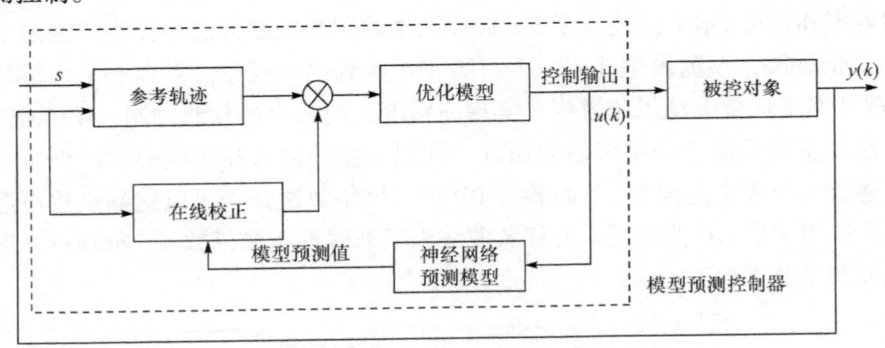

图 7.27　基于神经网络的预测控制系统框图

2. 广义预测控制算法

广义预测控制算法包含被控对象模型、输出预测模型和预测控制算法三部分。广义预测控制算法的被控对象模型采用具有随机阶跃扰动的差分方程描述，即

$$A(z^{-1})y(t) = B(z^{-1})u(t-1) + C(z^{-1})\xi(t)/\Delta \tag{7-30}$$

$$\begin{cases} A(z^{-1}) = 1 + a_1 z^{-1} + \cdots + a_n z^{-n_a} \\ B(z^{-1}) = b_0 + b_1 z^{-1} + \cdots + b_n z^{-n_b} \\ C(z^{-1}) = c_0 + c_1 z^{-1} + \cdots + c_n z^{-n_c} \end{cases} \tag{7-31}$$

式中，$u(t)$ 为输入信号；$y(t)$ 为输出信号；$\xi(t)$ 为白噪声信号；z^{-1} 为后移算子；$\Delta = 1 - z^{-1}$ 为差分算子。通常为简化模型取 $C(z^{-1}) = 1$，则式(7-30)可简化为

$$A(z^{-1})y(t)=B(z^{-1})u(t-1)+\xi(t)/\varDelta \tag{7-32}$$

设计广义预测控制器时，采用最小方差优化控制方法，控制器设计的目标函数为

$$J_{\mathrm{GPC}}=E\left\{\sum_{j=N_1}^{N_2}\left[y(t+j)-\omega(t+j)^2\right]+\sum_{j=1}^{N_u}\lambda(j)\left[\Delta u(t+j-1)\right]^2\right\} \tag{7-33}$$

$$\begin{cases}\omega(t)=y(t)\\ \omega(t+j)=a\omega(t+j-1)+(1-a)y_r(t)\end{cases},\quad j=1,2,\cdots,N \tag{7-34}$$

式中，$\omega(t+j)$为输出跟踪序列；$y(t+j)$为$y(t)$的向前j步预测值；$y_r(t)$为输出的设定值；a为柔化因子，一般取0～1；取$N_1=1$，$N_2=$系统上升时间；N_u为控制时域；$\lambda(j)$取常数。

为计算系统前j步预测，引入Diophantine方程：

$$\begin{cases}E_j(z^{-1})A(z^{-1})\varDelta+z^{-j}F_j(z^{-1})=1\\ E_j(z^{-1})B(z^{-1})=G_j(z^{-1})+z^{-j}H_j(z^{-1})\end{cases} \tag{7-35}$$

将式(7-35)代入式(7-32)并简化整理得

$$y(t+j)=E_jB\Delta u(t+j-1)+F_jy(t)+E_j\xi(t+j) \tag{7-36}$$

将式(7-35)代入式(7-36)得$t+j$时刻的输出表达式为

$$y(t+j)=G_j\Delta u(t+j-1)+F_jy(t)+H_j\Delta u(t-1)+E_j\xi(t+j) \tag{7-37}$$

$$\begin{cases}G_j(z^{-1})=g_0+g_1z^{-1}+\cdots+g_{j-1}z^{-(j-1)}\\ H_j(z^{-1})=h_0^j+h_1^jz^{-1}+\cdots+h_{n_b}^jz^{-(n_b-1)}\end{cases} \tag{7-38}$$

3. 预测控制仿真验证

对简单系统模型

$$y(k)-1.5y(k-1)+0.7y(k-2)=u(k-1)+1.5u(k-2)+\xi(k)/\varDelta \tag{7-39}$$

用上述广义预测控制算法进行预测控制，取参数$N_1=1$，$N_2=16$，$j=500$，$a=0.1$，$\lambda(j)=1$，$\xi(k)=\left[-0.2,0.2\right]$，用MATLAB语言编程，实现广义预测控制，控制曲线如图7.28所示，具有较好的控制效果。

7.5.2 基于BP神经网络的广义预测控制

在实际应用中，广义预测控制算法多采用多步输出预测控制算法，在求解过程中需引入Diophantine方程[15]，计算复杂且实时性差。本书采用智能预测控制，

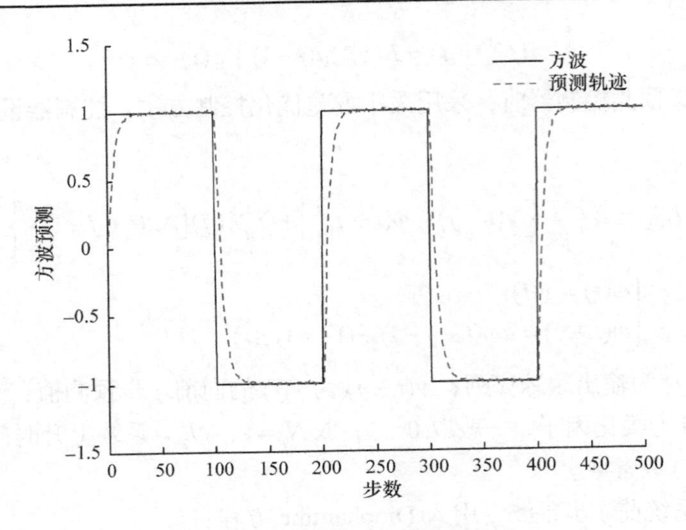

图 7.28　预测控制仿真验证曲线

将BP神经网络与广义预测控制结合，以训练好的BP神经网络代替滚动优化过程，避免求解Diophantine方程，使控制过程更快速，实时性更高。

1. 控制系统结构设计

基于BP神经网络的预测控制系统结构如图7.29所示，与传统预测控制系统类似，基于BP神经网络的智能预测控制系统[16]也包括四个部分：①预测控制模型；②反馈校正模型；③滚动优化模型；④参考轨迹。本书系统中的滚动优化模型为BP神经网络模型。

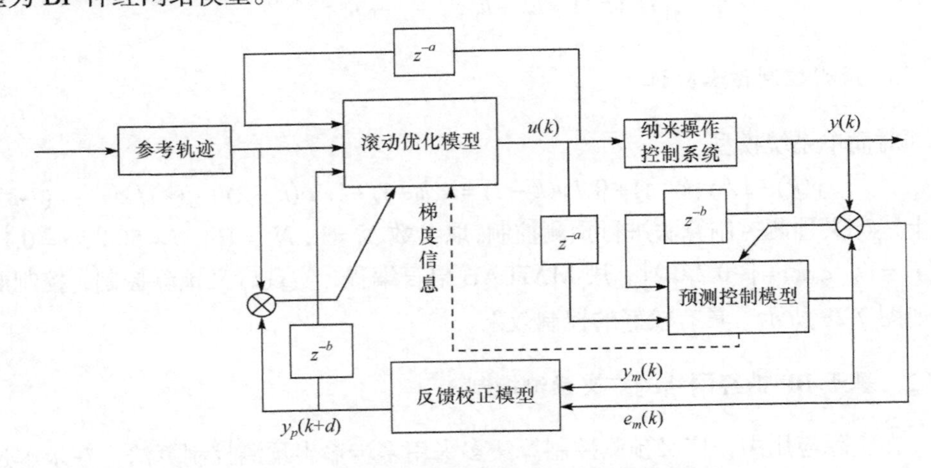

图 7.29　基于BP神经网络的预测控制系统结构

2. 神经网络预测模型

神经网络预测模型的作用是根据输入信息确定预测对象在未来一定时间、一定输入下的输出；神经网络预测模型选择一个三层前向 BP 神经网络[17]，如图 7.30 所示，采用 3×7×1 结构的 BP 神经网络：输入层有三个输入信号，分别为 k–1 时刻的系统输入量、系统输出量和 k 时刻的系统输入量；隐含层取 7 个节点；输出层有一个输出信号，为 k 时刻系统输出预测值。

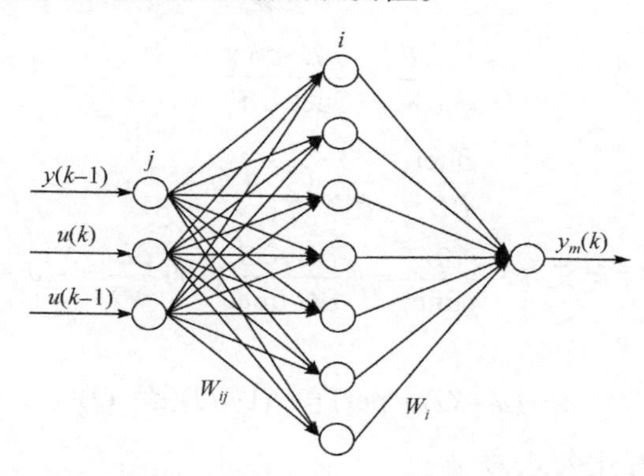

图 7.30　三层前向 BP 神经网络预测模型

被控对象用神经网络预测(NNP)模型描述：

$$y_m(k) = \text{NNP}\left[y(k-1), u(k), u(k-1)\right] \tag{7-40}$$

由式(7-40)推理得

$$y_m(k+1) = \text{NNP}\left[y(k), u(k+1), u(k)\right] \tag{7-41}$$

式中，$y(k)$ 为 k 时刻被控对象的实际输出，即探针的位姿信息；$u(k)$ 为 k 时刻的控制量；$u(k+1)$ 为 $k+1$ 时刻的控制量。设 BP 神经网络的权值不变，只考虑 k 时刻改变的控制量的大小，在 k 时刻以后的控制中控制量保持不变，因此 $u(k+1)=u(k)$。

针对图 7.30 所示的三层神经网络预测模型，权值训练公式如下：$O_j\,(j=1,2,3)$ 为输入信号 $y(k-1)$、$u(k)$、$u(k-1)$；$\text{net}_i\,(i=1,2,\cdots,7)$ 为隐含层各节点的输入信号；W_i 为输出层的输入信号；g 为 Sigmoid 函数；O 为系统输出，即 $y_m(k)$，则

$$\text{net}_i = \sum_{j=1}^{3} W_{ij} O_j \tag{7-42}$$

$$\text{net} = \sum_{i=1}^{7} W_i O_i \tag{7-43}$$

$$O_i = g(\text{net}_i) \tag{7-44}$$

$$O = g(\text{net}) \tag{7-45}$$

引入二次型误差函数$E = \frac{1}{2}(d - O)^2$，其中d为系统的期望输出，即探针k时刻的位姿，即$y(k)$。权值由输出层向输入层递推调整，输出层权系数修正公示推导为

$$\Delta W_i = -\eta \frac{\partial E}{\partial W_i} \tag{7-46}$$

$$\frac{\partial E}{\partial W_i} = \frac{\partial E}{\partial \text{net}} \frac{\partial \text{net}}{\partial W_i} \tag{7-47}$$

$$\frac{\partial \text{net}}{\partial W_i} = \frac{\partial}{\partial W_i}(\sum_{i=1}^{7} W_i O_i) \tag{7-48}$$

式中，η为学习速率，定义$\delta = -\frac{\partial E}{\partial \text{net}} = -\frac{\partial E}{\partial O}\frac{\partial O}{\partial \text{net}}$，而$\frac{\partial E}{\partial O} = -(d - O)$，$\frac{\partial O}{\partial \text{net}} = g(\text{net})$，则

$$\delta = (d - O)g(\text{net}) = O(1 - O)(d - O) \tag{7-49}$$

故输出层节点权值修正公式为

$$\Delta W_i = \eta(d - O)g(\text{net})O_i = \eta\delta O_i = \eta O(1 - O)(d - O)O_i \tag{7-50}$$

与输出节点类似，隐含层权值推导公式为

$$\Delta W_{ij} = -\eta \frac{\partial E}{\partial W_{ij}} = -\eta \frac{\partial E}{\partial \text{net}} \frac{\partial \text{net}}{\partial W_{ij}} = -\eta \frac{\partial E}{\partial \text{net}} O_j = \eta \left(-\frac{\partial E}{\partial O_i} \right) g_i(\text{net}_i) O_j \tag{7-51}$$

$$-\frac{\partial E}{\partial O_i} = -\frac{\partial E}{\partial \text{net}} \frac{\partial \text{net}}{\partial O_i} = -\frac{\partial E}{\partial \text{net}} \frac{\partial E}{\partial O_i} \left(\sum_{i=1}^{7} W_i O_i \right) = \delta W_i \tag{7-52}$$

$$\Delta W_{ij} = \eta \delta W_i g_i(\text{net}_i) O_j = \eta O(1-O) W_i O_i (1 - O_i) O_j \tag{7-53}$$

3. 神经网络控制器(NNC)滚动优化模型

在滚动优化模型设计中，采用$4 \times 9 \times 1$的前向BP神经网络[18]来实现优化指标

$$J_p = \frac{1}{2}\left(y_r(k+1) - y_p(k+1) \right)^2 \tag{7-54}$$

$4 \times 9 \times 1$前向BP神经网络预测模型如图7.31所示，输入信号分别为k时刻参考轨迹$y_r(k)$、预测值$y_p(k)$、$k-1$时刻的控制量$u(k-1)$和$k-2$时刻控制量$u(k-2)$，作用函数仍为Sigmoid函数，输出信号为k时刻的控制量，由式(7-40)可知

$$u(k) = \text{NNC}\left[y_r(k), y_p(k), u(k-1), u(k-2) \right] \tag{7-55}$$

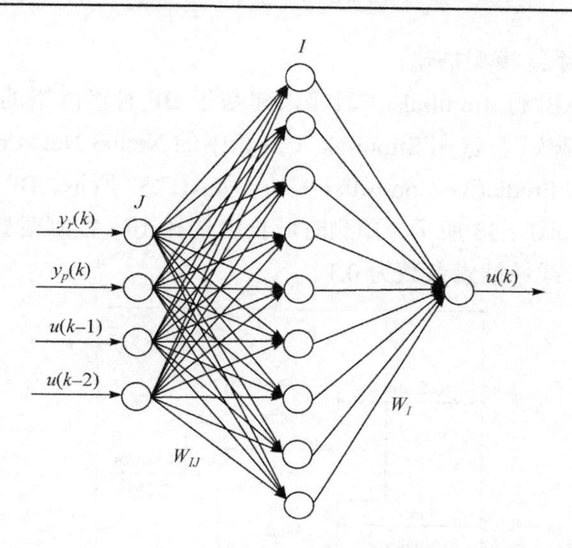

图 7.31　4×9×1 前向 BP 神经网络 NNC 预测模型

NNC 网络的权值修正过程与 NNP 网络类似，省略推导过程，直接给出如下权值修正公式。

输出层权值修正公式为

$$\Delta W_I = -\eta \frac{\partial J_p}{\partial W_I} = \eta\Big(y_r(k+1) - y_p(k+1)\Big)O(1-O)O_I \frac{\partial y_p(k+1)}{\partial u(k)} \tag{7-56}$$

隐含层权值修正公式为

$$\Delta W_{IJ} = -\eta \frac{\partial E}{\partial W_{IJ}} = \eta\Big(y_r(k+1) - y_p(k+1)\Big)W_I O(1-O)O_I(1-O_I)\frac{\partial y_p(k+1)}{\partial u(k)} \tag{7-57}$$

$$\frac{\partial y_p(k+1)}{\partial u(k)} = O(1-O)\sum_{I=1}^{9} W_I O_I (1-O_I) W_{I4} \tag{7-58}$$

滚动优化模型参数由式(7-56)和式(7-57)确定，每当返回一个新的控制对象预测值，根据式(7-56)和式(7-57)进行线性递推，解出最优控制量。

4. 仿真验证

由 7.4 节分析可知，Attocube 有两种工作模式，即粗定位步进模式与精确定位扫描模式。两种工作模式的控制信号不同，前者为脉冲信号，后者为连续电压信号，所以控制系统的预测控制也分为两部分，即粗定位预测控制和精确定位预测控制。

1) 预测控制系统模型搭建

采用 MATLAB 的 Simulink 工具箱搭建基于 BP 神经网络的预测控制系统，首先建立预测控制模型，选用 Simulink 工具箱中的 Neural Network Toolbox 模块，控制系统选择 NN Predictive Controller 模块，如图 7.32 所示，BP 神经网络控制系统具体参数设置如图 7.33 所示，预测时域长度选择 16，控制时域长度为 2，控制量加权系数为 1，线性搜索参数为 0.1。

Reference
optim
Control
Signal
NN
Model
Plant
Output

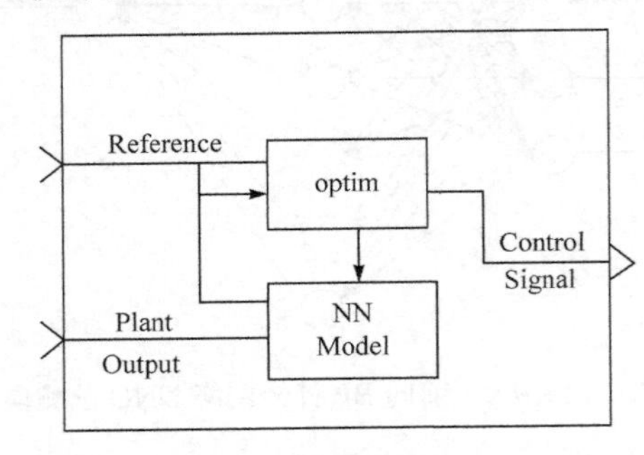

图 7.32　NN Predictive Controller 模块

Neural Network Predictive Control
File
Window
Help
Neural Network Predictive Control
Cost Horizon (N2)
16
Control Weighting Factor (ρ)
1
Control Horizon (Nu)
2
Search Parameter (α)
0.1
Minimization Routine
csrchbac
Iterations Per Sample Time
2
Plant Identification
OK
Cancel
Apply
Perform plant identification before controller configuration.

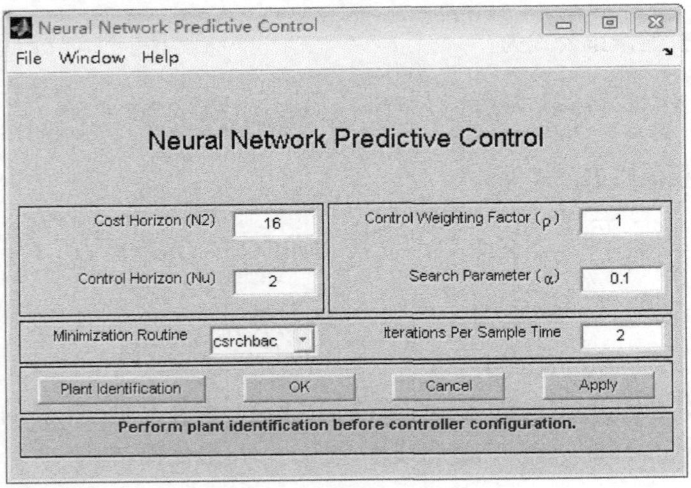

图 7.33　BP 神经网络控制系统具体参数设置

搭建整体控制系统前，首先通过辨识技术建立神经网络预测模型，根据历史输入和输出预测整个系统未来的输出，再通过滚动优化算法使用预测值确定系统的实际输出，达到优化输出的效果。设置系统 BP 神经网络预测模型包含一个隐含层，神经网络隐含层节点数量为 7，3 个输入量，1 个输出量，程序从 Simulink

模型中采集数据的间隔 0.2s，为训练而产生的数据点的数目为 8000，系统辨识参数设置窗口如图 7.34 所示。

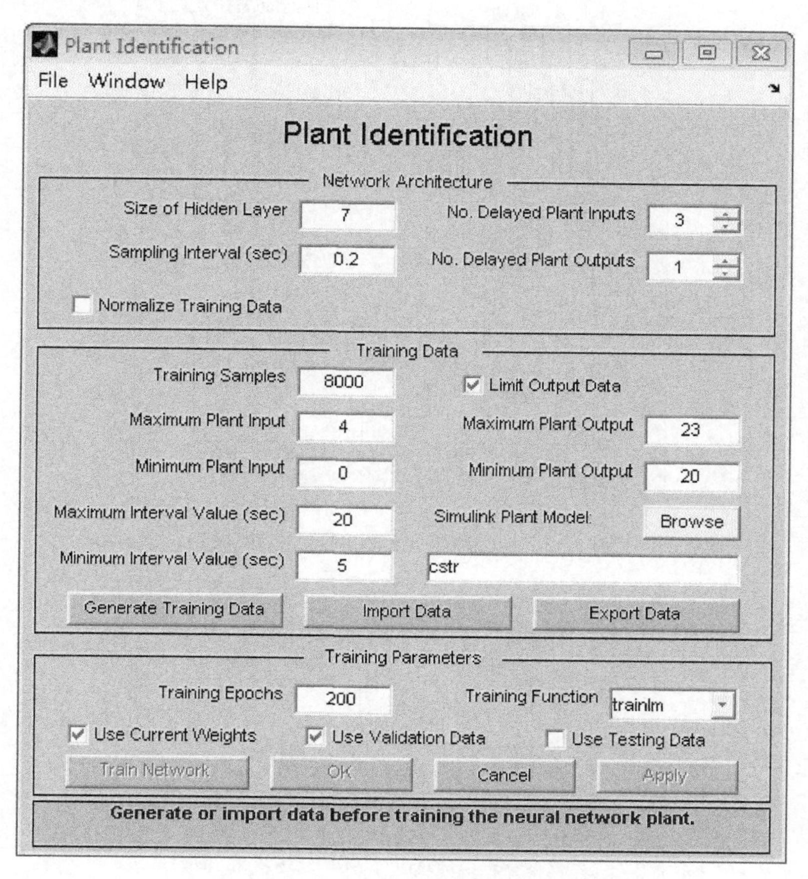

图 7.34　系统辨识参数设置窗口

系统辨识分为两步：第一步为产生训练数据，第二步为训练网络模型。在模型辨识窗口中，设置好相应的参数后，进行训练，系统程序会通过对 Simulink 网络模型自动提供一系列随机阶跃信号，来产生训练数据，如图 7.35 所示。图 7.36 为神经网络预测控制系统的测试数据，从图中数据可以看出，预测误差为 0.04，且预测输出与模型输出图像基本一致，此次训练满足控制系统要求，神经网络预测控制模型搭建完成。

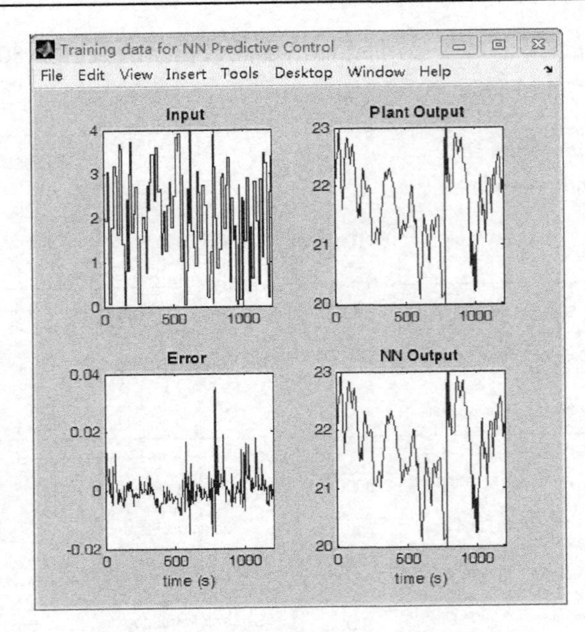

图 7.35　神经网络预测控制系统训练数据

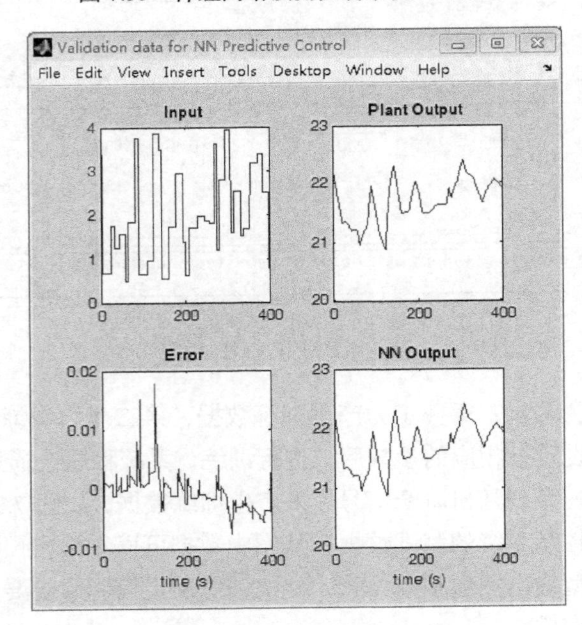

图 7.36　神经网络预测控制系统测试数据

神经网络预测控制系统搭建完成后，建立对 Attocube 进行预测控制的整体系统，控制系统 Simulink 仿真模型如图 7.37 所示。

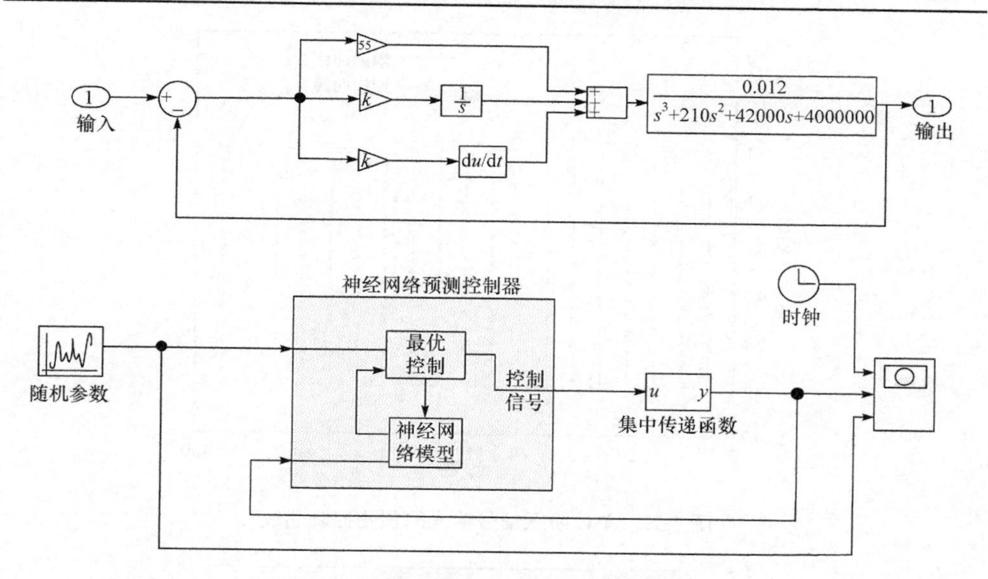

图 7.37　预测控制系统 Simulink 仿真模型

2) 预测控制仿真分析

Attocube 有两种工作模式：步进模式以阶跃信号为输入；扫描模式以连续电压信号为输入。选择预测控制系统的参考输入分别为随机阶跃信号、单位阶跃信号和连续的正弦信号，分别对控制系统进行设置，并产生训练数据，进行预测控制。输入信号为随机阶跃信号的预测控制仿真如图 7.38 所示，输入信号为单位阶跃信号的预测控制仿真如图 7.39 所示，输入信号为正弦信号的预测控制仿真如图 7.40 所示。

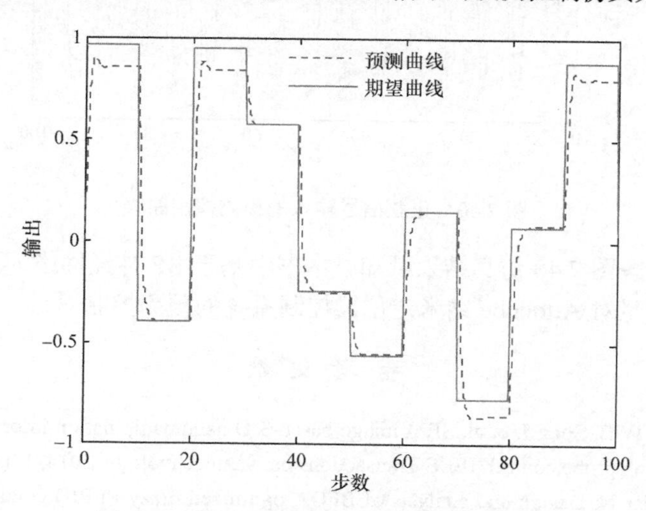

图 7.38　随机阶跃信号输入的预测控制曲线

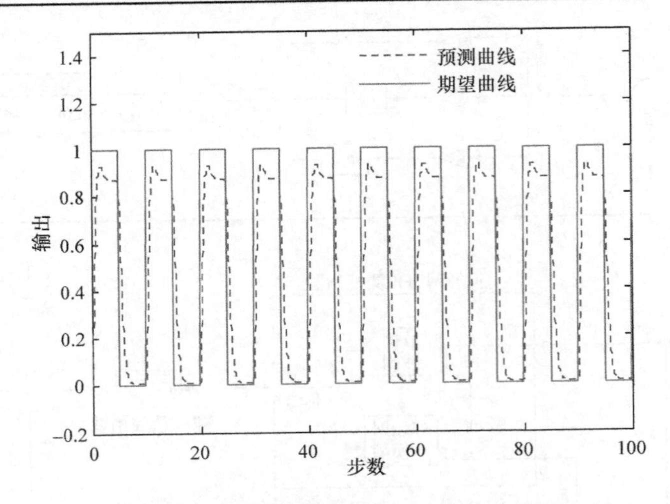

图 7.39 单位阶跃信号输入的预测控制曲线

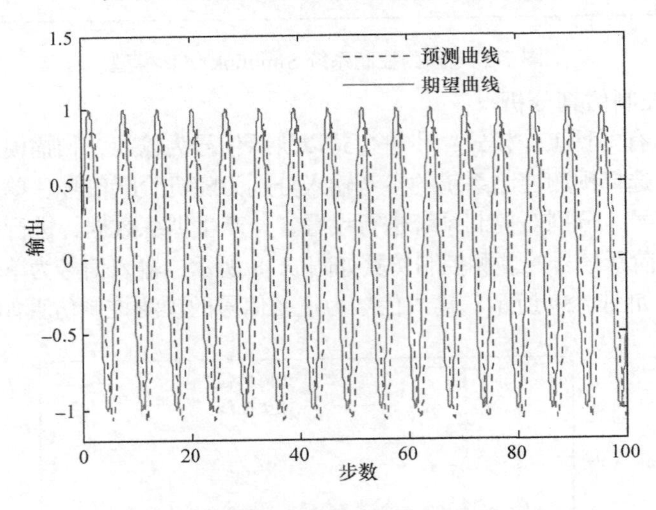

图 7.40 正弦信号输入的预测控制曲线

从图 7.38～图 7.40 仿真结果可知，本书中基于 BP 神经网络的预测控制算法可以很好地满足对 Attocube 纳米定位器控制系统的预测控制。

参 考 文 献

[1] Li D J, Rong W B, Song J, et al. SEM image-based 3-D nanomanipulation information extraction and closed-loop probe control. IEEE Transactions on Nanotechnology, 2014, 13(6): 1194-1203

[2] Arya Y, Kumar N. Design and analysis of BFOA-optimized fuzzy PI/PID controller for AGC of multi-area traditional/restructured electrical power systems. Soft Computing, 2017, 21(21):

6435-6452

[3] Li D J, Zhang L, Zhang Y, et al. Fuzzy PID control and simulation of piezoelectric ceramic nanomanipulation system. International Journal of Multimedia and Ubiquitous Engineering, 2013, 8(5): 231-240

[4] Li D J, Rong W B, Sun L, et al. Fuzzy control and connected region marking algorithm-based SEM nanomanipulation. Mathematical Problems in Engineering, 2012, (2): 1695-1698

[5] 许雪. PID 参数工程整定方法研究. 中国氯碱, 2016, (9): 44-46

[6] Ching H L, Teng C. Fine tuning of membership functions for fuzzy neural systems. Asian Journal of Control, 2010, 3(3): 216-225

[7] Korayem M H, Kordi F, Hoshiar A K. Modeling and simulation of effective forces in the manipulation of cylindrical nanoparticles in a liquid medium. International Research Journal of Applied and Basic Sciences, 2013, 4(10): 3166-3177

[8] Huang D, He S, He X, et al. Prediction of wind loads on high-rise building using a BP neural network combined with POD. Journal of Wind Engineering and Industrial Aerodynamics, 2017, 170: 1-17

[9] 吴金美, 凌晓冬, 胡上成, 等. 基于最小二乘和最速梯度准则的船摇数据自适应滤波算法. 空天资源的可持续发展——第一届中国空天安全会议, 2015: 547-550

[10] 李太福, 熊隽迪. 基于梯度下降法的自适应模糊控制系统研究. 系统仿真学报, 2007, 19(6): 1265-1268

[11] 陆伯印, 朱鸿锡, 曲兴华, 等. 大位移纳米级精度分子测量机的研究. 仪器仪表学报, 1993, (1): 109-114

[12] Li D J, Fu Y, Yang L. Coupling dynamic modeling and simulation of three degree-of-freedom micromanipulator based on piezoelectric ceramic of fuzzy PID. Modern Physics Letters B, 2017, 31(24): 1750140

[13] Topcu M, Madabhushi G S P. A Sigmoid function to characterise the mechanical behaviour of rubber materials. Polymer, 2015, 78: 134-144

[14] Dekka A, Wu B, Yaramasu V, et al. Integrated model predictive control with reduced switching frequency for modular multilevel converters. IET Electric Power Applications, 2017, 11(5): 857-863

[15] 程森林, 师超超. BP 神经网络模型预测控制算法的仿真研究. 计算机系统应用, 2011, 8: 134-141

[16] Mbarek A, Bouzrara K, Garna T, et al. Laguerre-based modelling and predictive control of multi-input multi-output systems applied to a communicating two-tank system (CTTS). Transactions of the Institute of Measurement and Control, 2016: 124-133

[17] 张兴会. 自适应智能预测控制系统研究. 天津: 南开大学博士学位论文, 2002

[18] Hasan R, Taha T M, Yakopcic C. A fast training method for memristor crossbar based multi-layer neural networks. Analog Integrated Circuits and Signal Processing, 2017, (5): 1-12